위험성평가 해설(개정증보 제5판) 정오표

쪽/행	오(誤)	정(正)
35쪽 밑 4행	**유해위험요인, 위험상태 및 위험사건(예)**	**일반적 작업과 해당 에러율**
236쪽 14행	주된 에러 유발 조건을 그 **영향의** 큰 순서로 이하에 제시한다.	주된 에러 유발 조건을 그 **영향이** 큰 순서로 이하에 제시한다.
238쪽 16행	각 위반행동에 **여성용** 명목 **에러율**을 덧붙였다.	각 위반행동에 **여성의** 명목 **위반율**을 덧붙였다.
238쪽 18~19행	일반적 상황과 **여성에 대한** 명목 위반율은 **다음 표와** 같다.	일반적 상황과 **여성의** 명목 위반율은 **다 [표 43]과** 같다.
238쪽 표 42 제목	표 42 **유해위험요인, 위험상태 및 위험사건(예)**	표 42 **일반적 작업과 해당 에러율**
244쪽 5행, 7행	전원이 의논하여 **①의** 생각으로	전원이 의논하여 **㉮의** 생각으로
312쪽 각주 224)	**24 ed**., Croner, 2015,	**24th ed**., Croner, 2015,
394쪽 1행	**24 ed**., Croner, 2015,	**24th ed**., Croner, 2015,

개정증보 제5판

Risk Assessment

위험성평가 해설

정 진 우

중앙경제

Risk Assessment

위험성평가 해설

초판발행 2014년 5월 9일
개정증보 제5판 발행 2024년 10월 17일

지은이 정진우
펴낸이 김남진
펴낸곳 중앙경제

디자인 이지훈, 최가영
마케팅 신석재, 김성울, 이소영, 윤지희, 김선혜
경영지원 이상훈, 박세라, 조용환

출판등록 80.6.21 제2-66호
주소 서울시 중구 다산로11길 19(신당동 355-8) 백석빌딩 신관 4층
전화 02)2231-7293
팩스 02)2235-5344
홈페이지 www.elabor.co.kr

ISBN 978-89-7017-562-1 (93500)
정가 35,000원

개정증보 제5판

Risk Assessment

위험성평가 해설

정 진 우

중앙경제

개정증보 제5판을 내며

위험성평가 법제도는 2013년 6월에 산업안전보건법에 도입된 이래 줄곧 방치되거나 개악되어 왔다. 그 주역은 고용노동부와 한국산업안전보건공단이다. 고용노동부 재직 당시 위험성평가를 법제화하고 사업장 위험성평가에 관한 지침(고시)을 제정하는 한편 지침에 대한 해설서를 발간한 사람으로서 위험성평가 제도의 왜곡에 느끼는 안타까움과 실망감은 이루 말할 수 없다.

고용노동부는 오랫동안 자신의 역할과 위험성평가의 중요성을 인지하지 못하고 한국산업안전보건공단에 위험성평가 업무를 사실상 전적으로 내맡기다시피 했다. 위험성평가라는 중요한 업무를 전적으로 아웃소싱하여 하청을 맡긴 것이나 진배없다. 위험성평가 제도에 무관심하다가 2017년 1월 고용노동부 본부 산재예방정책과(과장 : 김부희, 서기관 : 강검윤)는 담당부서도 아님에도 뜬금없이 그것도 아무런 대안 없이 위험성평가 미실시에 대해 과태료를 부과하지 말라는 황당한 지침을 시달하였다. 위험성평가 확산·발전에 찬물을 끼얹으면서 안전보건관리체제를 형해화시키는 대형사고를 내고 말았다. 위험성평가 제도에 대한 기초지식도 진정성도 없는 자들이 위험성평가 법제에 문외한인 로펌 자문으로 그럴싸하게 포장하여 위험성평가와 안전보건관리체제를 무력화시킨 것이다. 위험성평가 제도를 크게 퇴행시킨 일로 역사의 혹독한 심판을 받을 만하다.

한국산업안전보건공단은 고용노동부의 무관심을 이용하여 위험성평가 제도의 취지, 기본개념 등에 대한 이해가 없는 상태에서 자신들의 지도권한과 안전보건경영시스템(KOSHA 18001, KOSHA-MS) 인증권한을 수단으로 기업들을 대상으로 4M 방식 위험성평가, KRAS(Korean Risk Assessment System)라는 정체불명의 엉터리 위험성평가 기법을 널리(?) 보급하고 사실상 강제해 왔다. 공공기관이 위험성평가를 희화화시키는 데 앞장서고 있다니 기가 막힐 노릇이 아닐 수 없다. 문제는 자신들이 어떤 잘못을 저지르고 있는지조차 모르고 있다는 점이다. 게다가 위험성평가 제도를 실질적으로 발전시키기는커녕 위험성평가 인정사업의 외형적인 실적을 올리는 데 급급하여 위험성평가 제도를 형해화하는 데 주된 역할을 해 왔다. 아리셀 참사는 무지에 기반한 실적 위주의 위험성평가 인정사업 운영의 민낯이 그대로 드러난 사건이라고 할 수 있다.

한국산업안전보건공단의 위험성평가에 미친 해악은 여기에서 그치지 않는다. 퇴직 직원들은 이 엉터리 방법이 위험성평가의 정석인 양 기업들을 대상으로 강의, 컨설팅을 하면서 형식적인 위험성평가를 확산·조장하고 있다. 위험성평가 제도를 망치기 위해 작정이라도 한 것 같다. 산업안전보건공단이 앞으로도 지금과 같은 행태를 보인다면 산업안전보건의 걸림돌이라는 비판에서 벗어나지 못할 것이다.

위험성평가 제도 개악의 화룡점정은 2023년 5월 22일 위험성평가 고시 개정이라고 할 수 있다. 위험성평가의 국제기준과 보편적 방법을 무시하고 그 원리와 기본개념도 모른 채 제도 변경을 하는 바람에 위험성평가 제도가 그야말로 누더기가 되고 말았다. 무식하면 용감하다고 하던가. 가뜩이나 부실하게 운영돼 왔던 위험성평가를 드러내 놓고 점검이나 안전회의와 다를 바 없는 수준으로 전락시켰다. 이 개악된 고시를 정상화시키지는 않고 위험성평가가 현장에서 제대로 운영되기를 기대하는 것은 연목구어나 다름없다.

이번 개정판에서는 우리 사회가 전반적으로 위험성평가에 대한 기본적인 내용조차 제대로 학습되어 있지 않은 점을 고려하여 위험성평가 제도를 정확하게 이해하고 위험성평가가 현장에서 실질적으로 작동될 수 있도록 위험성평가의 원리, 취지, 개념 등에 대해 보필(補筆)하는 데 중점을 두었다. 아울러 위험성평가 방법의 국제기준, 유해위험요인 유형, 위험성 감소조치, 잔류위험성 등에 대해서도 좀 더 상세하게 설명하였다. 위험성평가 제도에 대해 필자가 일간지에 투고하였던 칼럼도 여러 곳에 나누어 실었다. 그리고 독자들의 가독성을 높이기 위하여 전체적으로 표현을 알기 쉽게 가다듬었다. 그러다 보니 책의 분량이 제4판보다 약 50쪽이나 늘어나게 되었다.

위험성평가에 대해 사회적 관심이 많아졌음에도 안전학계와 보건학계는 아무런 역할을 하지 못해 왔고, 역할을 했다는 것이 고작 정부와 산업안전보건공단에 들러리성으로 엉터리 자문을 한 것 정도이다. 학계부터가 위험성평가와 관련된 기초지식이 없으니 어찌 보면 당연한 귀결이라고 할 수 있다. 안전보건의 다른 영역에서도 존재감이 없지만 위험성평가 영역에서도 학계의 제대로 된 역할은 도무지 찾아볼 수 없다. 그동안 정부와 한국산업안전보건공단이 위험성평가 제도를 서슴없이 개악시켜 온 것에는 학계의 무관심과 무지가 한몫을 했다고 지적하지 않을 수 없다.

이처럼 위험성평가를 둘러싸고 녹록치 않은 상황에서 사업장에서 위험성평가가 내실 있게 운영되기 위해서는 위험성평가를 이론적으로 학습하고 정확하게 이해할 필요가 있다. 위험성평가를 단편적으로 이해한 채 피상적으로 접근하면 정부와 한국산업안전보건공단의 잘못된 지침에 휘둘려 갈팡질팡만 할 뿐 사업장의 위험성평가를 결코 발전시키지 못하게 될 것이다. 본서가 많은 안전보건관계자에게 위험성평가에 대한 지식을 충실히 쌓고 현장에 올바르게 적용하는 데 있어 기본서이자 지침서로서의 역할을 하기를 진심으로 기대하는 이유이다.

이번 개정판을 발간하기까지 많은 분이 도움을 주었다. 필자의 다른 책과 마찬가지로 세종사이버대학교 산업안전공학과 최재광 교수는 바쁜 와중에도 원고 전체를 꼼꼼하게 읽고 충실하게 교정을 봐 주는 수고를 아끼지 않았다. 중앙경제사 편집부 이지훈 과장님은 방대한 개정작업을 훌륭하고 멋지게 편집해 주었다. 변함없이 필자를 학문적으로 내조해 준 아내에게도 깊은 감사의 말을 전한다. 필자 대학시절 놀라운 인내심과 포용력으로 저를 품어주신 존경하는 부모님께 이 책을 바친다.

2024. 8. 27

저자 **정 진 우**

개정증보 제4판을 내며

개정3판을 발행한 지 5년 남짓 지났다. 5년 남짓이라는 기간은 법제도의 측면에서는 결코 짧은 기간은 아니다. 그동안 위험성평가가 양적으로는 다소 확산되었지만 그 속도가 너무 더디고 질적 관점에서는 발전하는 모습은 전혀 보이지 않는다. 형식화된 위험성평가가 아예 고착화되고 있다는 느낌마저 든다. 우리나라 산업안전보건의 현주소를 적나라하게 보여주는 것 같아 답답하기 그지없다.

위험성평가가 이렇게 된 데에는, 위험성평가에 대한 전문성과 진정성이 부족한 기업들에게도 책임이 있다고 할 수 있지만, 책임의 정도를 따지면 위험성평가 집행기관인 고용노동부와 한국산업안전보건공단에 가장 큰 책임이 있다고 하지 않을 수 없다. 위험성평가 법제가 마련되었지만 방향성도 제대로 설정하지 못한 채 위험성평가를 발전시키기는커녕 무력화하고 형해화하는 데 앞장섰다고 해도 과언이 아니기 때문이다.

안전학계 또한 그 책임에서 결코 벗어날 수 없다. 학계는 그간 위험성평가의 발전을 위해 학문적으로 기여한 것이 사실상 없다고 해도 할 말이 없을 것이다. 안전학계부터가 위험성평가를 제대로 알고 있지 못하다는 세간의 평가에 대해 안전학계는 부끄러움을 느끼고 반성을 해야 한다. 우리나라 안전학계는 학자 수는 어느 나라보다 많지만 안전을 학문적으로 깊이 있게 연구했거나 연구하고 있는 사람이 매우 적은 것이 엄연한 현실이다.

이러한 현실이 위험성평가에 대한 연구에서도 그대로 나타나고 있다. 안전학자라면 안전문제에 대해서만큼은 정부와 기업의 안전관리를 학문적으로 견인하고 독려해야 할 것이다. 그런데 우리나라 안전학계의 대부분은 안전관리의 초석이라고 할 수 있는 위험성평가 제도조차 정부의 지침이나 홍보자료를 그대로 전달하는 수준에서 벗어나지 못하고 있다. 이래 가지고 과연 학자라고 할 수 있는가.

우리나라에서 위험성평가를 해설한 책이 이제까지 필자가 쓴 이 책 한 권뿐이라는 것은 이해할 수 없는 일이다. 필자가 위험성평가 책을 쓴 유일한 학자라는 점을 자랑스러워하지 못하고 자괴감을 느끼는 이유이다. 전체적으로 볼 때 안전학계가 다른 학계와 달리 그 수준에 대해 의심을 받고 존재감이 없는 이유를 이제라도 깊이 깨달아야 한다.

위험성평가의 발전을 위해서는, 정부(한국산업안전보건공단)와 안전학계의 이러한 무지와 무능이 우리나라 기업을 비롯한 모든 분야에서 위험성평가가 형식적으로 이행되고 있는 현실에 대해 상당한 책임이 있다는 것을 인식하는 것에서 출발해야 한다. 그리고 기업들도 위험성평가의 잘못된 관행에 편승해 왔음을 인정하고 반성할 필요가 있다.

이번 개정판에서는 정부와 기업 등의 안전관계자들이 위험성평가의 원리, 취지, 방법론 등에 대한 이해가 많이 부족하고, 기업 등 대부분의 조직체에서 위험성평가가 유명무실하게 이루어지고 있는 점을 고려하여, 위험성평가의 본질과 방법·절차 등을 정확하게 알 수 있도록 하는 데 개정의 초점을 맞추었다.

이번 판에서 추가된 내용의 상당 부분은 우리나라 정부와 기업에서는 피상적으로 이해되고 있지만, 국제적으로는 위험성평가 제도의 보편적인 사항에 해당하는 것들이다. 특히 선진외국의 위험성평가 법제도를 구체적으로 비교설명하는 장(Chapter)을 추가하였다. 다른 제도도 마찬가지이지만 본질을 놓치면 방향성을 잃어버려 시간이 지나더라도 비용과 수고만 들어갈 뿐 효과를 거두지 못한다. 본질을 파악하고 이것에 집중하는 것이 매우 중요한 이유이다.

이 책이 위험성평가에 관심을 가지고 있는 분들에게 위험성평가의 껍데기가 아닌 본질적 가치를 이해하고 위험성평가에 대한 지식의 지평을 넓히는 데 일조했으면 하는 바람 간절하다. 안전보건에 종사하는 사람이라면 위험성평가에 관한 정확하고 상당한 지식을 당연히 갖춰야 하는 것이 상식으로 여겨지는 시기가 하루라도 빨리 오기를 기대한다.

2022. 12. 5

공릉동 연구실에서, 저자 **정 진 우**

개정3판을 내며

위험성평가 제도가 산업안전보건법에 구체적으로 입법화된 지 4년 남짓한 기간이 흘렀다. 지금은 기업의 안전보건관계자들에게 위험성평가에 대한 용어가 낯설지 않게 되었을 만큼 위험성평가가 산업현장에 많이 보급되었다. 그간 외형적으로는 그 나름대로 확산이 이루어져 온 것만큼은 사실이지 않나 싶다.

그러나 사업장에서 위험성평가가 실제 실시되고 있는 상황을 들여다보면 아직 갈 길이 멀었다는 생각을 지울 수가 없다. 대기업에서조차 위험성평가를 보여주기 식으로 실시하거나 서류를 작성하는 데 급급한 것이 부정할 수 없는 현실이기 때문이다. 다른 것과 마찬가지로 위험성평가 역시 충실한 준비가 성공적인 위험성평가를 위한 기본전제라고 할 수 있는데, 별다른 준비 없이 위험성평가를 실시하는 사업장이 많은 것이 엄연한 사실이다.

위험성평가의 질적 발전이 더딘 것은 정부와 공공기관이 위험성평가 활성화와 내실화를 위한 지도와 기반조성의 역할을 소홀히 하고 있는 탓에 기인하는 측면이 크다고 말하지 않을 수 없다. 위험성평가가 본격적으로 시작된 후 정부와 공공기관, 특히 정부의 존재감이 느껴지지 않는다. 위험성평가의 올바른 실시를 위한 지도와 홍보도, 구체적인 추진기법의 보급도 제대로 되고 있지 않다. 그러다 보니 위험성평가가 외형적으로는 성장하고 있지만 현장의 위험성평가에 대한 이해와 실천은 개선되지 않고 제자리걸음을 하고 있는 모양새를 보이고 있는 것이다.

이번 판에서는 이러한 현실을 감안하여 위험성평가를 둘러싸고 현장에서 잘못 이해하고 있거나 이해가 많이 부족한 사항을 중심으로 내용을 추가하였다. 개정판을 낸 이후로 독자들이 질문한 사항도 책의 내용을 개정하는 데 많은 도움이 되었다. 대표적으로, 위험성평가와 위험예지(豫知)활동의 관계, 일반 위험성평가와 특정 위험성평가의 관계, 산업안전보건법상 위험성평가 제도의 강제성 여부 문제를 새롭게 설명하였다. 그리고 인용하고 있는 국제기준을 모두 최신 기준으로 현행화하고, 화학물질의 위험성 추정방법(건강장해 측면)과 위험성평가 제도에서 이해도가 가장 떨어진다고 생각되는 '유해위험요인 파악(도출)' 관련부분을 가필하였다. 부가적으로, 오탈자를 수정하는 등 책의 내용을 전체적으로 윤문하였다.

우리나라는 산업안전보건수준 측면에서 재해예방선진국과 비교하여 아직 부족한 점이 많다. 정부기관의 비전문성이 이 문제를 해결하는 데 큰 걸림돌이 되고 있는 상황에서, 산업안전보건수준을 가장 빠르게 선진화하는 길은 산업안전보건정책을 글로벌화하는 것이라는 점은 주지의 사실이다. 위험성평가는 그 어느 제도보다 국제적으로 보편적인 제도로서 우리나라의 산업안전보건정책을 글로벌화하는 데 크게 기여할 수 있는 수단이 될 수 있다. 정부·공공기관, 기업 모두 이 점에 유념하여 주길 당부 드린다.

아무쪼록 이번 개정판이 위험성평가 제도를 정확하게 이해하고 내실화하는 데 도움이 되었으면 하는 바람이다. 이번 개정판에 대해서도 독자 여러분의 많은 질의, 조언 · 지적과 비판을 기다린다(jjjw35@hanmail.net).

끝으로, 이번 개정2판 작업에서도 정성을 쏟아 준 중앙경제사 이지훈 대리님과 김태윤 상무님의 노고에 감사의 말씀을 드린다.

2017. 9. 1

저자 **정 진 우**

개정판을 내며

산업안전보건법에 위험성평가가 본격적으로 법제화된 지 약 1년 6개월이 흘렀다. 위험성평가의 법제화는 산업안전보건법 이념의 큰 전환이자 산업안전보건 패러다임의 전환이라고 할 수 있을 정도로 산업안전보건 역사에서 한 획을 긋는 큰 변화에 해당한다.

이 책은 이 법제화에 맞추어 사업장에서 위험성평가를 실시하는 데 있어 위험성평가의 철학적 배경, 취지 및 실시 방법·절차 등을 제시함으로써 위험성평가가 빠른 시일 내에 사업장에 착실하게 정착되도록 하는 데 도움을 주기 위해 저술되었다.

본서가 부족하지만 위험성평가에 관한 최초이자 유일한 해설서로서 그간 기업의 위험성평가의 이해에 나름대로 기여해 온 것에 대해 저자로서 자부심을 가진다. 그리고 위험성평가 제도의 기반을 마련한 정책담당자로서 본서가 위험성평가의 확산과 정착에 기여하고 있다는 세간의 평가에 뿌듯함을 느낀다.

이번 개정판에서는 초판의 내용 중 이해하기 어려운 부분을 가급적 쉽게 설명하고 문장이 매끄럽지 못한 부분 등을 고쳐 썼다. 그리고 우리나라 위험성평가 제도의 도입취지, 특징 및 발전과제 등에 대한 이해를 돕기 위해 최근 학회지에 실은 필자의 글을 부록에 실었다.

어떠한 법제도든 정착까지는 일정한 시간이 소요된다. 그 시간이 얼마나 소요될지는 법제도를 도입한 행정기관의 역할이 매우 크다. 특히나 위험성평가와 같이 큰 법제도는 더더욱 그렇다. 그런데 아쉽게도 위험성평가에 대한 행정기관의 인식과 홍보는 상당히 부족한 실정이다. 그러다 보니 아직까지 많은 기업이, 아니 상당수의 대기업조차 위험성평가가 처벌이 수반되는 법적 의무라는 사실 자체도 모르고 있는 것이 현실이다. 그리고 위험성평가를 실시하고 있는 사업장도 형식적 실시로 흐르는 경우가 많이 목도되고 있다.

위험성평가의 법제화가 산업재해 예방에 큰 기여를 하고 있다는 것이 현장에서의 중론이지만, 위험성평가의 실시기반이 내실 있게 마련되지 않는다면 그 효과도 제한적일 것이다. 사업장에서도 위험성평가에 대한 별다른 준비 없이 감독대비용 또는 비치용으로만 이를 실시한다면, 재해예방의 효과를 제대로 거두기 어려울 거라는 것은 명약관화하다. 정부에서 위험성평가의 인프라를 확충하고 사업장에서 위험성평가의 등장배경, 본질, 구체적 방법·절차 등을 제대로 이해하여야 할 필요가 여기에 있다.

이 책의 목적이 사업장에서 위험성평가를 실질적으로 이행하는 데 상세한 가이드 역할을 하는 것인 만큼, 아무쪼록 이 책이 위험성평가의 충실하고 효과적인 실시에 도움이 되기를 바라는 마음 간절하다.

2015. 1. 9

저자 **정 진 우**

머리말

위험성평가(Risk assessment)는 많은 국가에서 표준적인 안전관리기법이자 국제적인 기준이라고 말할 수 있는 단계에 와 있다. 현재 국제안전규격은 위험성평가를 실시하는 것을 대전제로 하고 있다. 즉, 위험성평가는 국제적으로 안전보건 분야의 기본적인 개념이자 기법으로 정착되어 있다.

그런데 우리나라에서는 위험성평가가 이제 막 시작되었다고 할 수 있다. 아직 위험성평가에 익숙하지 않고 이에 대한 경험도 거의 가지고 있지 않다. 위험성평가라는 말이 산업안전보건 분야를 포함한 많은 분야에서 사용되고 있지만, 위험성평가의 철학적 배경과 논리를 포함하여 이를 정확하게 이해하고 있는 사람은 매우 드문 것 같다. 사업장, 안전보건기관에서도, 구체적으로 들어가면, 위험성평가의 개념부터 혼란스럽고 실시 방법 또한 잘 모르겠다는 이야기가 많이 들려온다. 그간 우리사회에서 위험성평가에 대하여 거대담론식의 논의만 전개되고 구체적인 내용에 대해서는 연구나 논의가 되어 오지 못한 결과이다.

다행히 2013년 6월에 산업안전보건법이 개정됨으로써 위험성평가 개념이 구체적으로 정해지고, 위험성평가 자체 및 그 실시 내용·결과의 기록·보존에 대한 법적 근거도 구체적 조항으로 규정됨과 아울러, 실시 절차 · 방법 등을 구체적으로 제시하는 지침(고시)의 근거와 내용도 마련되었다. 그리고 2014년 3월에 안전보건관계자의 직무와 안전보건관리규정, 안전보건교육의 내용에 위험성평가가 포함되는 내용으로 산업안전보건법 시행령 · 시행규칙이 개정되었다. 또한 2014년부터는 중소규모 사업장에 대해서 정부로부터 위험성평가 인정을 받으면 산재보험료를 인하하는 경제적 인센티브와 정부감독을 면제하는 혜택 등이 부여된다. 바야흐로 사업장에서 위험성평가가 본격적으로 실시될 수 있는 법적 기반이 구축되었다고 할 수 있다.

위험성평가는 문자 그대로 해석하면 위험성의 사전평가이다. 즉 어느 정도의 위험성이 있는지 미리 생각해 보는 것이다. 위험을 수반하는 것을 실행하려고 하는 경우에는, 누구라도 부지불식간에 무엇인가 위험성평가에 상당한 것을 하게 된다. 다만, 그것을 과학적으로, 합리적으로, 망라적으로 실시하지 않고, 이것을 기록해 놓지 않았을 따름이다.

위험한 것을 미리 발견하고 사전에 그것이 어느 정도 위험한지를 판단하여 그 판단의 크기에 따라 확실히 대책을 마련한다고 하는 것이 위험성평가의 진정한 의미이다. 유비무환, 즉 미연방지의 과학적 대처법이라고 말할 수 있다.

우리나라도 이제 위험성평가의 본격적인 도입으로 국제적인 표준과 동일한 안전관리기법을 가질 수 있게 되었다. 그러나 위험성평가의 활성화를 위한 인프라는 많이 취약한 상태이다. 그리고 자칫하면 위험성평가가 형식으로 흘러 주먹구구식으로 실시되거나 부정확하게 이루어질 가능성이 높다. 위험성평가가 많은 사업장에 보급되고 올바르게 자리 잡을 수 있기 위해서는 법적 기반 조성과 함께 인프라 확충이 반드시 필요하다.

본서는 필자가 이러한 필요성을 인식하고 위험성평가 정책을 담당하면서 위험성평가에 관한 기본서를 저술한다는 생각으로 기획되었다. 따라서 본서는 위험성평가의 사고논리, 개념·의미와 실시 방법·절차 등의 기본적인 사항을 알기 쉽게 그리고 구체적으로 설명하는 것을 목적으로 하고 있다. 아직 우리나라에 위험성평가에 대한 해설서가 나와 있지 않은 상황에서 산업현장과 안전보건기관의 실무자뿐만 아니라 학계, 정부 관계자에게도 위험성평가의 개설서로서 많은 참고가 될 것으로 생각한다.

특히, 본서는 기업에서 경영자가 위험성평가 도입·실시에 대한 의지만 있다면 별다른 어려움 없이 현장에 쉽게 적용할 수 있도록 각종 작성 방법과 양식을 풍부하고 구체적으로 제시하였다.

참고로, 본서는 종전의 '알기 쉬운 위험성평가(2013)' 책에 제조·설계단계의 위험성평가 내용 등을 추가하고, 본서의 당초 집필취지에 맞게 위험성평가의 기본서로서의 역할에 충실할 수 있도록 이론적 정합성을 높이는 등 종전의 책의 내용을 전체적으로 보완하면서 새로운 책을 출간하는 형식으로 하였다.

아무쪼록 우리나라의 많은 기업에서 위험성평가가 사업장 안전관리의 보편적인 기법으로 하루빨리 올바르게 자리매김하기를 바라면서, 본서가 이에 조금이라도 기여할 수 있다면 필자로서는 그 이상의 바람이 없을 것이다.

2014. 5.

저자 **정 진 우**

이 책의 차례

제 4 장 위험성 추정 및 우선도 설정 ··· 121

제 5 장 위험성 결정 … 175

제 6 장 시범 실시와 위험성평가 실시 규정의 작성 … 187

제 7 장 위험성평가의 준비 단계 … 193

제 8 장 위험성평가의 실시 ··· 207

제11장 사업장 위험성평가에 관한 법제 비교 … 297

부 록 ··· 345

찾 아 보 기

그 림

표

참 고

칼 럼

제1장 위험성이란?

I 국제안전규격으로 보는 위험성의 정의

현재 국제안전규격에서는 위험성(Risk)을 어떤 식으로 정의하고 있을까? 규격에 안전에 관한 사항을 포함하는 경우, 이에 대한 접근방식을 보이는 가이드라인으로서 ISO[1]/IEC[2] Guide 51[3]이 있다. 여기에서 위험성은 「재해(Harm)의 발생가능성(빈도, probability 또는 likelihood)과 심각성(중대성 또는 강도, severity)의 조합」이라고 정의되어 있다[4]. ISO

1) International Organization for Standardization(국제표준화기구). 제품, 서비스 등의 국제협력을 용이하게 하고 지적, 과학적, 기술적 및 경제적 활동분야에서의 국가 간의 협력을 지원하기 위하여 세계적인 표준화 및 그 연락활동의 발전과 촉진을 목적으로 하는 국가규격기관의 세계적 연맹체이다.

2) International Electrotechnical Commission(국제전기표준위원회). 전기 및 전기의 기술분야에서 표준화의 모든 문제 및 관련사항에 관한 국제협력을 촉진하고 이것에 의해 국제적 의사소통을 도모하는 것을 목적으로 1906년에 설립된 비정부기구이다.

3) ISO/IEC Guide 51 : 2014(3rd ed.), Safety Aspects - Guidelines for their inclusion in standards.

4) ISO/IEC Guide 51 : 2014(3rd ed.) 3.9 ; ISO 45001 : 2018, Occupational health and safety management systems - Requirement with guidance for use 3.21 ; ISO 12100 : 2010, Safety of machinery - General principles for design - Risk assessment and risk reduction 3.14 ; ISO Guide 73 : 2009, Risk management - Vocabulary 1.1

(International Organization for Standardization)는 국제표준화기구라 불리는 민간기관으로서 기계류(전기, 통신 제외)의 국제표준을 검토·작성하고 있는 전문기관이고, IEC(International Electrotechnical Commission)는 국제전기표준위원회라 불리는 국제민간기구로서 전기관계(전기, 전자, 통신 등)의 국제표준을 검토·제정하고 있는 전문기관이다. ISO/IEC Guide 51은 양 국제표준기관이 합동으로 작성한 가이드라인이다. 모든 국제안전규격에 나오는 위험성의 정의 또는 의미는 이 가이드라인에 따르고 있다.

위험성의 정의에서 재해란 무엇을 의미하고 있는 것일까. 마찬가지로 ISO/IEC Guide 51에 의하면, 「재해란 사람이 입는 물리적 상해 또는 건강장해 또는 재산 또는 환경이 받는 피해」라고 정의되고 있다[5]. 일반적으로 기계안전, 산업안전에서의 재해란, 위의 정의 중에서 특히 전반부의 「사람이 입는 물리적 상해 또는 건강장해」를 의미하고 있다. 사실 기계류[6](통상 「기계·기구·설비」라 불리며, 이하에서는 「기계·설비」라 한다.)의 안전성에 관한 국제규격 중에서 가장 기본이 되는 「ISO 12100 : 기계·설비의 안전성 – 설계를 위한 일반 원칙 – 위험성평가 및 위험성 감소」[7]의 규격에서는 재해를 「신체적 장해 또는 건강장해」라고 좁게 정

Note 3 등에서도 위험성에 대해 유사하게 정의하고 있고, 이론적으로도 위험성을 이와 같이 정의하는 데 이견은 없다(F. E. Bird, Jr., G. L. Germain and M. D. Clark, *Practical Loss Control Leadership*, 3rd ed., Det Norske Veritas, 2003, p. 23). 즉, 위험성을 재해의 발생가능성과 중대성(심각성)이라고 정의하는 것은 국제기준 및 이론상 보편적이다.

5) ISO/IEC Guide 51 : 2014(3rd ed.) 3.1.

6) 영어의 machinery 또는 machine에 해당한다. 연결된 부품들 또는 컴포넌트들로 구성되는 구동장치를 갖추고 있거나 갖추는 것을 의도한 집합체(assembly)로서, 구성요소인 연결된 부품들 또는 컴포넌트들 중 적어도 하나는 움직이며, 특정 용도를 위해 서로 합쳐진 것을 말한다(ISO 12100 : 2010 3.1).

의하고 있고,[8] 위험성을 ISO/IEC Guide 51과 동일하게 정의하고 있다.[9]

요컨대, 위험성은 인체에 상해 또는 장해를 주는 사고(Event) 또는 노출(Exposure)이 발생할 가능성과 그것이 발생했을 때의 그 사고의 중대성(심각성)의 조합, 즉 양자를 모두 생각하는 것이다.[10]

II 위험성이란

위험성은 기계안전, 산업안전의 분야에서는 상기와 같이 「사람이 다치는 사고가 일어날 확률과 심각성의 조합」이라는 것이 현재 국제적 합의사항이라고 생각해도 무방하다. 여기에서 확률의 특징 및 사고의 심각성에 대하여 조금 더 생각해 보자.

확률이라는 것은 사고가 일어나는 경향을 말하고, 이른바 빈도에 상당하는 것이다. 일반적으로 수치로 표현되는 수량적인 개념이다. 가능성이라는 말을 사용하는 사람도 있다.

사고의 심각성은 찰과상 정도의 재해인지, 골절 정도의 재해인지, 장해가 일생 남는 재해인지, 아니면 사망하는 것인지라는 재해의 심각성의 정

7) ISO 12100 : 2010.

8) ISO 12100 : 2010 3.5.

9) ISO 12100 : 2010 3.12.

10) 사업장 위험성평가에 관한 지침(고시)상의 위험성(Risk)에 대한 정의인 "유해 · 위험요인이 사망, 부상 또는 질병으로 이어질 수 있는 가능성과 중대성 등을 고려한 위험의 정도"(밑줄은 필자)는 국제기준 어디에서도 이러한 설명을 찾아볼 수 없고 이렇게 정의할 이론적 근거도 없다. 이러한 자의적 정의는 위험성평가에 도움이 되지 않는 것을 넘어 많은 혼란을 초래할 수 있다.

도를 말한다. 확실히 심각성에는 크기의 개념이 있고, 이 상해가 저 상해보다 심각한 재해라는 대략적인 비교가 가능하다. 그러나 엄밀한 수치로 표현하는 것은 일반적으로 곤란하다.

예를 들면, 사망은 실명보다 몇 배 심각한 것일까? 100인 사망은 1인 사망의 100배의 심각성이라고 단순히 생각해도 좋은 것일까? 여기에는 인간의 가치관이 들어가 있으므로 단순히 수치화하는 것은 불가능하다. 본질적으로는 경우에 따라, 사람에 따라, 문화에 따라 다른 성질을 가지고 있을 것이다.

어쨌거나 위험성의 구성요소인 「확률」에도 「심각성」에도 크기의 개념이 들어가 있는 것을 알 수 있지만, 문제는 그 「조합」에 있다. 이것이 의미하는 바는 양자를 감안하여 결정한다고 하는 것이다. 예를 들면, 「10^{-5}/시(時)」의 확률로 「실명」이라는 사고가 발생한다고 할 때, 이 좋지 못한 장래의 가능성을 위험성이라고 부르고, 위험성의 크기(수준), 즉 위험도를 이 조합으로 결정한다. 이와 같이 위험성에도 크기의 개념이 있다.

양자의 조합으로부터 위험성의 크기를 정의하면, 거기에도 가치관이 들어가 있어 사람에 따라, 때와 경우에 따라 다르고, 일반적으로는 일의적(一義的)으로 결정되지 않는다. 단, 위험성의 크기를 결정할 때 「확률」(빈도)이 높은 것에 대해서는 큰 위험성이, 「심각성」(중대성)이 심한 것에 대해서는 큰 위험성이 부여된다. 이것이 국제안전규격에서 말하고 있는 위험성의 개념이다.

전술한 바와 같이 확률의 수치를 결정하려면 많은 축적된 데이터가 필요하고, 새로운 것, 지금까지 사용경험이 적은 것에 대해서는 정확한 수치가 요구되지 않는다. 그리고 심각성의 수치화도 일반적으로는 곤란하다. 나아가 조합에 의해 위험성의 수치를 결정하는 것에도 곤란이 수반된다. 그렇다면, 기계안전, 산업안전의 분야에서는 실제로 어떤 식으로 위험성의 크기를 정하고 있는 것일까? 이것에 대해서는 제4장에서 상세히 소개한다.

III 안전과 위험성

1. 안전과 위험

"안전은 무엇인가?"라는 질문에 답하는 것은 꽤 어려운 면이 있다. 일반적으로 안전이란 「위험하지 않은 것」이라고 이해되고 있다. 위험은 하나하나 지적할 수 있지만, 안전은 거기에는 어떤 위험도 존재하지 않는다는 부정형으로 표현되는 개념이기 때문에, 위험과 달리 구체적으로 "이것이 안전이다."라고 말하기 어렵다.

기계안전 분야에서도 이 기계·설비는 지금까지 사람이 다친 적이 없기 때문에 안전하다고 하는 수준에서부터, 재해 발생가능성이 있는 것을 모두 예측하고 위험한 것에 대해 예방수단을 실시하고 있기 때문에 안전하다고 하는 것까지, 안전의 수준은 다르게 해석될 수 있다. 국제적으로는 후자의 수준을 가지고 안전하다고 말하고 있다. 위험성평가도 어떻게 하면 후자 수준의 안전을 실현할 것인가라는 점에 관심을 가지고 있다.

안전을 생각하기 전에 위험에 대하여 생각해 보면, 위험이라는 말 하나에도 영어로는 danger, hazard, risk, peril 등 대응하는 단어가 다양하게 존재한다. 이들 단어는 각각 의미하는 바와 개념이 다르다. Danger는 일반적인 위험을 의미하고, hazard는 부상, 질병(또는 양자의 조합)의 관점에서 피해(재해)를 일으킬 수 있는 잠재적 원인, 즉 위험 또는 유해의 요인을 가리키며, 이것에 접촉되면서부터 재해의 발생가능성이 상존하게 된다. Peril은 실제 위험의 원인 그 자체를 말하고, risk는 전술한 바와 같이 재해가 발생할 가능성과 재해가 발생한 때의 재해의 심각성(중대성)이라는 두 개의 개념을 포함한다.

2. 안전의 정의

안전의 정의는 국제규격에 안전을 반영하기 위한 가이드인 ISO/IEC Guide 51[11]에 기술되어 있다. 이것에 의하면, 안전은 "허용할 수 없는 위험성이 없는 것(Freedom from risk which is not tolerable)" 또는 "수용할 수 없는 위험성이 없는 것(Freedom from unacceptable risk)"[12]이라고 표현되어 있다. 직역하면, 「허용할 수 없는 위험성으로부터의 해방」 또는 「수용할 수 없는 위험성으로부터의 해방」이라는 정의이다. 달리 말하면, 안전이란 위험성의 크기가 허용 가능하거나 수용 가능한 수준으로

11) ISO/IEC Guide 51 : 2014(3rd ed.), Safety aspects - Guidelines for their inclusion in standards.

12) ISO/IEC Guide 51 2014(3rd ed.) 3.14에서는 안전(Safety)을 「freedom from risk which is not tolerable」이라고 표현하고 있지만, ISO/IEC Guide 51 1999(2nd ed.) 3.1에서는 안전을 "freedom from unacceptable risk"이라고 정의하고 있었다. 안전의 정의가 「freedom from unacceptable risk」에서 「freedom from risk which is not tolerable」로 바뀐 것이다. 안전의 정의가 완화되었다고 해석하는 사람이 있을지도 모른다. 그러나 Guide 51을 개정할 때 그러한 심의를 거쳐 결정된 것은 아닌 것 같다. 위험성(Risk)에 대한 두 개의 용어(tolerable, acceptable)가 사용되고 있는 것이 혼란을 초래하는 점을 감안하여 보다 현실에 가깝고 알기 쉬운 용어인 「tolerable risk」라는 용어가 채택된 것으로 판단된다. ISO/IEC Guide 51 2014(3rd ed.)에서는 「tolerable risk」와 「acceptable risk」를 동의어로 보고 있다(3.15 Note 1).

억제되어 있는 상태라고 할 수 있다.

이와 같이 안전은 위험성을 이용하여 정의되어 있다. 안전이란 위험성의 크기가 허용 가능한 또는 수용 가능한 것만으로 되어 있는 상태라고 할 수 있다. 여기에서 주의하여야 할 것은, 안전이라고 해도 반드시 약간의 위험성은 남아 있기 마련이기 때문에, 즉 잔류위험성(Residual risk)은 존재하기 때문에 절대적으로 안전하다고 하는 「절대안전」을 주장하고 있는 것은 아니라는 점이다. 다시 말해서, 안전하다고 하여도 반드시 일정한 크기의 위험성이 남아 있기 마련이고, 따라서 사고는 항상 일어날 개연성이 있는 것이다.

- 절대적으로 안전하다는 것을 의미하지 않는다.
- 위험성은 항상 존재하고 있다(잔류위험성).
- 단, 허용할 수 있거나 수용할 수 있을 정도로 억제되어 있는 상태에 지나지 않는다.[13)]
- 항상 사고 · 재해는 일어날 수 있는 상태이다.

그림 1 안전이란

이상의 안전에 대한 정의를 통해 안전하다고(안전한 상태라고) 하더라도 「안전관리」가 계속적으로 필요한 이유를 알 수 있다.

여기에서 "무엇을 가지고 안전하다고 할 것인가?"라고 물을 때에 각종 국제기준(예 : IEC 61508[14)])에 두 개의 다른 단어가 나온다. 하나는 「널리

13) 따라서 허용(수용)할 수 있는 상태라 하더라도 잔류위험성에 대해 소프트한 안전보건조치로나마 지속적으로 사후관리를 할 필요가 있는 것이다.

14) IEC 61508 : 2010(2nd ed.), Functional safety of electrical/electronic/programmable electronic safety - related systems.

수용 가능한 위험성」(Broadly acceptable risk)이고, 다른 하나는 「허용 가능한 위험성」(Tolerable risk)이다. 안전의 정의와 이 두 가지 용어의 차이를 명확히 이해하기 위해서는 추가적인 설명이 필요하다고 생각한다.

기계·설비를 설계하는 초기의 단계에서는 여러 가지 큰 위험성이 존재하고 안전상 불안하여 그대로는 사용할 만한 것이 못 된다. 따라서 각각의 위험성에 대하여 설계단계, 사용단계에서 각종의 안전대책을 실시하여 위험성의 크기를 줄여야 한다. 누가 생각하더라도 이 정도 크기의 위험성만 존재한다면 문제가 되지 않는 수준에 다다른 상태가 「널리 수용 가능한 위험성」이라고 할 수 있다. 한 마디로 위험성이 매우 적기 때문에 문제가 되지 않은 위험성 영역이다. 이것이 진정으로 안전한 상태라고 말할 수 있다.

참고 1 「안전」 및 「안전한」이라는 용어의 사용[15)]

「안전한(Safe)」이라는 용어는 일반인들에 의해 종종 모든 유해위험요인으로부터 보호되고 있는 상태라고 이해되고 있다. 그러나 이것은 오해이다. 「안전(Safety)」이란 위해(Harm)를 일으킬 우려가 있다고 생각되는 유해위험요인으로부터 보호되고 있는 상태를 말한다. 제품 또는 시스템에는 다소간의 위험성(Risk)이 내재하고 있다.

「안전」 및 「안전한」이라는 용어는 별도의 유용한 정보를 전달하지 않으면, 설명하기 위한 형용사로서의 사용은 가급적 피하는 것이 바람직하다. 게다가, 「안전」 및 「안전한」의 용어는 위험성이 없다는 것을 보증하고 있다고 오해되기 쉽다. 따라서 이 용어들은 가능한 한 목적을 가리키는 용어로 대체하여 사용하는 것이 바람직하다.

---

15) ISO/IEC Guide 51 : 2014(3rd ed.) 4.

예를 들면, 「안전모」 대신에 「보호모」, 「안전 임피던스(Impedance)」 대신에 「보호 임피던스 장치」, 「안전 바닥재」 대신에 「미끄러짐 방지 바닥재」 라는 용어를 사용하는 것이 바람직하다.

운석이 지구 위에 떨어지는 것을 예로 들어 설명을 하면 다음과 같다. 사람이 지구 위에 떨어지는 운석에 부딪혀 사망하거나 부상을 입을 위험성은 명백히 존재한다. 그러나 이와 같은 것이 발생할 가능성은 매우 낮으므로 위험성은 매우 낮다고 할 수 있다. 이와 같이 드문 빈도이기 때문에 누구도 평상시 이에 대한 방어를 생각하거나 지하로 숨지 않는다(운석이 떨어져 날아오는 빈도가 높아진다고 예상되는 경우는 위험성이 커지므로 별개의 이야기로 한다.).

이와 같은 위험성은 누구라도 수용하는 위험성, 즉 「널리 수용 가능한 위험성」이고, 운석에 부딪혀 부상을 입거나 사망을 한다고 하는 그런 위험성으로부터는 안전하다는 생각을 한다. 그리고 공장의 기계・설비의 경우에도 큰 사고가 일어나지 않도록 하는 대책이 확실하게 수립되어 있어, 만약 사고가 발생하더라도 찰과상 정도의 재해밖에 일어나지 않는 작은 위험성으로 되어 있으면, 「널리 수용 가능한 위험성」이라고, 즉 안전하다고 말할 수 있다.

그러나 현실적으로는 그 정도까지 안전대책을 실시하는 수단이 없다든지 비용이 너무 많이 들어 비현실적인 경우가 많다. 이와 같은 경우, 그 기계・설비로부터 받는 편익 등을 고려하여 어쩔 수 없다고 보아 수용하게 되는 수준의 크기의 위험성이 「허용 가능한 위험성」이다. 환언하면, 위험성이 합리적으로 실행 가능한 수준까지 감소되어 있는(ALARP : As

Low As Reasonably Practicable)[16] 영역이라고 할 수 있다.

예를 들면, 자동차를 생각해 보자. 우리나라에서도 매년 2,500명을 상회하는 사람들이 교통사고로 사망하고 있다. 이 정도로 위험한 기계는 없다. 그럼에도 불구하고 자동차는 지구상에서 널리 이용되고 있다. 모두가 받아들이고 있는 것이다. 이것은 누구라도 받아들일 만한 작은 위험성이라고는 도저히 생각되지 않는다. 그러나 많은 사람들은 정비를 하거나 안전운전에 유의하는 방법을 통하여 안전성을 확보한 후, 그 편리성을 고려하여 어쩔 수 없다고 보아 자동차의 위험을 수용하면서 각오하고 운전을 하고 있다. 이 점에서는 자동차의 위험성은 「허용 가능한 위험성」이라고 인식되고 있다고 생각된다.

물론 위험성의 크기를 생각하여 자동차의 운전을 그만둔다든지 자동차를 타지 않는 사람이 있는 것도 사실이다. 그러한 사람들의 경우, 자동차는 허용 가능한 위험성보다 큰 위험성이므로 안전하지 않다고 판단하고 있는 것이다. 무엇을 가지고 허용 가능한 위험성으로 할지는 사람, 상황(경우), 대상 기계・설비 등에 따라 다르다.

위험성의 크기로 말하면, 「허용 가능한 위험성」이 「널리 수용 가능한 위험성」보다 큰 것이 된다. 본래라면 모든 위험성에 대하여 「널리 수용 가능한 위험성」으로 감소시키고 나서야 안전하다고 말해야 하지만, 현실적으로는 「허용 가능한 위험성」의 수준을 안전하다고 말하게 되고, 거기에는 무시할 수 없는 잔류위험성이 항상 존재하고 있다.

한편, 국제안전규격을 논의하고 있는 국제회의에서는 「허용 가능한 위험성(Tolerable risk)」과 「수용 가능한 위험성(Acceptable risk)」이 본래

16) ALRAP에 대해서는 뒤에서(제5장 II. 2) 상세히 설명하기로 한다.

구분되는지, 구분하는 의미가 있는 것인지 하는 논의가 이루어져 왔다. 그러나 아직까지는 실제 국제안전규격에 이 두 가지의 위험성이 명확히 구분되어 표현되어 있지는 않다. 최근(2014년)에 개정된 ISO/IEC Guide 51(제3판)에서는 전술한 바와 같이 「허용 가능한 위험성」과 「수용 가능한 위험성」을 같은 의미로 사용하고 있다.[17)]

3. 절대안전은 존재하지 않는다.

예를 들어 "이 기계는 안전하다."고 하면, 사람들은 이를 절대적으로 안전하다고 해석하는 경향이 있지만, 현실적으로는 절대안전은 있을 수 없다. 무언가의 기능을 다하고 있는 이상은 반드시 위험성이 존재한다. 위험성을 이용한 안전의 정의로부터 알 수 있듯이, 안전이란 절대안전을 의미하는 것은 아니며, 위험성이라고 하는 수량적(정량적) 개념을 도입하여 그것이 허용될 수 있을 때까지 낮게 억제되어 있는 상태를 의미한다. 즉, 전술한 바대로 안전이라고 하여도 항상 위험성이 잔존하는 것을 인정할 필요가 있다. 문제가 되는 것은 위험성의 진정한 의미와 허용 불가능 또는 수용 불가능의 기준이다.

"위험의 가능성이 제로가 아니다." 또는 "절대적으로 안전하다고 보장할 수 없다."고 하여, 안전하지 않으므로 기계·설비를 사용해서는 안 된다거나 화학공장을 지어서는 안 된다는 식으로 대응하는 것은 과학적이거나 합리적인 사고라고는 볼 수 없다.

위험성이 제로라고는 말할 수 없기 때문에, 경미한 사고일지언정 실제

17) ISO/IEC Guide 51 : 2014(3rd ed.) 3.15.

로 사고가 발생할 가능성은 항상 존재한다고 보아야 한다. 절대안전을 주장하다 보면, 스스로의 논리에 파탄을 초래하지 않기 위해 어떻게 해서든 사고를 은폐하려는 유혹에 빠질 수 있다. 작은 사고는 큰 사고의 전조이다. 실제로 발생한 사고를 숨기게 되면, 그 원인을 분석하고 대책을 마련할 기회를 잃게 된다. 이것이 오히려 큰 사고를 초래할 수 있다. 절대안전의 주장이 오히려 큰 사고를 초래하는 원인이 되는 아이러니한 결과로 연결된다.

4. Fail Safe / Fool Proof와 안전

기술적으로 안전을 확보하기 위해서는, 기계・설비의 구조에 근거하여 안전을 실현하는 것에 주안점을 둔 Fail Safe, Fool Proof라는 구조적인 접근방법이 필요하다.

인간은 언젠가는 실수를 하고, 기계・설비는 언젠가는 고장이 난다. 이러한 엄연한 사실을 대전제로 한 안전성 확보 방법의 대표적인 것이 Fail Safe,[18] Fool Proof[19]라는 두 가지 방식이다. 기본적으로는 실수를 하더라도, 고장이 나더라도 안전하게 되도록 하는 것이다.

Fool Proof는 작업자가 기계・설비의 조작의 순서를 잘못하였거나 기계・설비에 이상, 고장 등이 있어도 위험한 상태로 되는 조작 등이 불가능하도록 설계하는 방식을 말한다. 예를 들면, 전기의 극성인 플러스와 마이너스를 틀리게 하면 감전・폭발 위험성이 있는 경우, 플러스와 마이

18) 문자 그대로 실패(Fail)하더라도 안전(Safe)하다는 의미이다.
19) Fool은 잘못된 판단 또는 조작을 하는 것을 의미한다.

너스를 거꾸로 하면 물리적으로 접속할 수 없거나 콘센트를 삽입할 수 없는 형상으로 해 놓는 것이 Fool Proof의 전형적인 예이다. 작업자가 실수할 경우 본래의 기능은 발휘할 수 없을지 모르지만 위험하게 되지 않도록 배려한 조치(설계)를 하는 것이다. 사람이 손을 넣어서는 안 되는 위험한 영역에 잘못하여 손을 넣었을 때 기계·설비가 멈추도록 만들어 놓으면 생산성은 떨어질지 모르지만 사람이 재해를 입는 일은 없다. 이것도 Fool Proof의 예라고 말할 수 있다.

사업장에서는 회전하는 기계를 비롯하여 작업자가 끼이거나 말려들거나 부딪힐 위험이 많이 있는데, 이러한 위험을 방지하기 위하여, 작업자에게 취급주의 또는 접근방지에 대해 안전보건교육 등을 통해 주의를 환기하는 방식에 의존하는 경우가 적지 않다.

그러나 사람에게는 착오, 무의식행동, 장면행동 등의 특성이 있어, 사람의 판단에 의존하는 위험방지대책으로는 불충분하고, 기계·설비에 안전기능을 장착하는 것이 필요하다. 그 방법의 하나로 기계·설비에 많은 Fool Proof 기능이 활용되고 있다.

Fool Proof란 사람에게 안전측(방향)으로의 실수 외에는 발생하지 않도록 설계하는 것이다. 그만 깜박하여 실수를 하면 사람이 재해를 입게 되는 것이 위험측(방향)으로의 실수이다. 위험측(방향)으로의 실수를 얼마나 줄이도록 설계를 할 것인가가 안전성 확보의 핵심의 하나이다.

마찬가지로 기계·설비의 고장에도 안전측으로의 고장(Failure to safety)과 위험측으로의 고장(Failure to danger)[20]이 있다. 기계·설비

20) 위험측으로의 고장(Failure to danger)이란, 위험성을 증가시키는, 기계·설비 또는 그것의 동력 공급에서의 기능불량을 말한다(ISO 12100 : 2010 3.32).

에 고장이 발생한 경우 위험한 부분이 멈추거나 위험한 부분에 사람이 접촉할 수 없게 되면, 일반적으로 사람에게 재해가 미치는 것을 피할 수 있다. 이와 같은 고장이 안전측으로의 고장이다. 시스템 또는 이것을 구성하는 요소가 고장나더라도 고장에 기인하여 재해가 발생하지 않도록 바로 기계·설비를 정지시키는 등 미리 정해 놓은 안전측(방향)으로 고정하고, 고장의 영향을 한정함으로써 작업자의 안전을 확보할 수 있도록 설계하는 방식이 Fail Safe이다.

이에 반해, 기계·설비의 고장이 사람의 재해의 발생으로 연결되는 것이 위험측(방향)으로의 고장이다. 위험측으로의 고장의 발생을 어떻게 줄일 것인가가 기계안전에서의 또 다른 안전성 확보의 핵심의 하나이다. 이와 같이 기계·설비에 이상, 고장 등이 발생한 때에 안전측(방향)으로만, 즉 안전하게 고장 나도록 하는 것이 Fail Safe이다. 즉, Fail Safe에서의 부품의 고장에 관한 요청은 고장의 발생은 인정하지만, 안전측(방향)으로 유도하는 고장만 발생하도록 하는 것이다. 이것은 「비대칭고장」이라고도 부른다.

Fail Safe와 Fool Proof의 관계를 보면, 안전성 확보수단이 Fool Proof에서는 사람에게 착목한 안전구조인 데에 반해, Fail Safe는 기계·설비 시스템에 착목한 안전구조라고 말할 수 있다.

제2장 위험성평가의 기본

근로자의 안전과 건강을 위하여 단순히 "산업안전보건법령을 준수하면 된다."고 생각하는 시대는 과거의 것이 되어가고 있다.

오늘날 사업주는 근로자의 안전과 건강의 확보를 위해 법적 기준을 상회하여 합리적으로 실행 가능한 한 최대한 노력하여야 한다는 것이 사회의 당연한 요청이 되고 있다.

이 요청에 부응하기 위해서는 "사업주는 가능한 한 사업장에서의 안전보건수준을 최대한 높일 수 있는 방법"을 반영한 안전보건관리를 시행할 필요가 있고, 이것을 실현하기 위한 유력한 방법의 하나가 위험성평가이다. 즉, 위험성평가는 자율안전보건관리의 중요한 수단으로 자리매김하고 있다.

이 위험성평가는 위험한 것(유해위험요인)을 미리 찾아내어 사전에 그것이 어느 정도 위험한지를 평가(추정)하고 그 평가의 크기에 따라 확실하게 대책을 수립하는 것을 기본적인 절차로 하고 있다.

위험성평가는 사고의 재발방지가 중요하지만 이것만으로는 한계가 있는 점에 착안하여 사고의 미연방지를 핵심적인 가치로 삼고 있다.

I 위험성평가의 도입배경 및 의의

1. 위험성평가의 역사 및 입법경위

위험성평가는 미국의 손해보험회사가 위험요율(Risk rate), 이에 따른 보험료를 결정하는 데 사용한 것이 시작이라고 말해지고 있다. 당초에 위험성평가는 기업에서 발생하는 사고의 크기, 피재(被災)의 정도, 사망, 휴업일수 등을 조사하고, 거기에 사고발생의 빈도를 곱한 후 손해액을 추정하여 사업장이 지불하는 보험금액을 결정하는 방법이었다. 이 방법이 나중에 안전보건 분야에 들어와, 재해예방관리의 하나의 기법으로 탄생된 것이다.

안전보건 분야의 위험성평가 개념은 유럽에서 1980년대 초반부터 점차적으로 확립되어 왔다. 위험성평가의 발상은 1982년의 세베소 지침(European Communities Directive on Major Accident Hazards of Certain Industries)이다. EC(당시. 1993년 11월 이후는 EU) 각국에서 다발한 화학플랜트 등의 중대재해를 방지하기 위해서는 지금까지의 안전기준 준수에 의한 접근방식만으로는 불충분하고, 한걸음 나아가 화학설비, 화학물질에 대한 위험성평가의 필요성과 중요성이 인식되었다.

1989년에는 유럽공동체이사회에서 가맹각국의 안전보건의 확보와 그 수준 향상을 위한 「안전보건 기본지침」(89/391/EEC)[21]을 채택하였다. 이에 따라 가맹각국은 1992년까지 필요한 법률, 규칙 등의 정비를 하고 1996

21) Council Directive 89/391/EEC of 12 June 1989 on the introduction of measures to encourage improvements in the safety and health of workers at work.

년까지 시행하는 것으로 되었다. 이 명령에 사업주에 대해 위험성평가 실시 의무가 부과되는 내용이 포함됨에 따라, EU 각국에 위험성평가가 본격적으로 보급되게 되었다. 이와 같이 EU는 위험성평가를 산업재해 예방의 핵심적인 가치로 활성화하는 데 있어 선도적인 역할을 하고 있다.[22)]

또한 1990년대 후반 이후부터 ILO, ISO, IEC 등 국제기구에서 위험성평가를 국제안전규격의 가장 중요한 기준으로 정하기에 이른다.

한편, 일본은 2006년 4월에 노동안전위생법을 개정하여 위험성 또는 유해성 등의 조사 등(위험성평가)의 실시를 노력의무형태로 신설하였다. 나아가 이 규정에 근거하여 2006년 3월 10일에 「위험성 또는 유해성 등의 조사 등에 관한 지침」이, 같은 해 3월 30일에는 「화학물질 등에 의한 위험성 또는 유해성 등의 조사 등에 관한 지침」이 공표되었다.

우리나라는 2009년 2월에 산업안전보건법을 개정하여 사업주의 위험성평가 실시에 대한 법적 근거가 마련되었다. 그러나 위험성평가의 개념이 설정되어 있지 않았고 선언적 의무에 불과하여 법제도화의 취지를 제대로 살리지 못했다. 이에 정부에서는 2013년 6월에 산업안전보건법을 개정하여, 위험성평가 개념을 명확히 하고 위험성평가의 방법, 절차, 시기 등을 정하는 행정규칙(고시)의 제정근거를 규정함과 아울러, 위험성평가의 근거를 산업안전보건법상 사업주의 일반적 의무조항(제1장 제5조)에서 분리하여 제4장 유해·위험 예방조치(제41조의2[23)]) 부분에 규정함으로써, 사업장 위험성평가의 법적 위상과 체계성을 높일 수 있게 되었다.

또한 안전보건관리책임자(산업안전보건법 제13조[24)]), 관리감독자(산업

22) S. Z. Mansdorf(ed.), *Handbook of Occupational Safety and Health*, 3rd ed., WILEY, 2019, p. 676.

23) 현행 산업안전보건법 제36조에 해당한다.

안전보건법 제14조[25]), 안전관리자(산업안전보건법 제15조[26]), 보건관리자(산업안전보건법 제16조[27]), 안전보건총괄책임자(산업안전보건법 제18조[28]) 등 각종 안전보건관계자의 직무에 위험성평가가 포함되고, 이들 안전보건관계자의 교육내용에 위험성평가에 관한 사항이 반영되도록 규정되었다(동법 시행규칙 별표 8의2[29] 참조). 한편, 안전보건관리규정에 위험성평가에 관한 사항을 의무적으로 포함하도록 규정하였다(동법 시행규칙 별표 6의3[30] 참조). 그리고 산업안전보건법 제41조의2[31]에 근거를 두고 위험성평가의 구체적 방법・절차 등을 제시한 「사업장 위험성평가에 관한 지침」(고시)이 제정・시행되었다(2013.1.1). 요컨대, 우리나라에서 사업장 위험성평가는 그 실시가 사실상 강제화되어 있다고 말할 수 있다.

2. 위험성평가의 필요성

위험을 수반하는 기계・설비를 안전에 주의하면서 사용하는 사업장을 상정해 보자. 작업자는 주의를 하면서 기계・설비를 사용할 것이다. 그리고 부주의로 안전 확보에 실패하면 부상을 입기 때문에 사용하기 전에 충분히 안전교육을 받고 연습하고 나서 사용할 것이다. 그러나 사람은 언젠

24) 현행 산업안전보건법 제15조에 해당한다.
25) 현행 산업안전보건법 제16조에 해당한다.
26) 현행 산업안전보건법 제17조에 해당한다.
27) 현행 산업안전보건법 제18조에 해당한다.
28) 현행 산업안전보건법 제62조에 해당한다.
29) 현행 산업안전보건법 시행규칙 별표 5에 해당한다.
30) 현행 산업안전보건법 시행규칙 별표 3에 해당한다.
31) 현행 산업안전보건법 제36조에 해당한다.

가는 실수하는 법이다. 그만 깜박하여 또는 가동되고 있는 기계・설비를 멈추고 싶지 않은 마음에 기계・설비가 작동되고 있는 상태에서 트러블을 처리하다가 부상을 입는 경우가 있다. 작업에 숙달된 베테랑조차 사고를 일으키는 경우가 있다. 많은 기업에서는 이것들에 대해 모두 작업자의 책임, 즉 부상을 입은 본인의 잘못으로 간주하는 경향이 있다.

더욱이 비극적인 것은 숙달되지 않은 사람이 별로 주의나 안전교육을 받지 않은 채 기계・설비를 조작하다가 중대한 사고에 말려드는 경우이다. 이 경우에는 본인의 책임과 함께 관리자, 현장감독자의 책임도 물어질 것이다. 일반적으로 사고가 발생한 후에 위험한 기계・설비라고 인식하여 교육의 강화와 함께 그 위험한 부분에 보호장치를 설치하거나 사람에게 보호구를 착용하도록 하는 등의 안전대책이 취해진다.

그러나 사람의 실수만이 문제가 되는 것은 아니다. 기계・설비는 언젠가는 고장이 난다. 기계・설비의 고장, 부적합으로 성실하게 작업을 하고 있던 사람이 해당 기계・설비에 말려들거나 깔려 다치는 일이 있고, 심할 때에는 사망사고로 연결된다. 특히, 수리, 점검・보수 등과 같은 정상적(Normal=Routine, 定常的)이지 않은 작업, 즉 비정상(Abnormal=Non-routine, 非定常)작업[32)]의 경우에 이와 같은 일이 발생할 가능성이 높다. 사고가 일어나고 나서 두 번 다시 일어나지 않도록 해야겠다는 마음으로 대책이 수립된다. 그런데도 또 잘못된 원인으로 재차 사고가 발생하고, 그 후 안전을 위한 대책이 취해지는 방식이 계속된다.

안전한 기계・설비는 사고의 경험과 작업자의 희생 위에서 만들어져 왔다. 사람의 주의에 의한 안전확보와 사고의 결과에 기반한 안전대책,

32) 비정상작업의 개념에 대해서는 후술하는 「참고 5 : 작업의 형태」 참조하기 바란다.

이것이 지금까지의 사고방지의 경위일 것이다. 특히 우리나라에서는 지금까지 이러한 상태가 계속되고 있다고 말할 수 있다. 확실히 안전한 기계·설비는 사고의 축적이라는 경험 위에서 만들어져 온 측면이 있지만, 이러한 방식은 사실 사후약방문이어서 예방철학과는 많은 괴리가 있다.

위험성평가란, 위험성을 사전에 평가한다는 의미로서 위험한 것을 미리 찾아내어 사전에 그것이 어느 정도 위험한 것인가를 평가하고 그 평가의 크기에 따라 확실히 예방대책(감소조치)을 세워 두는 것을 말한다. 사고의 미연방지가 가장 중요한 핵심이다.

우리나라의 많은 기업에서는 사고가 발생하고 나서야 비로소 매우 위험하다는 것을 깨닫고, 나중에서야 조치를 강구하여 안전장치, 국소배기장치 등을 설치하는 경향이 있다. 사고의 발생이 대전제이고 사고가 일어나지 않는 한 재해방지조치는 하지 않는다는 사고방식이다. 이에 반해 위험성평가의 사고방식은「미리 위험한 것을 찾아내어 예방조치를 취한다」고 하는 미연방지의 철학에 바탕을 두고 있다.

위험성평가는 많은 국가에서 안전보건의 표준적인 방법으로 자리 잡고 있다. 즉, 위험성평가는 이미 국제적인 안전보건의 기준으로 되어 있다. 우리나라에서는 아직 제조자·사용자 모두(특히 제조자) 위험성평가에 익숙하지 않고 이에 대한 경험도 많지 않지만, 국제적인 안전보건표준과 보조를 맞추고 우리나라 기업의 안전보건수준을 근본적으로 끌어올리기 위해서는 위험성평가의 내실 있는 실시가 절실하다.

위험성평가가 지금까지 우리나라 사업장에서 나름대로 실시하여 온 다른 안전관리방법과 다른 점은 조직적·체계적·종합적으로 이루어진다는 점이다. 위험성평가는 체계적으로 문서화하고 계속적으로 재검토(수정보완)하며 반복(피드백)이 가능한 형태인 시스템으로 도입·운영되어야 한다.

위험성평가에서 가장 중요한 것은 유해위험요인(위험원, 재해를 일으키는 잠재적 근원, 잠재적 위험)을 찾아내는 것이다. 유해위험요인을 찾아낸 후 그 유해위험요인이 어느 정도 위험한지를, 즉 유해위험요인에 대한 위험성의 크기를 사정(査定)한다. 그리고 사정한 위험성의 크기에 따라 위험성이 큰 것부터 순서대로 그것에 맞는 안전보건대책을 시행한다는 것이 위험성평가의 가장 중요한 발상이다.

3. 위험성평가의 특징

현장의 작업자가 일을 하는 데 필요한 기계 · 설비를 사용하거나 일정한 작업환경에서 작업을 할 경우, 기계 · 설비의 결함, 불량한 작업환경 등 불안전한 상태와 작업자의 실수 등 불안전한 행동이 재해의 발생원이 되어 재해로 발전할 가능성이 생긴다.

재해 발생의 잠재적 근원(재해 발생원)을 찾아내고, 이것에 어느 정도의 위험성이 있는가를 확인하며, 재해가 초래될 경우의 그 재해의 크기(강도)와 재해의 발생가능성(확률)을 평가하여, 기계 · 설비나 작업절차 등을 어떻게 바꾸면 위험성이 작아질 것인가를 판단한 후, 개선의 우선순위에 따라 개선조치를 실시해 나가는 것이 위험성평가에 부여된 과제이다.

위험성평가는 사업장의 모든 유해위험요인을 파악(도출)하고, 이들에 기인하는 위험성의 크기를 추정하여 위험성 허용 여부 결정을 한 후, 위험성을 감소시키는 조치를 마련하여 이행하는 것을 체계적으로 진행하는 기법이다. 위험성평가는 이를 통해 사업장의 안전보건수준을 높여 나가는 선제적인 안전관리기법이다.

현재 많은 사업장에서 사업장에 존재하는 위험성을 찾아내고 사전에 안전보건대책을 수립하기 위하여 안전보건순찰(순회점검), 아차사고 발굴(보고), 위험예지활동(훈련), TBM(Tool Box Meeting) 등이 이루어지고 있다. 이러한 활동도 넓은 의미에서는 위험성평가의 하나라고 말할 수 있지만, 위험성평가는 이와 같은 경험적인 활동과 비교하여 체계적·과학적이고 종합적인 방법으로 원칙상 사업장의 여러 계층의 모든 종업원이 참가하여 실시하는 점에 특징이 있다.

안전보건순찰은 관계자가 작업장을 순찰하고 순찰용지에 기재한 후 지적사항에 대하여 관계부서가 개선을 하는 활동이다. 아차사고 발굴(보고)은 작업장에서 일하는 작업자가 작업과정에서 느낀 아차사고체험을 메모하여 상사에게 제출하는 활동이다. 위험예지활동(훈련)은 현장, 강의실 등에서 유해위험요인이 어디에 있는지를 찾아낸 후, 이에 대한 안전보건(행동목표)대책을 설정하고, 이를 손가락으로 가리키며 한 사람이 선창하고 여러 사람이 따라 부르는 것을 통해 위험감수성을 높이고 문제해결능력을 향상시키기 위한 활동이다.

한편, 안전보건대책을 세운다고 하여도 그 대책은 적지 않은 부분이 기술적인 것이기 때문에 그 특성상 항상 시대에 따라 진보하여 예전에는 불가능하였지만 지금에 와서는 가능한 기술도 있고, 예전에는 이 정도의 위험성은 허용되었지만 지금은 허용되지 않는 것이 있을 수 있다. 위험성에 대해 세우는 기술적 대책의 내용은 시대와 함께, 또 국가에 따라 다를 수 있다. 예컨대, 한 나라의 사회문화적 전통뿐만 아니라 경제가 발전 도상단계인가 성숙기인가에 따라서도 당연히 달라진다.

위험성에 대한 안전보건대책의 기준이 과학기술의 진보와 사회의 가치관 등에 의해 영향을 받는다는 것은 위험성평가에 자율과 불분명함이라는 특징이 내포되어 있다는 것을 나타낸다.

사업장이 자율적으로 판단하여 이 정도까지 하면 우리로서는 허용될 수 있을 것이라는 판정하에 위험성 사정(査定)을 토대로 대책을 세우게 된다. 불변의 절대적 기준이 있는 것이 아니라 사업장 스스로 어떤 것을 생각하고 자율적으로 판단하는 요소가 포함되어 있다는 점이 위험성평가의 큰 특징이다.

종래 우리나라에서 안전보건을 확보하는 방법은 정부가 기준을 결정하고, 사업주가 그것을 지키면 충분하다는 발상이었다. 그러나 위험성평가는 사업장에서 사전에 스스로 위험한 것을 찾아내고 그것에 대하여 스스로 대책을 세우는 것이다. 어떠한 대책을 세울 것인가는, 해당 기계・설비가 어떤 곳에 사용되고 어떤 문제점이 있으며 사고가 발생하면 얼마나 심각하게 될 것인가 등을 종합적으로 생각하여 판단하는 것에 근거한다.

4. 위험성평가의 효과

종래에는 사업장의 재해방지대책은 발생한 산업재해의 원인을 조사하고 동종・유사재해의 재발방지대책을 수립하여 이를 작업장에 적용해 나가는 접근방식이 기본이었다. 그러나 종래의 재해사례에서 배운다고 하는 재발방지대책의 접근방식으로는 재해예방을 능동적으로 전개하는 데 근본적으로 한계가 있다. 특히 생산공정의 다양화・복잡화가 진전되고 새로운 기계・설비, 물질 등의 도입주기가 빨라지는 등 사업장에 존재하는 유해위험요인이 다양화하고 있는 상황에서는 재발방지대책의 접근방식만으로는 산업재해 발생수준을 한층 낮추는 것이 점점 어려워질 것으로 생각된다.

따라서 잠재적인 유해위험에 대해서까지 눈을 돌려 재해예방대책을 도모해 가는 위험성평가를 효과적으로 운용함으로써, 사업장에 존재하는 위험성을 감소시키고, 사업장의 본질적(근원적) 안전화를 촉진하며, 궁극적으로 높은 수준의 안전보건 달성으로 연결시켜 나갈 필요가 있다.

위험성평가는 유럽을 중심으로 오랜 기간 동안 시행착오의 결과로 나온 것으로서, 위험성평가 도입을 통해 재해가 확실히 줄어든다는 장점 외에 다음과 같은 효과를 기대할 수 있다.

가. 위험성에 대한 인식 공유 · 승계 가능

위험성평가는 현장 작업자의 참가를 얻어 관리・감독자와 함께 진행하는 것이기 때문에 사업장에 존재하는 위험성에 대한 공통의 인식을 가질 수 있게 된다. 다시 말해서, 사업장에 있는 모두가 다 같이 생각하고 유해위험요인을 찾아내며 전원이 참가하여 안전에 대해 생각하는 계기가 만들어질 수 있다. 그리고 위험성평가 실시 내용 및 결과를 기록・보존하기 때문에 유해위험요인 또는 위험성을 관리하는 노하우가 승계될 수 있다. 그 결과, 해당 기업 전체적으로 안전의식이 제고되고 안전문화가 조성될 수 있게 된다.

나. 위험감수성 및 법령 준수도 제고 가능

위험성평가 활동을 통해 작업자들이 유해위험요인에 대해 위험하다고 느끼는 감수성이 높아지고 종래에는 간과하는 경향이 있었던 위험성에 대해서도 충분히 대응할 수 있게 된다. 그리고 위험성평가를 실시하는 과정에서 법적 기준을 필수적으로 검토하게 되므로 사업장의 법령의 준수도가 제고될 수 있다.

한편, 법적 기준의 구체적인 검토・이해를 통해 유해위험요인 파악, 위험성 추정(빈도와 강도)을 정확하게 할 수 있는 효과를 거둘 수 있다. 법령에는 다양한 유해위험요인이 규정되어 있고, 법적 기준의 준수를 통해 재해의 발생가능성(빈도)[33]과 재해의 중대성(강도)[34]을 낮출 수 있기 때문이다.

다. 항상 개선할 수 있는 시스템적 접근 가능

재해 발생 여부에 관계없이 기업 등 조직의 많은 활동에 대해 위험성평가를 실시하고 이를 토대로 (잔류위험성까지를 포함하여) 관리(개선)하는 것이 가능하다는 의미에서, 체계적으로 현상분석을 할 수 있고 안전보건을 확보할 수 있는 장점이 있다. 이를 통해 사업장에서는 항상적으로 안전보건 관리(개선)가 가능한 관리시스템(Management system)을 구축하고 정착시킬 수 있게 된다.

라. 본질적 안전화에 초점을 맞춘 대책 노력 가능

위험성평가에서는 큰 위험성인지, 작은 위험성인지를 찾아내어 큰 위험성에 대해서는 비용투자를 하고, 작은 위험성에 대해서는 그다지 비용투자를 할 필요가 없다는 판단을 할 수 있게 된다. 즉 사업장에서는 위험성평가를 통해 위험성 크기(수준), 즉 위험도에 따른 안전보건대책을 선

---

33) 법적 기준을 잘 준수하면 유해위험요인에 접촉하거나 사고가 발생할 가능성을 낮출 수 있고, 나아가 재해가 발생할 가능성도 낮출 수 있다.

34) 예컨대 보호구 착용과 비상정지장치 등의 규정을 잘 준수하면 재해를 입더라도 그 정도가 약할 수 있다.

택하는 것이 가능하게 된다. 특히, 위험성 크기가 큰 경우에는 본질적(근원적) 안전화를 위한 대책에 초점을 맞춘 노력을 진행하게 된다.

마. 안전보건조치의 합리적인 우선순위 결정 가능

위험성평가에서는 모든 위험성을 허용(수용) 가능한 위험성 이하로 낮추도록 감소조치를 실시한다. 그리고 위험성 추정 및 허용 여부 판단 결과 등에 따라 그 우선순위를 결정하는 것이 가능하기 때문에 감소조치의 우선순위를 합리적으로 결정할 수 있게 된다.

즉 위험성평가를 통해 위험성의 크기에 따른 대책을 취한다고 하는 의미에서, 위험성평가는 위험성을 관리하는 수단으로 매우 효율적이고 합리적인 것이라고 말할 수 있다.

바. 비용 대 효과의 관점에서 합리적 대책 실시 가능

위험성을 제거하거나 저감하는 조치(이하에서는 필요에 따라 축약하여 「위험성 감소조치」라 한다.)별로 긴급성(우선도)과 인력, 자금 등 필요한 경영자원이 구체적으로 검토되고, 비용 대 효과의 관점에서 합리적인 대책을 실시할 수 있게 된다.

사. 잔류위험성에 대한 주의 이유의 명확화

위험성을 제로(Zero)로 하는 것은 불가능하고 위험성은 반드시 남기 마련이기 때문에, “여기에는 이러한 위험성이 남아 있다.”고 하는 정보를 확실히 제공할 필요가 있다. 재해를 절대적으로 제로로 하는 것은 불가능하고 재해가 발생할 가능성은 상존한다고 할 수 있기 때문에, 위험성평가를 실시하게 되면, "우리 기업은 위험성을 미리 예상하여 이러한 조치를 취하고 있다. 그러나 이 정도의 것은 발생할 가능성이 있다. 그래서 여기에는 이러한 유해위험요인이 있으므로 주의하여 사용하여야 한다."는 정보를 미리 제공할 수 있게 된다.

그리고 기술적 · 시간적 · 경제적으로 바로 위험성을 감소시킬 수 없는 경우, 필요한 잠정적(관리적) 조치를 강구한 후에 위험성에 대한 대응을 관리감독과 작업자의 주의(실행)에 맡기게 된다. 이 경우 위험성평가에 참여한 작업자는 주의하여야 하는 이유를 이해할 수 있게 되기 때문에, 작업자가 준수해야 할 사항의 준수가능성이 높아지게 된다.

II 유해위험요인, 위험성 등의 의미

1. 용어의 정의

위험성평가에서 사용하는 용어는 사업장 전체에서 통일적으로 사용할 필요가 있다. 각 용어의 의미, 정의를 전원이 동일하게 이해하기 위하여 사업장 내의 「위험성평가 실시 규정」 등에 상세하게 기술하고 각종의 위험성평가 교육에서 기회가 있을 때마다 확인해 나갈 필요가 있다.

「(협의의) 유해위험요인」이란 영어의 hazard에 해당하는 용어로서 국제안전규격(ISO 45001 3.19 등)에서는 "부상(신체적 상해) · 질병(건강장해)[35]을 야기할 가능성이 있는 원인(Source)"이라고 정의되고 있다. 잠재

35) 부상 · 질병에는 사망이 포함된다. 이하 동일하다.

적 위험 또는 위험원이라고 번역할 수도 있다. 즉, 유해위험요인은 재해(부상 또는 질병)를 발생시킬 잠재적 위험을 갖고 있는 것으로서 기계·설비, 화학물질뿐만 아니라 작업환경요인, 인적 요인 등도 포함된다.

유해위험요인이 있다고 하여 반드시 사람에게 재해(Harm)가 발생하는 것은 아니다. 즉, 유해위험요인이 사람의 부상 또는 건강장해에 직접 연결되는 것은 아니다. 유해위험요인이 사업장에 있다는 것만으로는 부상 또는 질병은 발생하지 않는다. 거기에 작업자가 관여할 상황이 되어야 비로소 재해가 발생할 가능성이 생긴다.

전술한 바와 같이 이 유해위험요인에 의해 발생할 우려가 있는 재해의 중대성(심각성) 및 재해의 발생가능성의 조합을 「위험성」(Risk)이라고 한다. 다시 말해서, 「위험성」은 유해위험요인에 의해 초래될 우려가 있는 재해의 심각성과 발생가능성을 조합한 개념이다. 따라서 유해위험요인은 존재하더라도 사업장에 작업자가 존재하지 않는 경우에는 위험성은 존재하지 않게 된다. 즉, 유해위험요인만으로는 재해가 결코 발생하지 않는다. 예컨대 산에 호랑이가 있다고 가정하면, 유해위험요인은 존재하지만 이것만으로는 재해로 연결되지 않는다. 그러나 호랑이 근처로 사람이 가게 되면 호랑이로부터 습격 받을, 즉 재해 발생의 가능성이 생긴다. 이것이 위험성이며, 유해위험요인과는 명확히 구별하여 이해할 필요가 있다.

위험성평가(Risk assessment)는 해당 유해위험요인이 얼마나 큰 재해를 초래할 것인가와 어느 정도의 가능성으로 재해가 발생할 것인가를 지표로 한 「위험성의 정도」를 평가하는 방법이다.

사람이 유해위험요인의 영향이 미치는 위험구역에 들어가게 되면 사람이 유해위험요인에 노출(접촉)되는 상태가 되는바, 사람이 유해위험요인에 노출된 때에 재해가 초래될 수 있는 잠재적인 상태가 된다. 이 상태를

「위험상태(Hazardous situation)」라고 부른다. 즉, 위험상태는 사람이 최소한 하나의 유해위험요인에 접촉되는 상황이라고 정의할 수 있다.[36] 사람이 유해위험요인과 접촉하는 이 위험상태가 발생할 때에 비로소 사고(재해)에 이르는 절차가 시작된다. 따라서 유해위험요인이 있더라도 사고에 이르지 않기 위해서는, 사람이 존재하는 영역과 위험구역이 완전히 공간적으로 분리되어 있거나 사람이 위험구역에 들어갈 수 없도록 확실히 분리되어 있으면(유해위험요인에 접근하지 않으면) 「위험상태」로는 되지 않는다.[37] 이것을 「격리의 안전」[38]이라고 부른다. 당연히 유해위험요인 그 자체가 없어지면 가장 좋겠지만, 좀처럼 그렇게 되지 않기 때문에, 먼저 유해위험요인을 꼼꼼히 찾아내는 절차가 위험성평가의 첫 단계로 되어 있다.

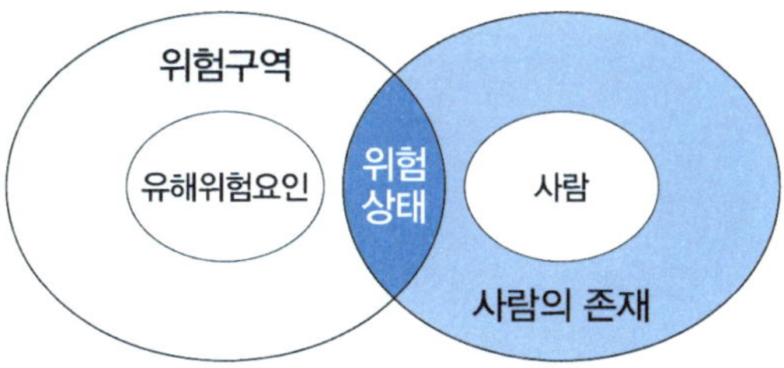

그림 2 위험상태가 생기는 상태

36) ISO 12100 : 2010 3.10.

37) 「위험상태」에 대해서는 이 용어의 어감 때문에 "안전조치, 설비상의 부적합이 있고, 재해 가능성이 있는 위험한 상태" 또는 "기계, 사물 등의 「불안전상태」(재해가 발생할 수 있는 상태 또는 재해의 발생원인이 만들어져 있는 상태)"라고 해석하는 경향이 있지만, 이는 잘못된 해석이다.

38) 본질적 안전설계(대책)가 가능하지 않을 경우 안전방호대책으로서 안전장치를 부착하는 조치(격리의 안전)를 취할 필요가 있다. 구체적으로는, 기계안전의 경우 가드(방호울)를 설치함으로써, 즉 가드로 위험한 것을 둘러쌈으로써 사람이 위험한 부분(유해위험요인)과 접촉하지 않도록 할 필요가 있다.

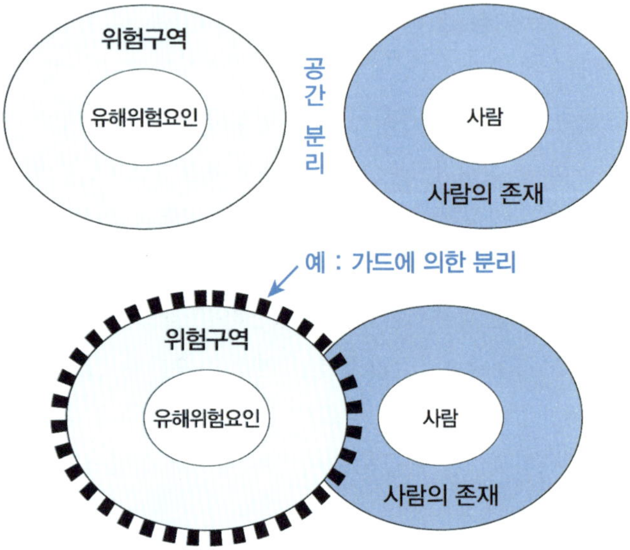

그림 3 위험상태가 생기지 않는 상태

위험상태가 발생할 수 있는 경우에는 각종의 안전보건조치 또는 위험성 감소조치를 실시하게 된다. 만약 안전조치의 부족, 부적절한 대응, 안전조치 그 자체의 잘못 등 불완전이 발생하면, 비로소 사람이 재해를 입을 수 있는 사태로 발전하게 된다. 이 사태를 「위험사건(Hazardous event)」이라고 말한다. 즉, 위험사건은 재해를 일으킬 수 있는 사건이라고 정의할 수 있다.[39] 위험사건은 단시간에 발생할 수도 있고 장시간에 걸쳐 발생할 수도 있다. 위험사건의 발생에는 사람의 잘못이 원인인 경우도 있다. 이것은 직접적인 사람 행동의 잘못뿐만 아니라 설계의 미스, 소프트웨어의 버그 등도 넓은 의미에서는 사람의 잘못에 해당한다.

39) ISO 12100 : 2010 3.9.

ISO 12100(2010) 부록 B(참고)에는 유해위험요인, 위험상태 및 위험사건이 상세하게 정리되어 목록화되어 있는 외에 삽화가 들어간 유해위험요인의 예시도 있어 관련 용어를 이해하는 데 많은 도움을 준다.

2. 유해위험요인에서 재해까지의 프로세스

「사람」이 「유해위험요인」과 접촉하면 「위험상태」(Hazardous situation)가 되고, 이때 「안전보건조치의 부족(불완전), 부적절」이 있으면 「위험사건」(Hazardous event)이 발생한다. 이 경우 「회피 또는 제한」에 실패하면 재해(부상 또는 질병)에 이르게 된다. 재해를 발생시키지 않기 위해서는 유해위험요인을 없애는 것, 사람과 유해위험요인이 접촉하지 않도록 하는 것, 충분한 안전보건조치를 준비하는 것, 회피 또는 제한에 성공하는 것 등이 필요하다. 이것들 중 하나라도 실현하는 것이 가능하면, 재해의 발생을 방지할 수 있게 된다. 환언하면, 유해위험요인이 있다고 하여 반드시 재해로 직접(곧바로) 연결되는 것은 아니며, 거기에 이르기까지는 몇 단계의 절차가 있는데, 이 절차의 흐름을 어딘가에서 차단하면 재해의 발생을 방지하는 것이 가능하다.

유해위험요인은 「위험상태」, 「안전보건조치의 부족(불완전), 부적절」, 「위험사건」, 「회피・제한가능성」의 각 절차를 상정(想定)하는 것에 의해 구체적으로 정해진다. 그리고 유해위험요인에서 현실적으로 위험사건이 발생하여 재해에 이르는 프로세스는 〈그림 4〉에서 제시한 것과 같은 단계를 밟는다.

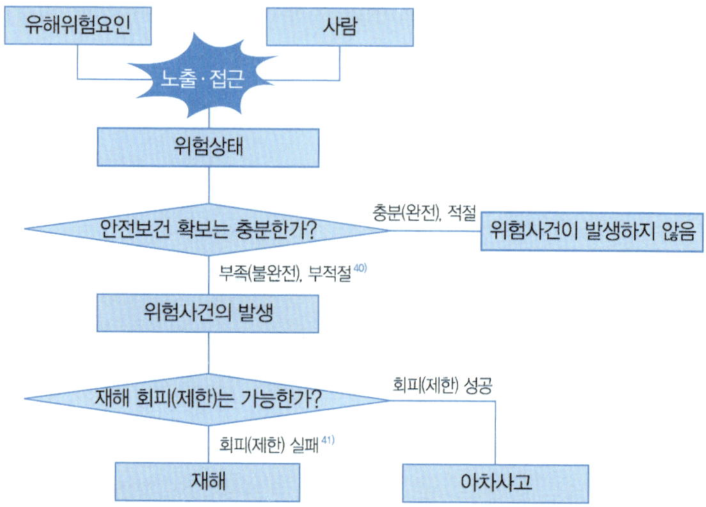

그림 4 유해위험요인이 재해에 이르는 프로세스(1)

예를 들어, 양두연삭기를 조작하여 작은 금속부품의 돌기를 제거하는 작업을 생각해 보자. 회전하는 연삭숫돌에 손가락이 접촉하여 부상을 입는 프로세스에서는 「유해위험요인」은 회전하는 연삭숫돌, 「사람」은 연마작업자가 되고, 「위험상태」는 연마작업자가 연삭숫돌에서 작은 금속부품의 돌기 제거 작업을 하는 상태가 된다.

그리고 연삭된 돌기가 날아와서 눈에 들어가 각막이 손상을 입는 프로세스에서는 유해위험요인은 「연마에 의해 떼어져 비산된 작은 금속부품의 돌기」이고, 사람은 「연삭작업자」이다. 따라서 위험상태는 「연마로 인

---

40) 전술한 바와 같이 위험사건의 발생에는 불안전상태와 더불어 재해의 직접적 요인에 해당하는 휴먼에러, 위반과 같은 사람의 잘못(불안전행동)이 복합적 원인으로 작용하는 경우가 많다.

41) 보호구의 부적절을 포함한다.

해 떼어진 돌기가 비산하는 범위에 연마작업자가 있는 상태」이다.

이 프로세스에서의 「안전보건조치의 부족(불완전), 부적절」은 피연마재, 숫돌 등의 비산 방지 덮개의 불비(덮개가 없다, 덮어지지 않은 면이 넓다.) 등이다. 「안전보건조치의 부족(불완전), 부적절」이 있으면 비로소 사람이 재해를 입을 수 있는 사태, 즉 「위험사건」이 발생하게 된다.

다음으로 앞의 사례에서의 「위험사건」에 대해 생각해 보자. 전자의 사례에서는 「연마작업 중에 (지탱하는 용구와 연삭숫돌의 간극이 기준 이상으로 넓게 벌어져 있어, 힘을 줄 때 연삭숫돌에 금속부품이 말려 들어가) 작업자의 손가락이 회전하는 연삭숫돌에 접촉하는」 것이고, 후자의 사례에서는 「연마작업 중에 떼어져 비산한 작은 금속부품의 돌기가 (보호안경을 착용하고 있지 않았던 작업자의 눈 방향으로 날아와) 눈에 들어가는」 것이다. 그리고 이들 사례의 괄호 안 내용에서 제시한 것은 「위험상태」가 「위험사건」에 이르는 원인의 일례를 제시한 것이고, 이 원인은 반드시 1개인 것은 아니고 복수 존재하는 경우도 있으므로 주의가 필요하다.

그런데 「위험사건」이 발생하더라도 반드시 재해의 발생으로 직결된다고는 할 수 없다. 위험사건의 「회피 또는 제한」까지 실패하게 되면 비로소 재해에 이르게 된다. 그곳에 있었던 사람이 피할 수 있으면, 재해를 입지 않을 가능성이 있기 때문이다. 예컨대 기계・설비의 이동속도가 늦은 경우 등이면, 설령 사람이 유해위험요인에 접촉한다고 하는 「위험사건」이 발생하게 되었다고 하더라도 바로 피할 수 있어 재해를 회피 또는 제한할 가능성이 있다. 그러나 양두연삭기 사고사례, 폭발 등과 같이 위험사건의 발생속도가 빨라 사람이 피할 시간적 여유가 없는 경우에는 「위험사건」의 발생이 바로 재해의 발생으로 이어지게 된다.[42)]

이와 같이 「위험사건」이 발생한 경우에 재해를 회피 또는 제한하는 것이 가능했는지 여부의 판단요소가 존재하고, 이 요소를 「회피 · 제한가능성」이라고 한다. 회피 또는 제한에 실패하면 재해가 발생하고, 회피 또는 제한에 성공하면 아차사고가 된다.

ISO/TR 14121-2[43]에서는 유해위험요인에서 재해에 이르는 프로세스를 위험요인과 유해요인으로 구분하여 다음과 같이 나타내고 있다.

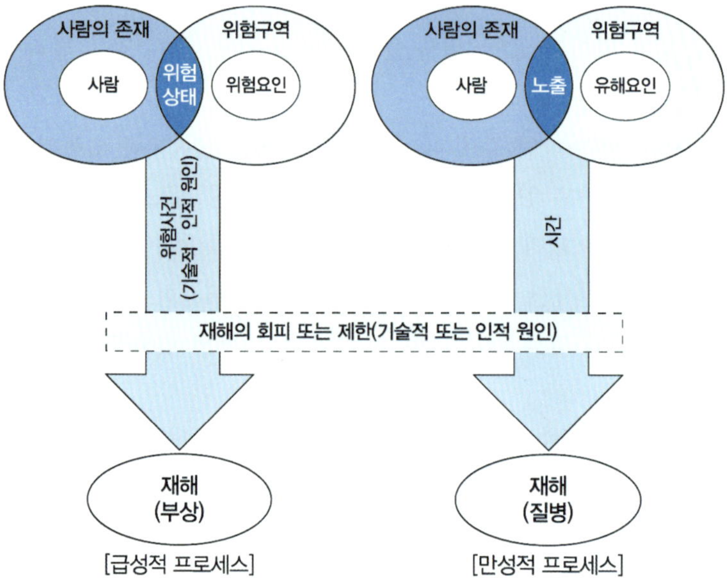

그림 5 유해위험요인이 재해에 이르는 프로세스(2)

42) 순식간에 발생하는 사고(위험사건)의 경우에는 재해에 이르는 것을 회피(제한)하는 것이 사실상 불가능하여 위험사건(사고)=재해가 된다.

43) ISO/TR 14121-2 : 2012(2nd ed.), Safety of machinery - Risk assessment - Part 2 : Practical guidance and example of methods.

3. 협의 및 광의의 유해위험요인

유해위험요인은 협의와 광의의 의미로 구분할 수 있다. 협의로는 위 〈그림 4〉의 좌측 상단에 있는 유해위험요인, 즉 재해의 잠재적 근원(유해위험요인의 근원, origin)에 해당하는 본래 의미의 유해위험요인을 가리킨다. 광의로는 협의의 유해위험요인, 위험상태 및 위험사건을 모두 포함하는 의미로 사용된다. ISO 45001(2018)[44]은 3.19에서 유해위험요인(Hazard)은 "재해를 야기할 가능성이 있는 원인 또는 위험상태, 또는 부상・질병을 초래할 접촉(노출) 가능성을 갖고 있는 사건[45]"을 포함할 수 있다고 부연설명하고 있는바,[46] 유해위험요인을 이렇게 파악할 경우 유해위험요인은 협의의 유해위험요인 외에 위험사건에 이르는 프로세스에 포함돼 있는 모든 사항을 가리킨다.

OHSAS 18001 또한 3.6에서 유해위험요인을 "인적 손상 또는 질병의 관점에서 재해 발생가능성을 가지고 있는 원인, 상황, 행동 또는 이것들의 조합"이라고 정의하고 있었다.[47]

ISO 12100(2010)은 3.6에서 "유해위험요인이라는 용어는 재해의 잠재적인 근원"으로서 "유해위험요인의 근원(기계적 유해위험요인, 전기적 유해위험요인 등)을 나타내기 위해 사용되거나, 그것의 잠재적 재해 유형

44) ISO 45001 : 2018, Occupational health and safety management systems – Requirements with guidance for use.

45) ISO 12100 : 2010 3.9 Annex A 등에서 사용하고 있는 「위험사건(Hazardous event)」 등과 사실상 동일한 의미이다.

46) ISO 45001 : 2018 3.19 Note 1.

47) OHSAS 18001 : 2007, Occupational Health and Safety management Systems Requirement 3.6.

(예 : 감전, 절단, 중독, 화재 등)을 나타내기 위해 사용될 수도 있다."[48]라고 주석을 달고 있는바, 유해위험요인에는 협의의 의미와 광의의 의미가 있다는 점을 설명하고 있다.

그리고 ISO Guide 73(2009)과 ISO 31000 초판(2009)[49]은 유해위험요인 파악(Hazard identification)에 해당하는 용어로 위험성 파악(Risk identification)이라는 표현을 사용하면서, "위험성 파악에는 위험원(Risk source), 사건, 사건의 원인 및 잠재적 결과의 파악이 포함된다."[50]고 설명하고 있는 것에서 알 수 있듯이, 위험성평가의 「유해위험요인의 파악」 단계에서 파악하여야 할 유해위험요인을 광의의 의미로 사용하고 있다.

IEC 31010(2009)[51] 또한 유해위험요인 파악(Hazard identification)에 해당하는 용어로 위험성 파악(Risk identification)이라는 표현을 사용하고 있는바,[52] "위험성 파악(Risk identification) 과정은 위험성(Risk)의 원인과 근원(신체적 재해로 연결되는 유해위험요인), 대상물에 실체적인 영향을 미칠 수 있는 사건, 상황(또는 상태) 그리고 그 영향의 성질을 파

48) ISO 12100 : 2010 3.6 Note 1.

49) ISO 31000 : 2009, Risk management – Principles and guidelines.

50) ISO 31000 : 2009 2.15 Note 1. ISO 31000 : 2018(2nd ed.)도 risk identification이라는 표현을 사용하고 있다(6.4.2). ISO 31000(2nd ed.)에 의하면, risk assessment는 risk identification – risk analysis – risk evaluation으로 구성된다(6.4.1). ISO 31000에서 risk treatment(reduction)는 risk assessment가 아닌 risk management의 영역이다.

51) IEC 31010 : 2009, Risk management – Risk assessment techniques.

52) IEC 31010 : 2009 5.2 등. IEC 31010 2019년판(2nd ed.)에서도 risk identification이라는 표현을 사용하고 있다(6.3.2 등). IEC 31010에 따르면, risk assessment는 risk identification – risk analysis – risk evaluation으로 구성된다(IEC 31010 : 2009 4.3.4 등 ; IEC 31010 : 2019 A.3 등). IEC 31010에서도 risk treatment(reduction)는 risk assessment가 아닌 risk management의 영역이다(IEC 31010 : 2009 Figure 1 ; IEC 31010 : 2019 Figure A.1).

악하는 것을 포함한다."[53]고 설명하면서 유해위험요인을 광의의 의미로 보고 있다.

유해위험요인을 광의의 의미로 이해하는 것이 위험성평가를 충실히 실시하는 데 필수불가결하다. 유해위험요인을 기재하는 곳에 협의의 유해위험요인만을 기재하면 유해위험요인 파악 자체, 위험성 추정 등의 절차가 형식적으로 이루어질 가능성이 크다. 협의의 유해위험요인부터 위험사건[54]까지의 프로세스(즉 광의의 유해위험요인)를 기재해야 안전보건 확보의 부족(불완전), 부적절에 불안전상태뿐만 아니라 불안전행동에 해당하는 휴먼에러, 위반과 같은 사람의 잘못도 유해위험요인에 반영할 수 있는 등 위험성평가의 내실 있는 추진을 도모할 수 있고, 근로자, 관리감독자 등이 위험성평가 과정 · 결과(기록)을 이해하는 데에도 많은 도움이 될 수 있다.

광의의 유해위험요인 파악 시 반영할 필요가 있는 (발생 가능한) 불안전행동의 유형(참고례)을 제시하면 다음과 같다. 이것은 위험성 추정을 할 때에도 참고할 수 있을 것이다.

표 1 불안전행동의 유형화를 위한 정리표(예)

룰 위반(안전기능 · 안전장치의 무효화 또는 무시 등)

- 작업성의 저하 등을 이유로 산재방지 기능 · 대책을 무효화시키는 동기
  - 작업자는 의도적으로 안전보다 생산성을 우선시키는 것이 가능하다.
  - 작업자는 의도적으로 안전덮개 등을 해제하는 것이 가능하다.
  - 작업자는 의도적으로 안전기능을 개조하는 것이 가능하다.

53) IEC 31010 : 2009 5.2.

54) 필요한 경우에는 '재해'까지 기재하는 것이 바람직하다.

- 스위치의 오작동 방지를 위한 보호장치가 설치되어 있지 않는 등 산재방지를 위한 기능·대책의 무효화 가능성
  - 사업주는 작업자에게 안전덮개, 안전장치 등을 설치하지 않고 작업을 행하게 하는 것이 가능하다.
  - 작업자가 귀찮다고 생각하여 안전기능을 무효화시키는 것이 가능하다.
  - 작업자의 마음이 급하여 안전기능을 무효화시키는 것이 가능하다.
  - 작업자가 용이하게 안전덮개 등을 해제하는 것이 가능하다.
  - 작업자가 용이하게 안전기능을 무효화하는 것이 가능하다.
  - 작업자는 전원을 끄지 않거나 기계 등을 멈추지 않고 작업을 하는 것이 가능하다.

룰 위반(작업절차의 일탈 등)

- 작업절차의 주지 상황
  - 사업주는 작업자에게 적절한 작업절차를 가르치지 않거나 절차서가 없어도 작업을 하게 하는 것이 가능하다.
  - 작업자는 의도적으로 정해진 절차 또는 룰을 수정 또는 생략하는 것이 가능하다.
  - 작업자는 이 정도라면 괜찮을 것이라고 생각하고 정해진 절차 또는 룰을 수정 또는 생략하는 것이 가능하다.
  - 작업자는 (신규자이기 때문이거나 베테랑이라 하더라도 과거의 경험에 의지하여) 정해진 절차 또는 룰을 충분히 이해하지 않은 채 작업을 하는 것이 가능하다.
  - 작업자는 정해진 보호구 등을 적절하게 착용하지 않은 채 작업하는 것이 가능하다.
  - 작업자는 절차서를 사용하기 불편하여 정해진 절차 또는 룰을 수정 또는 생략하는 것이 가능하다.
  - 작업자는 용이하게 금지구역에 들어가 작업을 하는 것이 가능하다.
  - 작업자는 공동으로 작업을 할 때 작업의 연계가 불충분한 채 작업을 하는 것이 가능하다.
  - 작업자는 통상 1인 작업이지만 2인 작업이 되었을 때 작업의 연계가

불충분한 채 작업을 하는 것이 가능하다.
- 작업자는 2인으로 작업을 해야 하지만, 1인으로도 작업을 하는 것이 가능하다.
- 작업자는 절차서대로는 생산, 품질을 충족하는 것이 불가능하여 절차 또는 룰을 수정 또는 생략하는 것이 가능하다.

- 지름길행동(최소저항경로행동)
  - 작업자가 이 정도라면 괜찮을 거라고 생각하고 지름길행동을 하는 것이 가능하다.
  - 작업자가 잠깐이니까 괜찮을 거라고 생각하고 전원이나 엔진을 끄지 않고 현장을 떠나는 것이 가능하다.
  - 작업자가 지름길을 위하여 금지구역에 들어가는 것이 가능하다.
  - 작업자는 적절한 기계·설비가 근처에 없는 경우 용이하게 가까이 있는 기계·설비를 대용하거나 인력으로 작업을 하는 것이 가능하다.
  - 작업자는 이 정도라면 괜찮을 거라고 생각하고 속도를 초과하여 작업을 하는 것이 가능하다.

- 지휘, 유도 등의 오사용 등의 용이성
  - 작업자는 정해진 작업지휘자, 유도자 등이 없어도 작업을 하는 것이 가능하다.
  - 작업자는 작업지휘자, 유도자 등의 지시, 신호내용을 착각하여 작업할 가능성이 있다.

- 작업자의 자격·교육 등
  - 사업주는 작업자에게 정해진 자격, 교육을 하지 않고 작업을 하게 하는 것이 가능하다.
  - 사업주는 작업자의 자격 유무를 확인하지 않은 채 작업을 하게 할 가능성이 있다.
  - 사업주는 유자격자 부족 때문에 근처의 무자격자에게 작업을 하게 할 가능성이 있다.

- 작업자는 무자격인 채 작업을 할 가능성이 있다.
- 작업자는 교육내용을 충분히 이해하지 않은 채 작업을 할 가능성이 있다.

휴먼에러[행위착오(Slip), 착각(Mistake), 망각(Lapse) 등]

- 인간공학적인 오사용의 유발 가능성
  - 버튼의 배치, 핸들 등의 조작방향이 제각각이어서 실수할 가능성이 있다.
  - 작업자는 유사한 버튼, 핸들 또는 설비가 나란히 있는 관계로 실수할 가능성이 있다.
  - 작업자는 공장 내의 표시색, 기본조작방법이 통일되어 있지 않은 관계로 착각하여 작업을 할 가능성이 있다.
  - 작업자는 조작방법이 시각적이 아니라서 잘못 알고 작업을 할 가능성이 있다.
  - 작업자는 동일한 종류의 기계라 하더라도 제조사에 따라 조작방법이 달라 잘못 알고 작업을 할 가능성이 있다.
  - 작업자는 크레인의 정격하중 등 기계·설비의 능력을 잘못 알고 작업을 할 가능성이 있다.
  - 작업자는 시간 경과에 따른 열화 때문에 버튼 등의 표시가 판별하기 어렵게 되어 잘못 알고 작업을 할 가능성이 있다.
  - 작업자는 외국인근로자 등 때문에 표시내용을 잘못 알고 작업을 할 가능성이 있다.

- 작업자의 자격·교육
  - 사업주는 작업자에게 법령 등에서 요구되는 자격, 교육을 알지 못한 채 작업을 하게 할 가능성이 있다.
  - 사업주는 작업자의 자격, 교육의 유무를 확인하지 않은 채 배치전환하여 작업을 하게 할 가능성이 있다.
  - 사업주는 무자격 작업자를 유자격자라고 생각하고 작업을 하게 할 가능성이 있다.

- 사업주는 작업자에게 정해진 자격・교육의 범위를 초과하여 작업을 하게 할 가능성이 있다.
- 작업자는 정해진 자격・교육의 능력을 초과하여 작업을 할 가능성이 있다.
- 작업자는 법령 등에서 요구되는 자격, 교육을 모른 채 작업을 할 가능성이 있다.

• 기타
  - 작업자는 안전하거나 괜찮다고 착각하여 작업할 수 있다.
  - 작업자의 지식 부족으로 잘못된 판단을 하여 작업할 수 있다.
  - 작업자의 기능 부족으로 잘못된 판단을 하여 작업할 수 있다.
  - 작업자는 깜박 잊고 전원 등을 끄지 않은 채 작업을 할 가능성이 있다.
  - 작업자는 밸브를 잠그거나 볼트를 조이는 것을 깜박 잊을 수 있다.
  - 작업자는 술, 약물 등의 영향으로 판단능력이 떨어진 상태에서 작업을 할 가능성이 있다.

본서에서도 이러한 점을 고려하여 부록에 제시되어 있는 각종 위험성평가 관련 양식에서 유해위험요인을 광의의 의미로 사용하여 「사고(위험사건)에 이르는 프로세스」로 표현하고 있다.

III 위험성평가의 기본적 절차

사업주는 위험성평가의 의의를 이해한 후 위험성평가의 실시 체제, 실시 규정 작성, 교육 등 준비를 계획적으로 진행할 필요가 있다.

위험성평가에 대해서는, ISO 31000(2018)[55], IEC 31010(2019)[56], ISO

12100(2010)[57] 등의 국제안전규격과 ISO/TR 14121-2[58] 등의 기술보고서에 위험성평가의 전략, 준비사항, 절차(과정), 기법(방법) 등이 상세하게 규정되어 있다. 우리나라에서도 이러한 국제안전규격에 따라 고용노동부 고시로 사업장 위험성평가에 관한 지침이 제정되어 있다. 이들을 준거로 하여 위험성평가의 기본적인 절차를 제시하면 다음과 같다.

1. 유해위험요인 파악(Hazard identification)

위험성평가의 대상인 유해위험요인, 즉 사업장의 건설물, 기계・설비, 원재료, 가스, 증기, 분진, 작업행동 등에 대하여 유해위험요인을 찾아낸다. 유해위험요인을 파악하는 것은 이것이 실패하면 위험성평가의 다른 모든 프로세스가 쓸모없게 될 수 있다는 점에서 위험성평가에서 가장 중요한 과정에 해당하고[59] 가장 어려운 것이기도 하다. 국제기준 등을 준거로 하여 유해위험요인이 최대한 누락되지 않도록 하는 것이 중요하다.

유해위험요인은 기본적으로 개별 작업, 설비 등에 따라 다를 것이다. 이런 의미에서 해당 작업, 설비 등의 전문가, 프로가 아니면 유해위험요인을 알 수 없는 것이 많이 있을 수 있다. 따라서 위험한 것을 가장 잘 알고 있는 기계・설비의 설계자・제작자, 보전(保全)담당자, 생산기술자

55) ISO 31000 : 2018(2nd ed.), Risk management - Guidelines.

56) IEC 31010 : 2019(2nd ed.), Risk management - Risk assessment techniques.

57) ISO 12100 : 2010, Safety of machinery - General principles for design - Risk assessment and risk reduction.

58) ISO/TR 14121-2 : 2012(2nd ed.), Safety of machinery - Risk assessment - Part 2 : Practical guidance and example of methods.

59) S. Z. Mansdorf(ed.), *Handbook of Occupational Safety and Health*, 3rd ed., WILEY, 2019, p. 676.

등의 전문가와 실제의 작업에 익숙한 자가 유해위험요인을 찾아내는 활동에 참가하는 것이 필요하다. 그리고 가능한 한 작업자 전원이 의견을 서로 나누어 타인이 생각하지 못한 유해위험요인을 적극적으로 찾아내는 것도 매우 중요한 일이다.

유해위험요인은 위험성을 생산하는 기술과 활동의 모든 측면을 포함한다.[60)]

2. 유해위험요인별 위험성 추정(Risk estimation)

위험성 추정은 각 유해위험요인이 원인이 되어 사람에게 어느 정도의 위험성(위험성의 크기)이 발생하는지를 판단하는 것이다. 이 경우 위험성은 엄밀하게는 어느 정도 위험한지, 즉 위험한 정도(위험도)라고도 말할 수 있으며, 개념적으로는 전술한 바대로 위험한 것이 발생할 가능성과 일어났을 때 어떻게 되는가의 심각성(중대성)의 조합이라고 보는 것이 일반적이고 국제기준에서의 정의이다.

학문 및 국제기준상으로 위험성 추정은 유해위험요인 파악과 합하여 위험성 분석(Risk analysis)이라고 불린다(위험성 분석 = 유해위험요인 파악 + 위험성 추정).[61)] 위험성 분석은 위험성평가에서 그다음 절차인 위험성 결정(Risk evaluation)과 위험성 감소조치(Risk reduction[62)])(필요 여부와 방법 · 전략에 관한 의사결정)의 기초를 제공한다.[63)] 따라서 위험

60) S. Z. Mansdorf(ed.), *Handbook of Occupational Safety and Health*, 3rd ed., WILEY, 2019, p. 676.

61) ISO/IEC Guide 51 : 2014(3rd ed.) 3.10. ISO에서는 위험성 분석을 위험성 추정과 동일한 의미로 사용한다[ISO 31000 : 2018(2nd ed.) Figure 4 참조].

62) Risk treatment, risk control로 표기하기도 한다.

성 추정을 빼고는 더 이상 위험성평가라고 부를 수 없는 것이다. 즉, 위험성 추정 없는 위험성평가는 개념적으로 생각할 수 없다. 위험성 추정이 생략되었다고 무의미한 것은 아니지만, 이러한 경우 종전부터 수행하고 있는 안전활동의 하나에 불과한 것이 된다.

파악된 모든 유해위험요인별로 관계되는 위험성을 추정한다. 위험성은 위험한 정도를 의미하는 것으로서, 전술한 바와 같이 재해(부상 또는 질병)가 발생할 가능성(확률)과 재해(부상 또는 질병)가 발생할 때 초래되는 심각성(부상 또는 질병의 크기)의 조합을 의미한다. 위험성 추정은 위험성 크기를 객관적으로 파악하는 것이다.

3. 위험성 결정(Risk evaluation)[64)]

위험성 결정은 추정된 위험성(크기)이 수용 가능한(Acceptable) 또는 허용 가능한(Tolerable) 수준인지 여부를 결정 또는 판단하는 단계이다.[65)] 다시 말해서, 현재의 안전조치가 충분한지 그렇지 않은지를 판정하는 단계로서, 위험성 감소조치가 필요한지 여부를 최종적으로 결정하는 단계이다. 허용 가능하지 않은 위험성 크기는 안전하지 않은 수준이기 때문에, 이에 대해서는 무언가의 대책, 즉 위험성 감소조치가 필요하다. 요컨대, 위험성 결정(판단)은 현재의 상태가 안전한가 그렇지 않은가를 판정하는 단계로서, 이 단계에서는 위험성 추정 결과를 기초로 위험성 감소목표를 달성하였는지를 결정(판단)한다.[66)] 이 단계는 위험성평가에서 그

63) ISO/IEC Guide 51 : 2014(3rd ed.) 3.10~3.13 ; ISO 12100 ; 2010 3.16 ; ISO Guide 73 : 2009 3.6.1 Note 1 ; ISO 31000 : 2018(2nd ed.) 6.4.3 ; ISO 31000 : 2009 2.21.

64) Risk evaluation은 위험성 판단으로 번역할 수도 있다.

65) ISO 31000 : 2018(2nd ed.) 6.4.4.

다음 단계인 위험성 감소조치에 관한 의사결정을 하는 데 기초가 된다.[67]

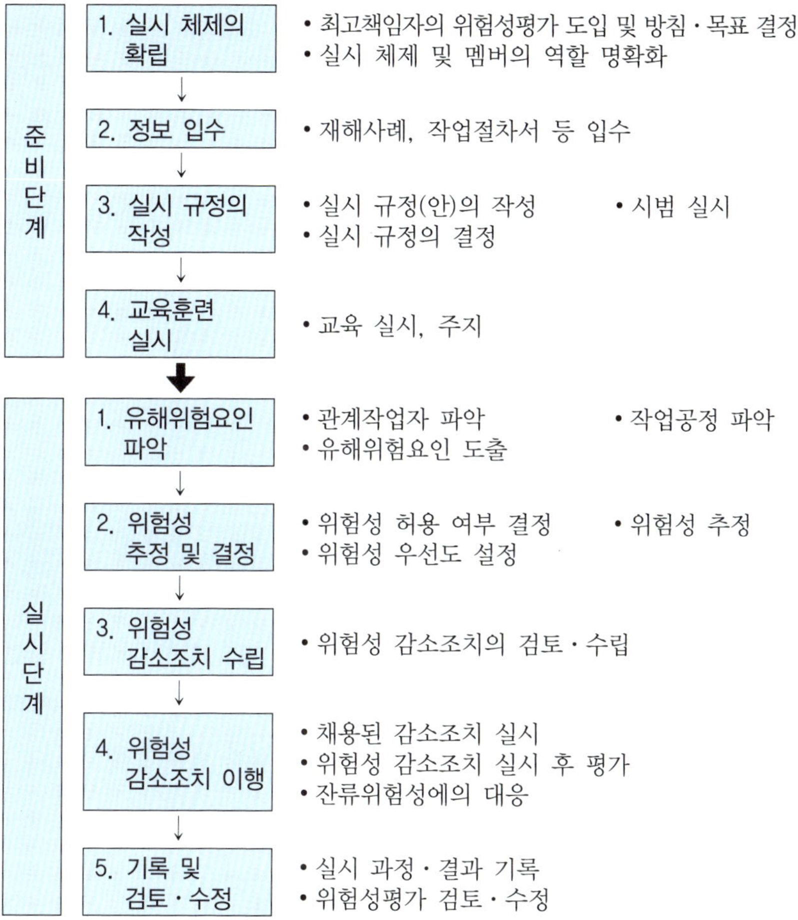

그림 6 위험성평가의 실시 절차

66) ISO 12100 : 2010 3.16.

67) ISO 31000 : 2018(2nd ed.) 6.4.4.

4. 위험성 감소조치(Risk reduction[68])

허용될 수 없는 모든 위험성을 대상으로 위험성 감소조치를 수립하여 이행한다. 이 경우 위험성 감소조치는 미리 설정한 우선도(우선순위)에 따른다. 일반적으로 우선도의 설정은 위험성 크기로 결정한다. 즉 위험성 크기가 큰 것부터 위험성 감소조치를 수립・이행한다.

국제안전규격에서는 유해위험요인 중에서도 특히 인간의 생명에 관련되는 중대한 유해위험요인에 대해 「중요하고 현저한 유해위험요인」이라는 명칭을 붙이고, 그것을 반드시 모두 목록화하고 이것에 대한 위험성 감소조치를 취해야 한다고 강조하고 있다.

IV 위험성평가의 실시 시기

위험성이 변경될 때에는 위험성평가를 실시할 필요가 있다. 따라서 위험성평가의 핵심은 수시위험성평가라고 할 수 있다. 다음에 열거하는 작업 등의 시기에는 위험성평가(수시평가)[69]가 실시될 필요가 있다.[70]

68) 전술한 것처럼 risk reduction 대신에 risk control, risk treatment라고 표현하기도 한다.

69) 위험성평가에서 「최초평가」라고 하는 것도 「수시평가」의 일종이다. 엄밀히 말하면, 최초평가는 「최초의 수시평가」라고 할 수 있다. 즉, 최초평가라고 하여 수시평가와 질적으로 다른 것은 아니며, 최초에 실시한다고 하여 수시평가와 별도의 명칭을 사용하는 것에 불과하다고 보아야 할 것이다.

70) 이하는 日本厚生労働省, 危険性又は有害性の調査等に関する指針(公示 第1号), 2006.3.10 ; 고용노동부, 사업장 위험성평가에 관한 지침(고시 제2023-19호), 2023.5.22 참조.

① 건설물을 설치, 이전, 변경하거나 해체할 때[71)]

② 기계 · 설비(비계 등 가설물 포함한다.)를 신규로 도입하거나 변경(설비의 배치 변경을 포함한다.)할 때

③ 원재료를 신규로 도입하거나 변경할 때

④ 건설물, 기계 · 설비를 정비하거나 보수할 때[72)](주기적 · 반복적 작업으로서 이미 위험성평가를 실시한 경우에는 제외한다.)[73)]

⑤ 작업방법 또는 작업절차를 신규로 도입하거나[74)] 변경할 때[75)]

---

71) 우리나라 대형 건설사를 중심으로 위험성평가를 기계 · 설비, 원재료, 작업방법 · 절차의 신규 도입 또는 변경에 관계없이 2주 또는 4주 간격으로(정기적으로) 위험성평가를 실시하는 경우가 적지 않은바, 이러한 기계적인 위험성평가 실시가 위험성평가 제도의 취지에 맞는지, 재해예방에 실효성이 있는지에 대해서는 많은 의문이 있다. 이처럼 위험성평가를 유해위험요인(위험성) 변경에 관계없이 기계적인 주기로 실시하게 되면 새로운 공종(협력사)의 작업이 개시될 때와 같이 정작 유해위험요인(위험성)이 크게 변경되는 시기에는 사전에 위험성평가가 실시되지 않는 문제를 야기하게 된다.

72) 작업의 진행에 따라 상황이 달라지는(작업내용이 그때그때의 상황에 따라 달라지는) 비정상작업(예 : 트러블 처리작업)의 경우, 어느 정도 사전에 준비할 수 있는 비정상작업(계획적 비정상작업)이라 하더라도, 작업을 할 때마다 매번 (수시) 위험성평가를 하는 것은 현실적으로 곤란하고 그렇게 할 만한 실익도 거의 없다. 따라서 이러한 비정상작업은 작업방법 또는 작업절차가 변경되지 않는 한 해당 비정상작업의 계획(대책) 수립 단계에서 (최초의 수시) 위험성평가를 실시하는 것으로 족하고 실제 작업 전에는 작업절차서, 작업허가서, TBM, 점검 등으로 대응하는 것이 바람직하다.

73) 이는 사업장 위험성평가에 관한 지침(고시) 제15조 제2항 제3호에서 규정하고 있는 사항이다. 건설물, 기계 · 설비의 경상정비 · 보수는 하루에도 수차례 발생할 수 있는 고장, 트러블에 대응하기 위한 것으로서, 기계 · 설비, 작업방법 · 절차를 신규로 도입하거나 변경하는 것이 아닌 이상 정비하거나 보수할 때마다 (수시) 위험성평가를 실시하는 것은 위험성평가 제도의 취지에 맞지 않을 뿐만 아니라 위험성평가의 형식화를 조장할 우려가 있다. 그리고 이러한 경상정비 · 보수작업은 정기 위험성평가의 대상이라고도 보기 어렵다. 다만, 주기적이고 반복적으로 이루어지는 점검, 검사 등의 경우엔 최초에 그리고 정기적으로 위험성평가를 실시하는 것은 필요하다고 보아야 할 것이다.

74) 「작업방법 또는 작업절차를 신규로 도입할 때」에는 건설공사를 개시하려고 할 때, 새로운 작업

⑥ 기타 다음에 열거하는 경우 등[76] 사업장의 위험성에 변화가 발생하거나 발생할 우려가 있는 때

i) 중대산업사고 또는 산업재해(휴업 이상의 요양을 요하는 경우에 한정한다.)가 발생한 경우로서 과거의 위험성평가의 내용에 문제가 있는 경우

ii) 전회(前回)의 위험성평가로부터 일정한 기간[77]이 경과하고, 기계·설비의 경년(經年)에 의한 기능(성능) 저하, 근로자의 교체 등에 수반하는 근로자의 안전보건에 관계되는 지식·경험의 변화, 안전보건에 관련된 새로운 정보[78]의 집적(集積) 등이 있는 경우[79]

①~⑤의 경우, 해당 작업을 개시하기 전까지는 위험성평가(위험성 감소조치)를 실시하여야 한다.[80] ①~⑤에 관계되는 계획을 수립하는 경우

표준 또는 작업절차서 등을 정할 때가 포함된다.

75) 「작업방법 또는 작업절차를 변경할 때」란, 작업방법 또는 작업절차에 큰 폭의 변경이 있는 경우 등, 즉 근로자의 안전보건을 확보하기 위하여 위험성평가가 실질적으로 필요한 때를 말한다. 따라서 작업방법 또는 작업내용에 경미한 변경이 있는 경우까지를 대상으로 하려는 취지는 아니다. 이런 경우도 위험성평가의 대상으로 삼아야 한다면, 건설현장처럼 작업방법 또는 작업절차가 매일 조금씩이나마 달라지는 경우는, 위험성평가를 하루에도 여러 번 실시하여야 한다는 비현실성과 억지논리가 성립하게 된다.

76) 지진 등에 의해 건설물 등에 피해가 발생한 경우 또는 피해가 발생할 우려가 있는 경우가 포함된다.

77) 「일정한 기간」에 대해서는 사업주가 작업, 기계·설비 등의 상황을 토대로 결정하고, 그것에 기초하여 계획적으로 위험성평가를 실시한다.

78) 예를 들면, 다른 기업 또는 같은 기업의 다른 사업장의 유사작업에서 발생한 재해, 화학물질에 관계되는 새로운 유해위험정보 등 종전에는 상정하지 않았던 위험성에 관한 정보가 새롭게 밝혀진 경우를 말한다.

79) J. W. Cherrie, R. M. Howie and S. Semple, *Monitoring for Health Hazards at Work*, 4th Edition, WILEY-BLACKWELL, 2010, p. 11.

80) 2023년 5월 22일 개정된 사업장 위험성평가에 관한 지침(고시) 제15조(위험성평가의 실시 시

에는, 계획수립 단계에서 위험성평가를 실시하는 것이 바람직하다. 실제로 건설물, 설비 등의 설치 등의 작업을 개시하기 전에 공사계획, 시공계획, 설비개수(改修)계획 등을 작성하는 것이 일반적이고, 이들 계획 수립 단계에서 위험성평가를 실시함으로써 보다 효과적인 위험성 감소조치의 실시가 가능하기 때문이다. 그리고 계획수립 시에 위험성평가를 실시한 후 위의 작업 등을 수행하는 경우에는, 동일한 사항에 대해서는 중복적으로 위험성평가를 실시할 필요는 없다.

⑥의 ⅰ)에 해당하는 경우에는 재해 발생 작업을 대상으로 작업을 재개하기 전에 실시하여야 한다[사업장 위험성평가에 관한 지침(고시) 제15조 제2항 단서].

⑥의 ⅱ)와 관련해서는, 기계·설비의 시간 경과에 따른 기능 저하 등의 상황 변화에 대응하기 위해서는 정기적으로(매년 1회 정도) 재차 위험성평가를 실시하는(재검토하는 방식으로) 것이 바람직하다[사업장 위험성평가에 관한 지침(고시) 제15조 제3항 참조].

한편, 기존에 설치되어 있는 건설물, 설비 등이나 이미 채용(도입)되어 있는 작업방법·작업절차 등으로서 위험성평가가 실시되지 않은 것에 대해

기) 제1항 단서에서 "1개월 미만의 기간 동안 이루어지는 작업 또는 공사의 경우에는 특별한 사정이 없는 한 작업 또는 공사 개시 후 지체 없이 최초 위험성평가를 실시해야 한다."(밑줄은 필자)고 규정하고 있는바, 이는 위험성평가(위험성 감소조치)를 작업 또는 공사 전에 실시해야 한다는 위험성평가의 취지와 정면으로 배치되는 잘못된 규정이다. 이 단서를 문자 그대로 해석하는 것은 위험성평가의 기본원칙과 부합하지 않고 위험성평가의 실효성도 확보할 수 없으므로, 이 규정은 '최저기준'에 해당하는 것으로 해석하는 것이 타당하다. 즉, 1개월 미만의 기간 동안 이루어지는 작업 또는 공사의 경우 작업 또는 공사 '이전'에 위험성평가를 실시하는 것이 물리적으로 가능하다면 작업 또는 공사 개시 '이후'가 아닌 '이전'에 실시하더라도 이 지침에 위배되지 않는다고(허용된다고) 보아야 할 것이다. 최초 위험성평가의 문제점에 대해서는 바로 뒤에서 자세히 설명한다.

서는 위의 시기에 관계없이 위험성평가를 계획적으로 실시하는 것이 바람직하다.

정상(定常)작업뿐만 아니라 (계획적) 비정상(非定常)작업에 대해서도 작업 개시 전에 반드시 위험성평가를 실시하여야 한다. 이론적으로뿐만 아니라 그간의 사고 발생 실태를 경험적으로 보아도, 비정상작업이 정상작업보다 위험한 작업임을 감안하여, 비정상작업 중 최소한 계획적 비정상작업에 대해서는 작업 개시 전에 위험성평가가 실시되도록 하여야 한다.

참고 2 최초 위험성평가의 문제점

사업장 위험성평가에 관한 지침(고시)(제9조 제1항, 제15조 제1항)에서 규정하고 있는 최초 위험성평가는 수시 위험성평가의 일종이다. 국제기준과 선진외국에서 최초 위험성평가라는 개념은 발견되지 않는다. 따라서 최초 위험성평가라고 하여 수시 위험성평가와 실시방법에 있어 특별히 다를 만한 것은 없다.

그렇다고 하면 동 고시 제15조 제1항에서 최초 위험성평가에 대해 사업 개시(실착공) 후 1개월 이내에, 1월 미만의 기간 동안 이루어지는 작업 또는 공사의 경우 작업(공사) 개시 후 지체 없이 위험성평가를 실시하도록 규정한 것은, 사업 또는 작업(공사)을 개시하기 전에 위험성평가를 통해 유해위험요인을 제거하거나 위험성을 저감하고자 하는 위험성평가 제도의 취지에 대한 몰이해에서 비롯된 매우 잘못된 것으로서, 위험성평가의 본질에서 벗어날 뿐만 아니라 형식적인 위험성평가를 조장하는 매우 비합리적인 개정이다.

어떠한 사업, 작업(공사)의 유해위험요인의 위험성이 허용 가능하지 않아(위험성이 허용 가능한 경우라 하더라도) 위험성 저감조치를 취할 필요가 있는 경우에는, 사업, 작업(공사)을 개시하기 전에 위험성을 저감하도록 하는 것이 위험성평가의 목적이다. 사업의 최초 개시(건설공사의 착공)이든 유지보수공사와 같은 단기간 작업(공사)이든 사업, 작업(공사)이 시작된 이

후에 위험성평가를 하라는 것은, 아무리 사업 개시(실착공) 후 1개월 이내 또는 작업(공사) 개시 후 즉시라 하더라도, 이미 건설물, 기계·설비 등의 설치가 끝나거나 작업방법·절차 등이 확정된 상태이므로, 유해위험요인을 제거하거나 위험성을 저감하는 것이 사실상 불가능하거나 그 비용이 현격히 증가하게 될 것이고, 결과적으로 위험성평가의 목적을 달성하지 못하게 될 것이다.

최초 위험성평가에 관한 이번 고시 개정은 위험성평가의 원리에 정면으로 반하는 것으로서 위험성평가의 왜곡과 형식화를 조장할 것임은 불을 보듯 훤하다. 최초 위험성평가는 수시 위험성평가와 마찬가지로 사업, 작업(공사) 개시 전에 실시하는 것이 위험성평가의 취지에 부합하는 것이 명백한 만큼, 최초 위험성평가를 동 고시의 내용과 다르게 사업, 작업(공사) 개시 전에 실시했다고 하여 정부에서 이를 문제 삼기는 어려울 것이다. 그러나 최초 위험성평가 시기를 둘러싼 불필요한 혼란을 없애기 위해서는 사업, 작업(공사) 개시 전에 위험성평가를 실시해야 하는 것으로 동 고시의 해당 내용을 조속히 재개정해야 한다.[81)]

참고 3 건설업의 위험성평가 실시 시기

건설업의 특징을 토대로 한 위험성평가 실시 시기를 구체적으로 설명하면 다음과 같음

1. 총괄

81) 사업장 위험성평가에 관한 지침(고시)은 강제성이 없고 가이드라인에 불과하지만 위험성평가의 방향성과 실시기준을 제시하는 나침반에 해당하는 것으로서, 이것의 잘못된 내용은 위험성평가의 부실한 실시 또는 형해화를 초래하고, 나아가 산업재해 예방에 많은 부작용을 일으킬 수 있다.

- 원수급인(원청)과 하수급인(하청) 모두 원칙적으로 건설공사의 계획이 변경 가능한 '계획 수립' 단계에서 위험성평가를 실시하는 것이 바람직함. 즉, 건설공사의 경우 계획(설계, 시공계획, 작업계획 등)을 수립할 때 위험성평가를 실시하는 것이 효과적임
- 위험성평가를 정기적으로 실시하는 경우의 빈도는 사용하는 기계·설비의 규모, 작업의 종류의 수 등을 고려하여 사업주가 스스로 정할 필요
  ※ 2주 또는 4주 단위로 위험성평가를 실시하도록 하는 것은 아무런 법적·이론적 근거가 없음 → 정작 위험성평가가 실시돼야 할 때에 실시되지 않는 모순이 발생할 수 있음
- 건설현장에서는 근로자의 교체가 수시로 이루어지고 있고, 이때마다 위험성평가를 실시하는 것은 현실적이지 않음. 신규자 안전보건교육 등의 대응에 의해 효과적인 위험성 감소조치가 가능하므로, 이 같은 대응을 하고 있으면 반복해서 위험성평가를 실시하는 것은 필요하지 않음

2. 원수급인(원청)

- 설계단계·사전검토회에서는 어느 정도의 작업내용을 파악할 수 있는지가 공사의 특수성에 따라 다르지만, 작업내용까지는 밝혀지지 않음. 그러나 일반적인 공사의 일련의 흐름에서 시공계획을 수립하는 단계에서는 공사의 종류별로 구체적으로 어떤 작업을 할 것인지까지는 정해지지 않더라도 '공종(工種)'은 정해지게 됨. 즉, 시공계획을 수립하는 경우 일반적으로 구체적인 작업은 정해지지 않지만, 공종이라는 개념의 공사내용은 결정되는 것이 통상적임
  ※ 공종(工種) : 공사 전체의 시공계획을 수립할 때의 단위로서, 예컨대 비계조립공사, 흙막이공사, 형틀조립공사, 철근조립공사 등과 같은 것이 있음
- 설계, 사전검토회, 시공계획 작성 등 일련의 흐름이 있고, 각각 적절한 시기에 위험성평가를 실시하는 것이 필요하지만, 일반적으로는 공종이

정해지는 시공계획 단계에서 위험성평가를 실시하는 것이 효과적임. 시공계획은 원청 사업주가 작성하고, 시공계획 작성 시의 위험성평가는 원청 사업주의 건설현장에서 실시됨

- 물론 공사의 특수성, 유해위험요인 파악방법의 개발 등을 감안하여 설계단계, 사전심사단계와 같은 보다 상류(上流)에서 위험성평가를 실시하는 것이 보다 근본적인 위험성 감소조치로 연결될 수 있음
- 공사별로 시공계획서(시공요령서) 등을 작성하는 경우로서 다음에 해당할 때 위험성평가를 실시할 필요. 그리고 시공계획 작성의 전(前) 단계인 설계도서 작성, 사전검토회, 사전심사 등을 행하는 경우에도 위험성평가를 실시하는 것이 바람직
  - ◦ 과거에 위험성평가를 실시하지 않은 공종(작업) 등
  - ◦ 신공법, 기계·설비(가설물 포함), 원재료를 신규로 도입하거나 변경할 때
  - ◦ 작업방법, 작업표준을 신규로 도입하거나 변경할 때
- 요컨대, 위험성평가는 가능한 한 상류 단계에서 실시하는 것이 바람직함. 상류 단계에서 실시함으로써 공법 등을 선택할 수 있기 때문임. 그러나 계획이 어느 정도 정해지지 않으면 적절한 위험성평가의 실시가 불가능한 경우도 있음. 따라서 공사의 설계 등의 계획이 정해지는 상태를 감안하면서 적절한 시기에 실시하는 것이 필요함. 적어도 시공계획 작성 시에는 위험성평가를 실시하는 것이 필요함
- 원청 사업주의 위험성평가는 일반적으로 공종을 대상으로 실시함
- 다음에 열거하는 경우 등 건설현장에서의 위험성에 변화가 생기거나 생길 우려가 있을 때 실시
  - ◦ 산업재해가 발생한 경우로서 과거의 위험성평가의 내용에 문제가 있는 경우
  - ◦ 전회(前回)의 위험성평가로부터 일정한 기간이 경과하고 기계·설비 등의 경년(經年)에 의한 열화, 근로자의 교체 등에 수반하는 근로자

의 안전에 관한 지식·경험의 변화, 새로운 안전보건에 관한 지견(知見)의 집적 등이 있는 경우

3. 하수급인(하청)

- 시공계획 단계에서는 일반적으로 '공종'은 정해지지만, 구체적으로 어떤 작업을 할 것인지는 정해지지 않음. 즉, 상세한 작업방법, 작업절차 등은 관계수급인이 결정함. 따라서 '작업의 도출'은 관계수급인 측에서 행하는 것이 적절함. 원청 사업주로부터 수주한 후 가급적 상류 단계의 계획을 수립하는 시기에 위험성평가를 실시하는 것이 바람직함
- 관계수급인은 다음에 열거하는 시기에 위험성평가를 실시
  - ◦ 시공요령서 또는 작업계획 및 작업절차서를 작성하는 경우로서 다음에 해당하는 때
    - 과거에 위험성평가를 실시하지 않은 작업
    - 신공법, 기계·설비(가설물 포함), 원재료를 신규로 채용하거나 변경할 때
    - 시공요령서, 작업계획, 작업절차서를 신규로 채용하거나 변경할 때
  - ◦ 다음에 열거하는 경우로서 건설현장에서의 위험성에 변화가 생기거나 생길 우려가 있는 때
    - 산업재해가 발생한 경우로서 과거의 위험성평가의 내용에 문제가 있는 경우
    - 전회(前回)의 위험성평가로부터 일정한 기간이 경과하고 기계·설비 등의 경년에 의한 열화, 근로자의 교체 등에 수반하는 근로자의 안전에 관한 지식·경험의 변화, 새로운 안전보건에 관한 지견의 집적 등이 있는 경우
- 관계수급인의 위험성평가는 작업의 각 단계(작업절차)별로 실시하는 것이 요구됨

4. 단계별

위험성평가 실시 시기에 대해 전체적인 개요를 제시하면 다음과 같음

구분	원수급인(원청)	하수급인(하청)
설계 단계	수주(受注), 설계도서 작성, 공법 선택 시(가급적) - 사전검토회 - 사전심사회 등	
계획 단계	시공계획 작성 시(공사 안전보건계획) - 공사별 · 공종단위별 ※ 공사 안전보건계획은 일반적으로 시공계획 속에 포함됨 ※ 과거에 위험성평가를 실시한 공종에 대해선 동종 조건이라면 새롭게 위험성평가를 실시할 필요 없음(공사조건이 특수하고 과거에 실시한 것이 맞지 않는다고 판단되면 실시 필요)	작업계획 작성 시(시공요령서) - 공사별 · 작업단위별 작업절차 작성 시 - 작업단위별 ※ 작업계획 작성 시에 이미 위험성평가를 실시한 경우 동일한 사항에 대해 중복적으로 위험성평가를 실시할 필요는 없음

V 위험성평가와 위험예지활동 비교

종래부터 많은 사업장에서 위험예지활동,[82), 83)] 아차사고 발굴(보고)활동, 안전보건순찰, 체크리스트에 의한 점검 등 다양한 일상적 안전보건활

82) 위험예지가 훈련 형식으로 이루어질 경우 「위험예지훈련」이라고 부르고, 활동 형식으로 이루어질 경우 「위험예지활동」이라고 부른다. 즉, 위험예지훈련은 위험예지활동을 충실하게 수행하기 위한 사전 「훈련」 개념이고, 위험예지활동은 실제 작업 전의 실전 「활동」 개념이라고 할 수 있다. 위험예지활동이 효과적으로 이루어지려면 위험예지훈련이 필수불가결하다.

83) TBM(Tool Box Meeting)도 위험예지활동의 일종이라고 할 수 있다.

동에 의해 생산현장에서의 유해위험요인 파악이 통상적으로 이루어지고 있다. 이들 활동은 그 운영방법에 따라서는 위험성을 찾아내어 그 위험성의 우선도를 설정하고 그 우선도에 입각하여 대책을 검토하고 실시한다고 하는 위험성평가로서의 측면을 가지고 있는 것도 있다. 그러나 지금은 위험성평가 기법이 국제적으로 명확하게 확립되어 있기도 하고, 이들 활동과 위험성평가는 다른 것이라고 생각하는 것이 일반적이다. 즉, 위험성평가와 그간 사업장에서 추진해 온 일상적 안전보건활동은 유사한 점이 없지 않지만 기본적으로는 다르다고 할 수 있다.

여기에서는 일상적 안전보건활동 중 위험성평가와 가장 가까운 기법이라고 생각되는 위험예지활동과 위험성평가를 비교하여 설명한다.

위험성평가와 위험예지활동의 기본적인 절차를 제시하면 〈표 2〉와 같다.

표 2 위험성평가와 위험예지활동의 절차

위험성평가의 절차	위험예지활동의 절차
절차 1 유해위험요인의 파악	제1라운드「현상파악」 어떤 위험이 잠재하고 있는가
절차 2 위험성 추정(우선도 설정)	제2라운드「본질추구」 위험포인트는 무엇인가
절차 3 위험성 결정	제3라운드「대책수립」 당신이라면 어떻게 할 것인가
절차 4 위험성 감소조치	제4라운드「목표설정」 우리들은 이렇게 한다

양자는 유사한 구조로 되어 있는바, 둘 다 유해위험요인을 찾아내어 검토하고 대책으로 연결시키는 흐름으로 되어 있다.

양자의 제1단계는 둘 다 유해위험요인을 파악하는 단계로서 공통적인바,「~로 인하여 ~ 하여 (위험사건)이 된다」 식으로 유해위험요인 파악방법이 동일하기 때문에, 종래 위험예지활동을 실시해 온 사업장에서는 비교적 용이하게 위험성평가를 실시할 수 있다.

제2단계에서는 위험성평가의 경우 위험성의 크기를 판단하는 위험성 추정을 하고, 위험예지활동의 경우 위험의 포인트를 정한다(본질추구).

위험성평가에서의 위험성 추정(우선도 설정), 위험성 결정은 사업장(기업)에서 사전에 설정한 기준에 입각하여 이루어진다. 한편, 위험예지활동의 본질추구는 작업자들 간의 합의에 기초하여 이루어진다.

제4단계에서는 위험성을 저감하기 위한 대책을 강구한다. 위험성평가에서는 위험성 수준이 높은 것부터 우선순위에 따라 조치를 실시해 나간다. 위험예지활동에서는 작업자들이 자신들에 의해 가능한 대책을 생각하고 실행에 옮긴다.

표 3 위험성평가와 위험예지활동의 관계

구분	위험성평가	위험예지활동
공통점	(광의의) 유해위험요인[84]의 파악 : • (협의의) 유해위험요인(~로 인하여) • ~하여(되어)[~가 부족(불완전), 부적절하여] • 위험사건=사고(~가 발생)	제1라운드 : 어떤 위험이 잠재하고 있는가 • ~로 인하여(협의의 유해위험요인) • ~하여(되어) • ~가 발생한다(사고의 형태)
차이점	위험성 추정(우선도 설정) 및 위험성 결정 : 각 유해위험요인에 대하여 위험성 추정 및 위험성 결정을 한다.	제2라운드 : 당일 작업에서 복수의 유해위험요인 중 특히 중대한 것을 선정
	위험성 감소조치 : 위험성의 크기에 대응하여 위험성을 구체적으로 저감하는 대책을 검토하고 실시	제3라운드 : 경험에 기초하여 생각나는 실천적인 대책(실시사항)을 서로 제시 제4라운드 : (합의를 통해) 실시사항을 좁힘

양자는 실시자, 목적, 실시 시기, 실시(추정) 방법 등에서 〈표 4〉와 같은 차이점을 가지고 있다. 따라서 위험성평가를 도입한다고 해서 위험예지활동을 실시하는 의미가 없어지는 것은 아니다. 위험성평가의 도입은 위험예지활동의 활성화로 연결되고, 또 위험예지활동이 위험성평가의 내실화에 기여할 수 있으므로, 각각의 방법의 이점을 살리는 방식으로 구분(병행)하여 실시할 필요가 있다.

위험성평가는 매일 실시하는 것이 아니지만, 위험예지활동은 매일 또는 작업 때마다 실시하는 것이다. 위험성평가와 위험예지활동은 어느 하나가 다른 하나를 대체하는 관계는 아니며, 각각의 활동을 상호 보완하는 관계라고 할 수 있다.

예를 들면, 위험성평가에 의해 관리적 대책의 대상이 된 것 및 잠정적 조치를 취하지 않을 수 없는 것에 대해서는 매일의 위험예지활동의 대상으로 삼아 안전을 확보한다. 거꾸로 위험예지활동에서 중대한 위험성이 발견된 경우, 이것은 위험성평가의 대상으로 삼는다.

〈표 4〉에서 위험성평가와 위험예지활동의 차이점을 제시하였지만, 위험예지활동은 매일 또는 작업 시마다 실천하는 안전보건활동이고, 위험성평가는 조직적으로 마련한 체계에 따라 실시되는 것(일반적으로는 연간 안전보건계획에 관련되어 실시되는 것)이다. 이를 좀 더 자세히 설명하면 다음과 같다.

위험예지활동의 내용은 작업을 개시하기 전에 그날의 작업내용・현장의 상황을 파악하고 불안전행동・상태에 대하여, 특히 불안전행동에 중

84) 광의의 유해위험요인과 협의의 유해위험요인의 의미에 대해서는 후술하는 「II. 유해위험요인, 위험성 등의 의미」를 참고하기 바란다.

점을 두고 대책을 세우는 것이다. 즉, 위험예지활동은 수립한 대책을 실천하기 위한 활동이고, 작업 개시 전에 실시한다.

반면, 위험성평가는 불안전행동·상태에 대하여, 특히 불안전상태에 중점을 두고[85] 작업계획(작업절차)이 변경 가능한 계획 작성 단계에서 실시한다.

이와 같이 위험예지활동은 일상의 안전보건관리(활동)로 실시되는 것인 데 반하여, 위험성평가는 작업계획(작업절차)을 작성하거나 유사 산업재해의 재발방지대책을 수립할 때 등에 중요한 역할을 하는 것이다. 따라서 양자는 실시 시기, 안전보건대책의 접근방법 등에 큰 차이가 있다고 할 수 있다.

표 4 위험성평가와 위험예지활동의 차이점

구분	위험성평가	위험예지활동
접근방식	사업주책임+자율안전활동	자율안전활동
누가 (실시자)	• 작업자, 감독자, 관리자, 전문지식을 가지고 있는 자	• 작업자, 감독자
무엇을 (목적)	• 주로 설비 면의 대책[86), 87)]	• 주로 행동 면의 대책
언제 (실시 시기)	• 기계·설비, 원재료, 작업방법의 신규채용, 변경 시 등 • 작업계획(시공요령), 작업절차 등 작성 시 • 유사 산업재해 재발방지대책 수립 시	• 매일 또는 작업 시마다

85) 불안정상태 개선에 중점을 두되 불안전행동도 고려하여야 한다. 예컨대 예견 가능한 오조작, 위반 등(불안전행동)을 고려하여 불안전상태의 파악 · 개선을 도모할 필요가 있다.

어떻게 [(실시) 방법]	• 추정방법을 설정 · 이용하여 위험성을 추정하는 등 과학적 · 조직적으로 실시	• 위험성을 느낌(감)으로 추정하고 경험에 입각하여 즉단즉결(卽斷卽決)

위험예지활동을 활성화하기 위하여 앞으로 위험성평가의 기법을 받아들인 「위험성평가 위험예지활동」을 보급하여 가면, 위험성평가와 어울려 사업장 안전보건관리가 더욱 향상되어 갈 것이라고 생각한다. 종래의 위험예지활동이 「위험성평가 위험예지활동」으로 진화함으로써(충실해짐으로써) 대책이 필요한 위험성이 명확하게 되고 효과적인 위험예지활동을 실시할 수 있게 된다.

지금까지의 위험예지활동은 「느낌(감)」과 「경험」만으로 유해위험요인을 찾아내고 그 크기를 추정하여 왔다고 할 수 있지만, 「위험성평가 위험예지활동」에서는 유해위험요인 적출(파악)방법에 의해 유해위험요인을 좀 더 확실하게 찾아내고, 위험성 추정방법에 의해 위험성의 크기(위험도)를 좀 더 정확하게 추정할 수 있게 된다.

그리고 추정된 위험성 중 위험성의 크기(위험도)가 큰 것에 대해서는 그 날의 행동목표를 정하여 실행함으로써 확실하게 재해의 싹을 잘라내는 것이 가능하게 된다.

86) 설비 개선에 초점이 맞추어져 있지만, 유해위험요인 파악 시 인적 요인(휴먼에러 또는 위반의 가능성)이 고려되어야 한다.

87) 위험성평가는 본질적 개선, 공학적 개선에 초점을 맞추고, 이것이 곤란한 경우에 비로소 후순위로 관리적 개선, 개인보호구 조치를 도모하는 것으로 되어 있다.

[칼럼] 껍데기만 남은 위험성평가[88)]

'사업장 위험성평가에 관한 지침(고시)' 개정안이 노사단체, 전문가의 반대에도 불구하고 행정예고안대로 확정됐다. 의견수렴 한답시고 행정예고를 했지만 제출의견을 깡그리 무시했다. 행정예고는 요식행위에 지나지 않았다.

이번 지침 개정은 산업안전행정의 무모함, 무지, 무책임(3무 행정)을 적나라하게 보여주는 것 같다. 일선 고용노동관서에서조차 고용노동부의 3무 행정에 혀를 내두를 정도다. 기업의 안전관계자들도 누구를 위한 개정인가를 묻고 있다.

위험성평가 고시 개정, 무모 · 무지 · 무책임 행정

국제규격이나 선진국 기준과 달리 위험성평가 절차에서 사실상 위험성 추정을 삭제한 것은 '무모'하기 그지없는 처사다. 위험성평가의 필수절차인 위험성 추정을 빼는 건 위험성평가 제도를 없애는 것이나 진배없다. 위험예지활동, 안전점검과 같은 종전부터 실시해오던 안전활동 수준으로 전락됐다. 보건분야 위험성평가는 안중에도 없어 보인다. 국제기준으론 더 이상 위험성평가라고 부를 수 없어 우리나라는 위험성평가가 법제화되지 않은 국가로 분류될 것이다.

더욱 심각한 건 이번 개정이 얼마나 엄청난 개악인 줄 모른다는 점이다. 그 '무지'가 놀라울 뿐이다. 제도를 크게 바꾸면서 위험성평가에 대해 기본적인 이해조차 부족한 흔적이 역력하다. 위험성평가의 대표적인 방법으로 체크리스트법, 핵심요인기술법 등을 제시하고 있는 건 변명할 수 없는 무지의 소치이다.

국제규격과 선진국 어디에서도 이런 방법을 위험성평가 방법이라고 하지 않는다. 예컨대 체크리스트법은 위험요인 파악방법일 뿐이고, 핵심요인기술

88) 정진우, 내일신문, 2023.6.5.

법은 위험성평가와는 거리가 먼 정체불명의 방법이다. 위험성평가를 작업 개시 후 1개월 이내에 하라는 건 위험성평가를 너무도 모르는 책상물림이다. 작업 시작 전에 위험요인을 파악하여 위험성을 저감하고자 하는 위험성평가의 취지와 정면으로 배치되기 때문이다.

정부가 해야 할 일은 위험성평가가 제대로 실시되도록 위험성평가의 인프라를 확충하고 위험성평가를 내실화하기 위해 적극적인 역할을 하는 것이다. 이런 노력을 열심히 해도 모자랄 판에 위험성평가 기준을 대폭 완화한 것은 '무책임'하다고 하지 않을 수 없다.

위험성평가 완화는 위험성평가의 부진을 제도 탓으로 돌리며 그간의 직무태만과 무능에 대해 알리바이를 만들려는 꼼수이지 않나 싶다. 위험성평가를 활성화하겠다면서 2017년의 위험성평가 미실시 기업에 대한 처벌금지 지침을 견강부회하며 철회하지 않는 걸 보면 정부가 위험성평가 활성화에 진정성이 없는 건 확실해 보인다.

중소기업이 위험성평가를 쉽게 하도록 완화했다고 하지만, 그간 정부는 위험성평가에 의지와 노력이 많이 부족했던 게 사실이다. 제대로 노력해 본 적도 없으면서 기준을 대폭 낮추는 건 중소기업을 싹수가 노랗다고 보고 역량 향상을 지레 포기하는 것이나 마찬가지다. 다소 힘들더라도 문제를 정석대로 해결할 생각은 하지 않고 잘못된 현실에 편승하겠다는 것이다. 이러한 잘못을 궤변으로 덮으려고만 한다는 점이 더욱 실망스럽다.

산업안전 흑역사로 기록될 것

껍데기만 남은 위험성평가를 외형적으로 확대한들 무슨 소용이 있는가. 제도의 본질을 무장해제하는 것이 고용부가 생각하는 자기규율인가. 이것은 무규제이자 방임이다. 선무당이 사람을 잡고 말았다. 산업안전의 흑역사로 기록될 것이다.

덩치는 거구인데 체력은 허약한 산업안전행정의 민낯을 보는 것 같아 못

내 씁쓸하다. 정부 실적을 홍보하기 위해 노동자의 안전을 볼모로 삼는 일은 이제 그만둘 때도 됐다. 그런 얄팍한 속셈이 통할 만큼 더 이상 노동자들이 어수룩하지 않다.

VI 위험성평가와 위험성 관리

최근 위험성 관리(Risk management)[89]라는 말이 자주 사용되고 있다. 이 위험성 관리와 본서에서 말하는 위험성평가(Risk assessment)는 어떠한 관계인지 살펴볼 필요가 있다.

위험성 관리는 산업안전에서의 위험성뿐만 아니라, 자연재해의 위험성, 투자 위험성 및 위기관리 등에서 대상으로 하고 있는 위험성과 같은 보다 넓은 위험성을 대상으로 하고 있다. 일반적으로 위험성 관리는 위험성 감소를 목표로 위험성에 대하여 조직을 지휘하고 제어하기 위한 조정된 활동을 의미하는 용어로 사용된다.[90] 특히 자연재해, 사고, 경제적 사건 등에 기인하는 위험성, 나아가 조직에 관계되는 각종 위험성이 현재화(顯在化)하는 것에 의해 초래되는 영향을 가급적 적게 하고 사회적 손실을 가능한 한 발생시키지 않도록 하는 일련의 활동을 포함하고 있다. 투자 위험성에서는 위험성의 분산 또는 이전과 같은 수법도 이용되고 있다. 그리고 위기관리에서는 돌발적인 비정상상태에서의 위험성을 대상으로 하고 있다. 위험성 관리는 이것들을 모두 포함하는 넓은 위험성을 대상으

89) Risk management는 「위험 관리」라고 번역하기도 한다.

90) ISO Guide 73 : 2009 2.1 ; ISO 31000 : 2018(2nd ed.) 3.2.

로 하고 있다.

위험성 관리는 ISO 14000(환경관리시스템), ISO 9000(품질관리시스템), ISO 45001(사업장 안전보건관리시스템) 등에서 보이는 관리(Management)와 마찬가지로 위험성에 관한 관리(Management)에 주안점이 있다. 위험성 관리에 관한 방침·계획수립(Plan), 위험성 관리의 실시(Do), 효과성의 평가(Check), 개선의 실시(Action)라는 이른바 PDCA 사이클을 돌리는 것을 통해 계속적 개선을 목적으로 한, 위험성에 관한 보다 넓은 활동을 지향한 것이다.

위험성 관리 중에는 그 활동의 일부로 위험성 분석(Risk analysis : 유해위험요인 파악+위험성 추정), 위험성 결정, 위험성 감소조치 등이 포함되므로, 위험성 관리는 위험성평가를 그 중요한 일부로 명확히 포함하고 있다. 한편, 산업안전 등에서의 위험성을 대상으로 하는 경우, 위기관리 등에서 대상으로 하고 있는 위험성과는 달리 위험성 관리라는 개념이 친숙하지 않기 때문에, 위험성평가라는 말을 위험성 관리의 일부인 위험성 감소조치를 포함하는 의미로 사용하는 경우가 많다.

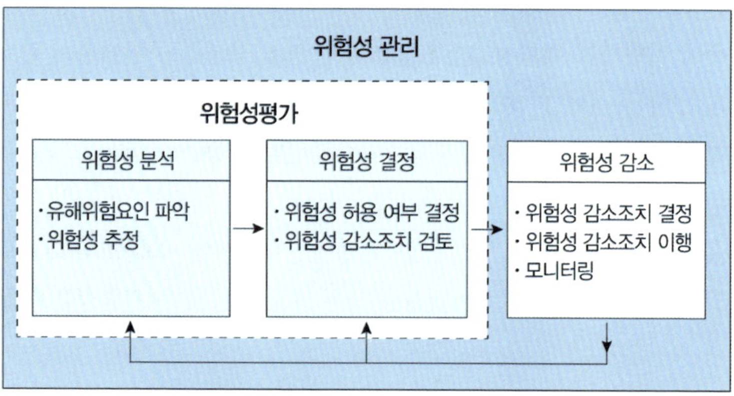

그림 7 위험성평가와 위험성 관리[91)]

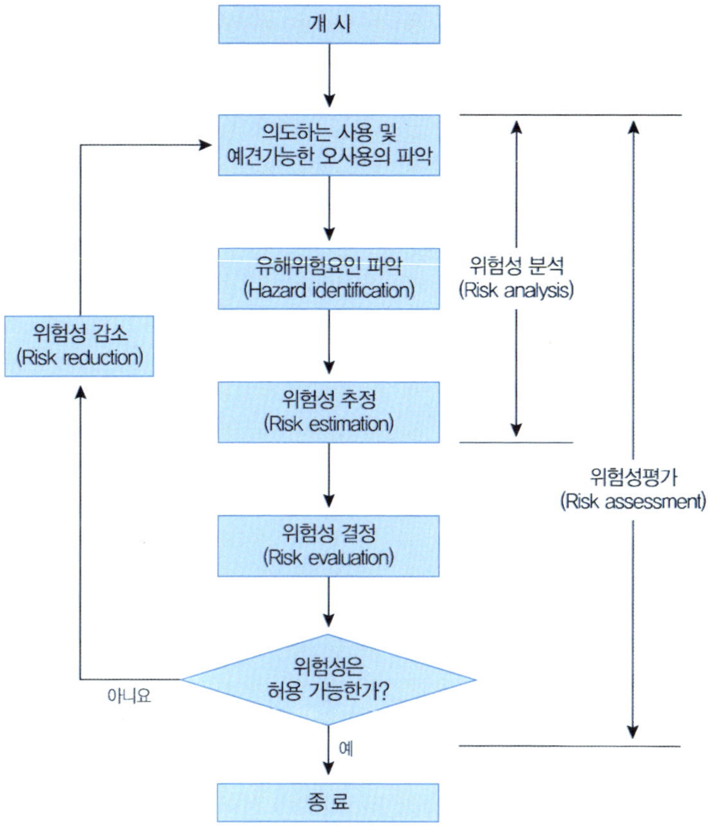

그림 8 위험성평가와 위험성 감소의 반복적인 과정[92)]

91) M. Rausand, *Risk Assessment – Theory, Methods, and Applications*, WILEY, 2011, p. 10.

92) ISO/IEC Guide 51 : 2014(3rd ed.) Figure 2 ; ISO 12100 : 2010 3.14~3.19 참조.

이론적으로 엄밀히 말하면 위험성평가는 위험성 감소는 포함하지 않고 위험성 분석과 위험성 결정만을 포함한다(〈그림 7, 8〉 참조).[93] 그러나 산업안전 실무에서의 위험성평가는 일반적으로 위험성 분석, 위험성 결정 외에 위험성 감소조치를 포함한 개선 사이클로서 정의되고 있고, 위험성 관리의 일부를 포함하는 형태로 이해되고 있는 것이 일반적이다. 영국, 일본 등에서도 실무적으로는 위험성평가를 이와 같은 광의의 의미로 사용하고 있고, 우리나라 산업안전보건법(제36조)도 광의의 의미로 정의하고 있다. 본서 또한 위험성평가를 위험성 관리의 일부를 포함한 광의의 의미로 사용하는 것으로 한다.

VII 설계 · 제조자와 사용자 간 위험성평가 역할분담

국제안전규격에서는 기계 · 설비의 안전을 확보하기 위하여 설계 · 제조자(개조 등[94] 또는 수입을 하는 자를 포함한다.)[95]와 사용자 간의 책임분담이 명확하게 되어 있다. 이것은, 최초에 설계 · 제조자가 안전한 기계

93) ISO/IEC Guide 51 : 2014(3rd ed.) 3.11 ; ISO 12100 : 2010 3.17 ; ISO Guide 73 : 2009 3.4.1 ; ISO 31000 : 2018(2nd ed.) 6.4.1 ; IEC 60300-3-9 : Dependability management - Part 3 : Application guide - Section 9 : Risk anaysis of technological systems, 1995. 참조. 선진외국의 산업안전보건법에서도 위험성 감소조치는 위험성평가의 개념에서 제외되어 있다.

94) 기계 · 설비를 근로자에게 사용하게 하는 사업주가 기계 · 설비의 사양(仕様)을 변경한 경우, 복수의 기계 · 설비를 조합하여 통합시스템화를 행하는 경우, 가드 또는 안전장치의 해제 또는 무효화 등의 개조를 하는 경우를 말한다.

95) 이하에서도 설계 · 제조자를 이와 같이 넓은 의미로 사용한다.

·설비를 만들고, 그 안전한 기계·설비를 사용자가 안전하게 사용한다는 순서로 되어 있다. 사용자는 설계·제조자가 제공한 사용상의 정보[96] 등을 포함한 안전보건정보를 토대로 자신 나름의 위험성평가를 실시하여 안전을 확보한다는 것이다. 중요한 점은, 설계·제조자가 안전한 기계·설비의 설계·제조에 관하여 최초의 책임을 지고, 다음으로 사용자가 그 안전한 기계·설비를 주의를 하면서 사용한다는 것이 현재의 국제안전규격의 책임분담이라는 것이다. 위험성평가의 관점에서 볼 때, 위험한 기계·설비를 사용자가 주의와 교육훈련 등을 통해 사용한다는 것은 잘못된 것이라 할 수 있다. 국제안전규격은 기계·설비의 위험성을 설계·제조 단계에서 해결 또는 최소화할 것을 요구하고 있다. 그것이 위험성 감소에 가장 효과적이고 기계·설비의 수명주기 비용의 관점에서도 가장 경제합리성이 있다고 인정되기 때문이다.

요컨대, 위험성평가는 사용자뿐만 아니라 설계·제조자에 의해서도 실시되어야 하는 것으로서, 기계·설비의 안전을 충분히 확보하기 위해서는 양자 모두에게 매우 중요하게 여겨져야 하는 사항이라는 점은 분명하다.

설계·제조자는 〈그림 9〉와 같이 위험성 감소조치를 포함한 위험성평가를 실시하고 모두 허용 가능한 위험성이 된 때에 비로소 남은 위험성(잔류위험성) 등을 사용상의 정보로서 사용자에게 알린다. 구체적으로 말하면, 설계·제조자는 자신의 입장에서 위험성평가를 실시한 후, 이를 토대로 사용자가 기계·설비를 안전하고 올바르게 사용할 수 있도록 표식, 경고표시 등의 부착, 신호장치 또는 경보장치의 설치, 사용(취급)설명서

96) 제조 등(설계 · 제조, 개조, 수입)을 행하는 자가 기계 · 설비의 안전하고 올바른 사용을 확실하게 하기 위하여 표식, 경고표시의 부착, 신호장치 또는 경보장치의 설치, 취급설명서 등의 교부 등을 통해 제공하는 지시 · 설명사항 등의 정보를 말한다.

등 문서의 교부를 통해 사용자에게 잔류위험성 등에 관한 정보를 제공하고, 사용자는 이 사용상의 정보를 포함한 안전보건정보를 토대로 사용자 입장에서 위험성평가를 실시하는 등 위험성 감소를 강구하는 책임과 의무를 가진다.

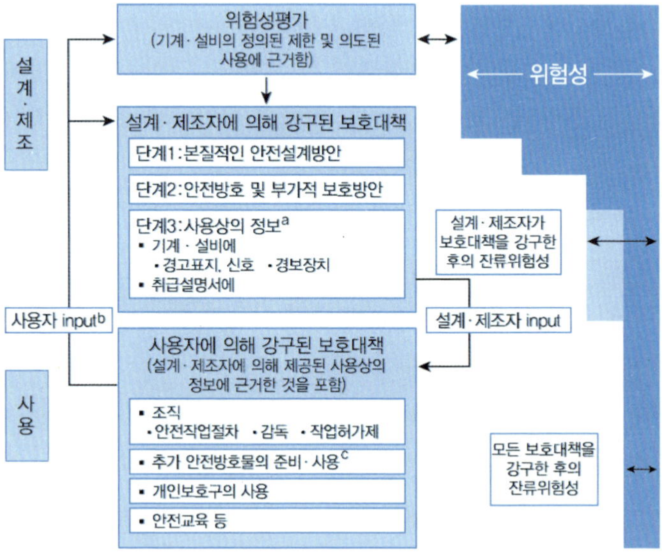

그림 9 설계·제조 및 사용 단계에서의 위험성 감소조치의 조합[97)]

a : 적절한 사용상의 정보를 제공하는 것은 설계·제조자가 위험성 감소에 기여하는 부분이지만, 관련된 보호조치는 사용자에 의해 이행될 때에만 효과적이다.

b : 사용자 input은 기계·설비 일반의 의도된 사용에 대하여 설계·제조자가 사용자단체 또는 특정사용자로부터 받는 정보이다. 주문 시의 조건 등의 제시, 사용 후에 얻은 지견 등의 전달이 이것에 해당한다.

97) 이 그림은 ISO 12100 : 2010 Figure 2, ISO/IEC Guide 51 : 2014(3rd ed.) Figure 3에 제시되어 있는 그림을 참고하여 작성한 것이다.

c : 이것은 기계 · 설비의 의도된 사용에서 예상되지 않은 특정 프로세스(들) 또는 설계 · 제조자에 의해 통제될 수 없는 설치의 특정조건 때문에 요구되는 보호조치를 가리킨다.

국제안전규격에서도 기계 · 설비의 설계 · 제조자와 기계 · 설비의 사용자 양자에 대하여 각각의 입장에서 실시하는 위험성평가를 제시하고 있다. 설계 · 제조자는 보호대책을 강구한 후의 잔류위험성을 사용자에게 제공하고, 사용자는 주문 단계에서 안전사양에 관한 제시와 함께, 기계 · 설비의 사용 개시 후의 사고(재해)정보, 새롭게 판명된 위험성 정보, 그에 의해 추가된 안전방호대책 등에 관한 정보를 설계 · 제조자에게 환류(Feedback)한다(〈그림 9〉 참조).

우리나라에서는 지금까지 불안전한 설비 · 기계를 도입한 채 현장 작업자에 대한 교육훈련으로 안전을 실현하려고 하는 경우가 많았다고 생각한다. 국제안전규격의 입장에서 보면, 이러한 접근방법으로는 사고가 발생한 경우 설계 · 제조자에게 법적 책임이 물어질 수 있다. 즉, 위험한 기계 · 설비를 만든 설계 · 제조자에게 제조물책임법으로 소송을 제기하는 것이 가능하다.

그런데 우리나라의 경우는 산업현장에서 현실적으로 제조물책임법이 그다지 작동되지 않고 있어, 설계 · 제조자가 위험한 기계 · 설비를 안전하게 제작하려는 동기부여가 낮고 설계 · 제조자까지 그 책임이 제대로 추급되지 않는다는 약점을 가지고 있다. 이것 역시 설계 · 제조 단계에서의 위험성평가가 강조되어야 하는 이유 중의 하나이다.

그러나 설계 · 제조자의 노력이 사용자의 안전보건에 관한 책임을 면제하는 것은 아니다. 사용자에 대해서는 설계 · 제조자와 별개로 산업안전보건법 등에 의한 형사책임, 민사책임 및 행정책임을 물을 수 있다.

한편, 기계·설비에 대한 제조·설계 단계에서의 위험성평가는 원칙적으로 설계·제조자가 실시하여야 하지만, i) 사용자가 시판하는 기계·설비를 구입한 후 이들을 조립하여 새로운 생산시스템을 구축하는 경우, ii) 사용자가 특수한 사양의 기계·설비를 제조사에 주문하는 경우, 또는 iii) 사용자가 이미 존재하는 기계·설비를 스스로 개조하는 경우 등에는 사용자도 제조·설계자의 관점에서 스스로 위험성평가를 실시하여야 한다.

[칼럼] 거꾸로 가는 위험성평가 정책[98)]

지난 7일 '사업장 위험성평가에 관한 지침'(고시) 개정안이 행정예고됐다. 그 내용을 보니 '선무당이 사람 잡는다'는 속담을 현실에서 증명이라도 하려는 듯하다. 고용노동부의 산업안전에 대한 비전문성을 또 한 번 적나라하게 드러내는 것 같다. 위험성평가를 얄팍하게 아는 자들의 졸작이라는 느낌이 드는 건 필자만의 생각일까.

고용노동부가 위험성평가의 원리·개념 등에 대한 기초지식 없이 개정안을 마련했다는 느낌을 지울 수 없다. 위험성평가를 단지 양적으로 확산해야 한다는 조바심도 크게 작용한 것 같다. 위험성평가를 내실화할 생각은 하지 않고 일상안전활동 수준에 해당하는 것을 위험성평가인 것으로 외피만 바꾸려 하고 있다.

위험성의 개념, 위험성평가의 절차 등을 글로벌 스탠더드에 맞지 않게 변형하거나 낮추는 것이 고용노동부가 이해하는 '자기규제'인지 묻지 않을 수

98) 정진우, 매일노동뉴스, 2023.3.13.

없다. 이것은 자율이 아닌 방종을 조장하는 것이다. 방향을 잘못 제시하면서 기업에 위험성평가를 올바로 실시하도록 주문하는 건 어불성설이다. 개선은 어렵지만 개악은 순식간이다. 행정예고안의 문제가 차고 넘치지만 굵직한 몇 가지만 지적하고자 한다.

먼저, 위험성 추정 절차를 생략한 것은 국제기준과 학문적 개념에 배치된다. 위험성평가의 핵심절차인 위험성 추정을 하지 않는다면, 이것은 안전활동의 일종이지 더 이상 위험성평가라 할 수 없다. 위험성 추정이야말로 위험성평가와 다른 안전활동을 차별화하는 핵심 절차이기 때문이다. 국제표준화기구(ISO) 규격인 ISO 45001 · 31000 · 12100 등 국제기준과 영국을 비롯한 선진국의 지침 · 규격 모두 위험성평가에 위험성 추정을 포함하고 있다. 고용노동부는 도대체 어떤 근거로 위험성 추정 절차를 없애려고 하는가. 위험성 추정이 반드시 빈도와 강도를 계량적으로 계산하는 것이라는 생각도 대단히 잘못됐다. 국제기준 어디에서도 위험성 추정을 계량적 방법으로 한정하고 있지 않다.

둘째, 위험성 추정이야말로 노동자 참여가 가장 필요한 절차인데, 이 절차가 빠져 버렸으니 노동자 참여는 허울에 지나지 않게 됐다. 위험성평가가 수박 겉핥기 식으로 이행되지 않도록 하려면 위험성 수준을 정하는 위험성 추정 과정에 해당 작업자들이 참여해 논의하는 것이 필수적이기 때문이다. 또 작업자 참여만을 강조한 나머지 위험성을 가장 잘 아는 위치에 있는 감독자의 참여가 소홀해질 수 있다. 노동자의 '형식적' 참여보다 위험성평가의 '정확한' 실시 장치가 훨씬 더 중요하다.

셋째, 위험성평가의 대표적인 방법으로 체크리스트법, 핵심요인 기술법 같은 정체불명의 방법을 제시하고 있는 것도 문제다. 국제기준과 실무 어디에서도 이러한 방법을 위험성평가 절차 전체를 포괄하는 방법이라고 하지 않는다. '유해위험요인 도출' 등 위험성평가의 일부 절차만 커버할 수 있을 뿐 '위험성평가' 방법과는 거리가 멀기 때문이다. 위험성평가 방법을 둘러싼 혼란이 가중될 가능성이 크다.

고용노동부는 위험성평가의 상향평준화를 위해 노력할 생각은 하지 않고 하향평준화하려고 작정한 듯하다. 위험성평가의 부실한 운영 현실에 굴복한 모양새다. 가이드라인에 불과한 지침의 내용을 이렇게 낮추는 것은 기업에 잘못된 위험성평가 방향을 제시하고 그 수준을 높이고자 했던 기업 의지에 찬물을 끼얹는 처사다.

그간 태만히 했던 위험성평가의 실질적 개선노력은 시도조차 하지 않고 있다. 대표적으로 2017년 1월 위험성평가를 무력화하는 '황당한' 지침(위험성평가 미실시를 처벌하지 말라는 내용의 지침)을 여태껏 철회하지 않고 있다. 위험성평가를 활성화하겠다고 하면서 이 잘못된 지침을 철회하지 않는 걸 보면 위험성평가에 과연 진정성이 있는지 의문을 갖지 않을 수 없다.

고용노동부의 산업안전부서가 몸집은 거구가 되었지만 실력은 예전보다도 못하다는 세평이 자자하다. 고용노동부 관료들은 산업안전을 망가뜨리는 주범이 고용노동부라는 현장의 목소리가 들리지 않는가. 고용노동부가 역사적 평가에 대한 감수성 없이 보여주기에 집착하면 그 피해는 고스란히 노동자에게 돌아간다. 노동자에 대한 눈속임은 이제 그만둘 때도 됐다.

부디 행정예고안을 전면 재검토하길 바란다. 합리적 손질 없이 행정예고안을 밀어붙인다면 훗날 가혹한 역사적 평가에 직면할 것이다. 잘했다는 평가는 못 받더라도 최소한 망가뜨렸다는 평가는 받지 말아야 할 것 아닌가.

제3장 위험성평가의 실시 체제

I 위험성평가 실시 준비

사업주는 위험성평가의 의의를 이해한 후에 다음 사항에 대한 준비를 계획적으로 진행시켜 나갈 필요가 있다.

① 위험성평가의 실시 체제 구축
② 위험성평가의 실시 규정의 작성
③ 위험성평가의 실시 계획서의 작성
④ 위험성평가에 관한 교육 실시
⑤ 유해위험요인에 관한 정보(자료)의 입수

이들 준비 업무는 위험성평가 총괄관리자(안전보건관리책임자 선임의무가 있는 사업장은 안전보건관리책임자, 동 책임자 선임의무가 없는 사업장은 사장)의 지시하에 사업장 전체의 위험성평가 운영을 총괄하는 사무국(일반적으로는 안전보건 담당부서)[99]이 담당하게 된다.

99) 사업장의 규모가 작아 안전보건부서가 없거나 안전 · 보건관리자가 없는 경우에는, 사업장 위험성평가 운영을 총괄하는 담당자를 별도로 지명(지정)할 필요가 있다.

사업장 전체에 위험성평가를 원활하게 도입하고 정착시켜 나가기 위해서는, 위험성평가를 본격적으로 실시하기 전에 충분한 준비를 하는 것이 반드시 필요하다.

이하에서는 위험성평가 실시 준비사항 중 ①~④에 대하여 설명하기로 하고, ⑤에 대해서는 제7장에서 설명하는 것으로 한다.

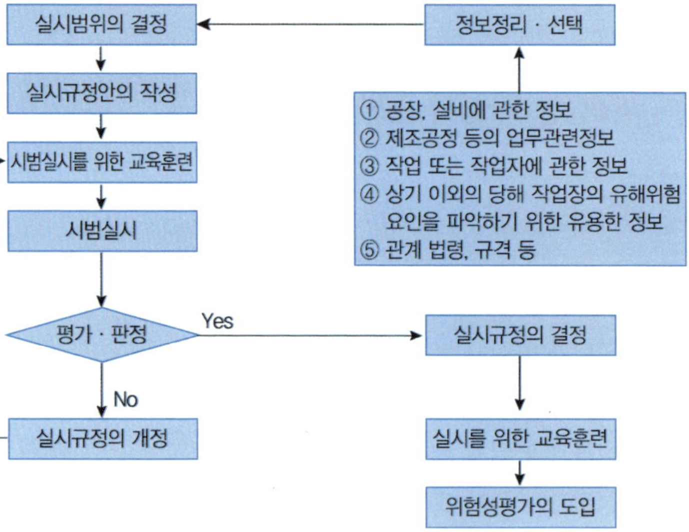

그림 10 위험성평가 도입 흐름도

II 위험성평가의 실시 체제 구축

위험성평가의 실시 체제는 사업장 안전보건관리시스템(Occupational Safety and Health Management System, OSHMS)의 일환으로 위치를 지우고,

그 체제와의 일원적 관계하에 위험성평가를 실시하기 위한 실시 체제를 명확히 할 필요가 있다. 실시 체제는 사업장 전체의 운영을 담당하는 부문과 실제로 위험성평가를 실시하는 실행책임부문으로 구성된다.

사업장 전체의 운영을 총괄 담당하는 부문은 안전보건부서(안전·보건관리자)이고, 안전보건부서의 직원은 사업장 전체에 대한 운영을 총괄한다. 그리고 위험성평가를 실제로 실시하는 것은 계(係), 직(職), 반(班) 등의 각 단위현장이고, 부서장(부장, 과장 등)은 각 현장을 아우른 해당 부서에서의 실행 상황에 대하여 책임을 진다.

한편 사업장의 각 단위현장의 규모가 크고 업무내용이 이질적으로 구성되어 있는 등의 경우에는, 위험성평가는 현장의 규모, 업무내용 등을 감안하여 보다 세분화된 현장 단위로 실시할 수도 있다. 즉, 위험성평가의 현장 실시 단위는 현장의 규모, 업무특성 등을 고려하여 해당 사업장의 실정에 따라 적정하게 설정할 필요가 있다.

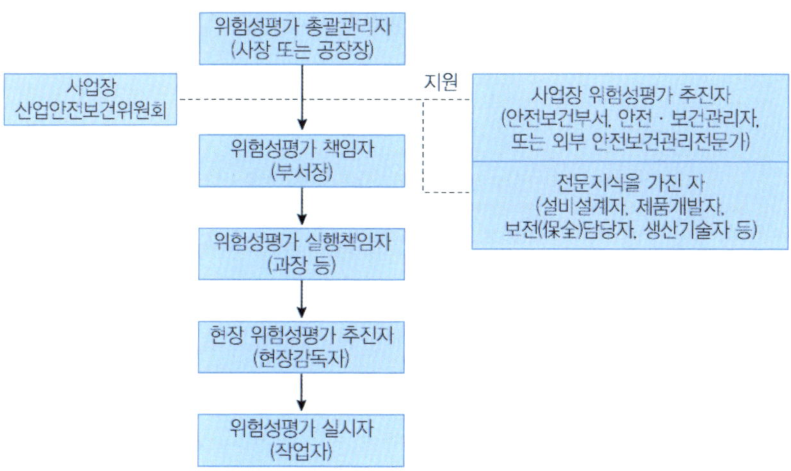

그림 11 위험성평가 실시 체제(예)

1. 위험성평가의 실시체제의 역할분담

가. 위험성평가 총괄관리자의 역할

위험성평가의 총괄관리자는 사업장의 위험성평가 실시 전반 및 결과에 대해 총괄적 책임을 지는 역할을 담당하는 자를 말하고, 일반적으로 안전보건관리책임자의 위치에 있는 자가 이에 해당한다.

나. 사업장 위험성평가 추진자의 역할

사업장 위험성평가의 추진자는 사업장 전체의 위험성평가에 대하여 그 실행 상황, 실시 수준 등을 조정하고 추진하는 자를 말하고, 사업장 전체의 운영을 관장하는 안전보건부서의 장(별도의 안전보건부서가 없는 경우에는 안전・보건관리자 등의 스태프)이 이에 해당한다. 사업장의 규모가 큰 경우 등 1인이 사업장 전체를 담당하는 것이 곤란한 때에는 안전보건부서장 외에 복수의 사업장 위험성평가 추진자를 지명(지정)할 필요가 있다.

다. 위험성평가 책임자(부장 등) 및 실행책임자(과장 등)의 역할

위험성평가를 실시하는 부서장(부장 등)은 위험성평가 책임자로서, 실시하는 과의 장(과장 등)은 위험성평가 실행책임자로서 자신의 부서 또는 과의 위험성평가의 실행 상황에 대하여 확인을 하고 실시 절차에 따라 적절하게 위험성평가가 실시되고 있는지를 확인한다. 만약 위험성평가의 실시에 장애가 있는 경우에는 문제점을 파악하고 그것을 해결할 필요가 있다.

또한 위험성평가 책임자, 위험성평가 실행책임자는 위험성평가의 실시 결과로부터 부서(과)에서 조치(대책)를 취하여야 하는 위험성이 존재하고 위험성 감소조치를 이행할 필요가 있다고 판단한 경우에는, 필요에 따라 사업장 내・외부의 전문가(기관)의 참가(지원), 조치비용의 확보 등에 대해서 고려하면서 적절하고 효과적인 대책을 검토(수립)하고 확실하게 실시하여야 한다.

라. 현장 위험성평가 추진자(현장감독자)의 역할

현장 위험성평가 추진자는 위험성평가 실행책임자(과장 등)가 자신의 과의 현장감독자(과장 자신인 경우도 있다.) 중에서 지명한다. 위험성평가를 실시하는 현장(계・직・반)이 그 장(長)의 밑으로 더 분할되어 있는 경우는 그 분할된 현장마다 지명한다. 현장 위험성평가 추진자가 담당하는 업무는 실행책임자(과장 등)의 지시하에 실시 담당자로서 실제의 위험성평가를 행할 때의 실무적인 추진업무를 담당하게 된다.

마. 위험성평가 실시자(작업자)의 역할

위험성평가 실시자인 각 작업자는 위험성평가 실시 규정에 따라 현장의 위험성평가 실시에 협력하고 작업 전체를 대상으로 위험성평가를 체계적이고 조직적으로 실시한다.

위험성평가를 실시하는 각 멤버의 역할을 정리하여 제시하면 다음과 같다.

표 5 위험성평가에서의 각 멤버의 역할(예)

담당	역할
위험성평가 총괄관리자	• 위험성평가의 사업장 차원의 총괄 관리 – 사업장 위험성평가 실시 규정의 승인 – 사업장 위험성평가 실시 계획서의 결정 – 사업장 차원에서의 위험성 감소조치에 관한 최종결정 등 위험성평가 실시의 총괄 관리
사업장 위험성평가 추진자	• 위험성평가의 사업장 차원의 실행 관리 – 위험성평가 실시에 참고가 되는 관련자료(재해사례, 아차사고 등)의 수집·정리 및 주지 총괄 – 현장 위험성평가 추진자 교육, 지원, 지도 등 – 사업장 전체에서 대응이 필요한 위험성에 대한 총괄 대응 – 산업안전보건위원회 보고 등
위험성평가 책임자	• 위험성평가의 부(部) 또는 팀 차원의 관리 – 위험성평가 실시 계획서의 심사 – 위험성평가의 부 또는 팀 안전보건목표·계획에의 반영 – 부 또는 팀 차원에서의 위험성 감소조치의 결정, 실시 등
위험성평가 실행책임자	• 위험성평가의 과 차원의 실시, 관리 – 위험성평가 실시 계획서의 작성 – 과 안전보건목표·계획에의 반영 – 과 차원에서의 위험성 감소조치의 결정, 실시 – 위험성 감소조치 비용의 확보 등
현장 위험성평가 추진자	• 위험성평가의 현장(계·직·반 등 단위) 차원의 실행 관리 – 위험성평가의 실시에 참고가 되는 관련자료의 수집·정리 및 관계자에 대한 연락, 주지 – 현장 위험성평가의 실시 및 진행 관리 – 위험성평가 관련 작업자에 대한 교육과 지도 – 관리자, 사업장 위험성평가 추진자 등과의 연락·조정
위험성평가 실시자	• 위험성평가의 실시 – 현장 아차사고 정보, 위험예지 정보 등의 제공 – 유해위험요인의 파악, 위험성 추정·결정의 실시(참여) – 위험성 감소조치 및 잔류위험성에의 대응조치의 준수 – 위험성 감소조치 실시 후의 정보제공 등

2. 위험성평가의 절차별 실시자

위험성평가 실시 멤버에 대해서는 사전준비 단계 및 실시 단계에서 누가 무엇을 담당할 것인지 그 역할, 직무를 명확히 해 둔다. 실제의 위험성평가는 원칙적으로 단위현장별로 실시하므로 단위현장의 현장감독자들은 물론이고 관계하는 작업자들도 참가하여 부서 전체에서 실시하도록 한다. 부서장은 현장 위험성평가 추진자, 각 현장감독자 등의 의견을 들어 미리 위험성평가의 각 단계마다 실시(참가) 멤버와 각자의 역할 등에 대하여 정해 둔다.

위험성평가의 각 단계별 실시(참가) 멤버에 대해 예시적으로 제시하면 〈표 6〉과 같다.

표 6 위험성평가 실시(참가) 멤버(예)

구분	유해위험요인 파악	위험성 추정	감소조치 검토	감소조치 결정
작업자	◎	◎	◎ (의견의 반영)	○
현장감독자	◎	◎	◎	○
관리자	○	○	◎	◎
전문지식을 가지고 있는 자*	○	○	○	○

주) ◎ : 반드시 관여

○ : 필요에 따라 관여

* 전문지식을 가지고 있는 자란 안전관리자, 보건관리자, 설비설계자, 제품연구개발자, 보전담당자, 생산기술자 등을 말함

가. 사전 준비

위험성평가를 실시하기 위해서는 사전에 위험성평가의 실시 방법 등의

상세사항을 정하여 시범적으로 실시하고, 그 결과를 토대로 실시 규정을 마련한 후 이를 각 부서에 교육을 통하여 주지시킨다. 이들 준비사항은 사업장 위험성평가 추진자를 중심으로 각 현장의 위험성평가의 추진자가 함께 참가하여 마련하는 것이 바람직하다.

나. 유해위험요인 파악

유해위험요인을 파악할 때는 현장의 위험성평가 추진자가 중심이 되어 관계 작업자는 물론이고 그 외의 작업자도 가능한 한 다수 참가시켜 파악한다. 이와 같이 함으로써 일체감을 가질 수 있고 적극적인 협력을 얻는 것이 가능해지며, 넓은 시야를 가지고 유해위험요인을 파악하는 데 도움이 될 수 있다.

또한 현장 관계자만으로는 유해위험요인의 파악이 불충분한 경우에는 사업장 내부의 전문지식을 갖고 있는 자(안전・보건관리자, 설비설계자, 제품연구개발자, 보전담당자, 생산기술자 등) 또는 사업장 외부전문가(기관)의 참가, 조언을 얻는 것이 중요하다.

다. 위험성 추정

위험성 추정은 현장 위험성평가 추진자(현장감독자)가 중심이 되어 관계 작업자가 참가하여 실시한다. 위험성 추정은 그 후 위험성 감소조치로 연결되기 때문에 필요한 경우에는 부서장을 비롯한 각급 관리자도 참여할 필요가 있다. 이때 검토하는 위험성의 크기, 종류 등에 따라 사업장 내・외부의 해당 전문가(기관)를 필요할 때마다 참가시켜 조언을 얻는 것이 바람직하다.

라. 위험성 감소조치 검토

위험성 감소조치에 대해서는 작업자의 의견을 반영하여 부서의 관리자, 현장감독자가 중심이 되어 검토한다. 이때 필요한 경우 전문지식을 가지고 있는 자의 협력을 얻도록 한다. 위험성 감소조치의 내용이 작업매뉴얼에 의한 관리, 보호구의 사용 등인 경우에는 반드시 작업자들과 함께 검토하는 것이 필요하다.

마. 위험성 감소조치 결정

위험성 감소조치의 결정은 경영자원(사람, 물자, 경비 등)에 대한 결재권한이 있는 관리자가 한다. 그 때 위험성 감소를 확실히 하기 위하여 가능한 한 본질적(근원적) 대책, 공학적 대책의 실시로 대응하는 것이 바람직하다. 한편 위험성 감소조치가 관리적 대책, 개인보호구 사용인 경우는 그 실시 또는 사용을 확실하게 담보할 수 있는 방법으로 하여야 한다.

III 위험성평가 실시 규정의 작성

위험성평가 실시 규정은 사업장의 위험성평가 실시 방법・절차 등을 정한 사업장 내 위험성평가 준칙이라 할 수 있다. 위험성평가 실시 규정은 사업장 위험성평가에 관한 지침(고시)에 입각하여 사업장의 작업(환경)실태를 토대로 위험성평가 관계자가 위험성평가를 효과적・효율적으로 실시할 수 있도록 위험성평가에 관한 구체적 실시 기준을 제시할 필요가 있다. 이 위험성평가 실시 규정은 당연히 위험성평가를 개시하기 전에 작성하여야 한다.

이 위험성평가 실시 규정에는 기본적으로 다음과 같은 사항이 포함된다(〈부록 Ⅰ〉 참조). ① 위험성평가 실시의 목적, ② 위험성평가 실시 체제(관계자의 역할 및 교육), ③ 위험성평가 실시 시기, ④ 위험성평가 실시 대상(작업, 설비 등), ⑤ 정보의 입수, ⑥ 전문지식을 가지고 있는 자(내・외부)의 관여방법, ⑦ 위험성평가 절차[유해위험요인 파악, 위험성 추정, 위험성 결정(판단), 위험성 감소조치 검토・수립(결정) 및 실시]의 각 단계별 실시 방법(기준), ⑧ 위험성평가 실시에 필요한 서식(양식), ⑨ 위험성평가 기록의 작성・관리, ⑩ 위험성평가의 검토 및 수정.

Ⅳ 위험성평가 실시 계획서의 작성

위험성평가의 실시는 기업의 생산활동에 따라 연간계획을 수립하여 수행한다. 그리고 연도 도중에 기계・설비의 설치, 작업방법의 변경 등 새로운 유해위험요인이 발생한 때에는 그 때마다 실시 계획을 수립하거나 다음 연도의 계획 중에 반영한다.

이 위험성평가 실시 계획서는 전술한 위험성평가 실시 규정을 토대로 작성하되, 기본적으로 다음과 같은 사항이 포함된다. ① 계획 실시의 일시 및 기간, ② 위험성평가 실시의 대상 작업・설비 등, ③ 정보의 입수, ④ 위험성평가 실시 내용.

V 위험성평가에 관한 교육 실시

위험성평가의 책임자(부서장)는 위험성평가를 충분히 이해하고 습득하고 있을 필요가 있다. 또한 위험성평가 실시 멤버들도 위험성평가에 관한 기본적인 지식, 위험성평가의 의의 등을 정확하게 이해하고 있을 필요가 있다. 이를 위하여 각 멤버의 역할에 따른 교육의 실시가 필요하다.

위험성평가 교육의 일반적인 목적으로서는 다음과 같은 것을 제시할 수 있다.

① 위험성평가의 접근방식(사고논리) 및 그 유효성을 올바르게 이해하는 것
② 위험성평가의 기법을 정확하게 이해하고 유해위험요인을 누락 없이 파악하며, 위험성 추정 및 우선도 설정을 적절하게 실시하는 것
③ 위험성의 우선도 설정에 따라 자신의 부서에 대한 위험성 감소조치를 진행하는 것

위험성평가의 실시에 관여하는 멤버에 대한 교육방법 · 내용 등을 제시하면 다음과 같다.

1. 위험성평가 책임자 및 실행책임자 교육

위험성평가를 실시하는 부서의 장(부장 등)은 위험성평가 책임자로서 자신의 부서의 위험성평가의 실행 상황에 대하여 책임을 지는 입장에 있다. 그리고 위험성평가를 실시하는 하위부서의 장(과장 등)은 위험성평가

실행책임자로서 현장의 위험성평가 추진자를 지휘함과 함께 그 실행책임의 입장에 있다. 따라서 양자 모두 라인(line)의 관리자로서 위험성평가의 내용 등에 대하여 숙지하고 있을 필요가 있다. 이들 교육은 외부기관의 교육수강, 사내교육 등의 방법으로 실시하게 되지만, 사내교육은 사업장 위험성평가 추진자로서 안전보건부서장이 강사가 되어 실시하는 것이 바람직하다.

위험성평가 책임자, 실행책임자에 대한 교육은 다음과 같은 항목을 포함하여 실시하는 것으로 한다.

① 사업장 안전보건관리시스템(OSHMS)에서의 위험성평가의 위상 및 의의
② 위험성평가 실시의 목적 및 그 효과
③ 위험성평가의 기본적인 접근방식 및 기법
④ 사업장으로서 위험성평가를 실시하는 기본자세
⑤ 사업장의 일상적인 안전보건활동과 위험성평가의 관계
⑥ 정보수집 방법 및 위험성평가 실시 규정의 내용
⑦ 작업자에 대한 위험성평가 교육 시 유의사항
⑧ 위험성평가 결과에 따른 위험성 감소조치의 방법
⑨ 효과적인 위험성평가 실시를 위한 유의사항
⑩ 위험성평가의 결과의 작업자에의 주지방법

2. 현장 위험성평가 추진자 교육

현장 위험성평가 추진자(계장, 직장, 반장 등)는 실제로 위험성평가를 실시하는 단위(원칙적으로 계 · 직 · 반 등)마다 배치하고 위험성평가 실

행책임자(과장 등)의 지시하에 실제 위험성평가를 실시할 때의 실무적인 업무를 담당하게 된다. 현장 위험성평가 추진자에게는 외부기관의 교육 수강, 사내교육 등의 방법으로 교육을 실시하여 현장 위험성평가 추진자로서 필요한 교육, 기술을 습득하도록 한다.

현장 위험성평가 추진자에 대한 교육항목은 상기 교육항목 중 ①~⑦을 생각할 수 있다. 사내교육의 방법으로 교육을 실시하는 경우에는 사업장 위험성평가 추진자 또는 위험성평가 실행책임자가 강사가 되어 실시하는 것이 바람직하다.

3. 위험성평가 실시자 교육

위험성평가를 적절하고 효율적으로 실시하기 위해서는 위험성평가 실시자인 작업자 각자에 대한 교육이 불가결하다. 작업자에 대한 교육은 위험성평가 실행책임자 또는 현장 위험성평가 추진자가 중심이 되어 위험성평가에 관한 교재를 사용하는 이론교육[유해위험요인 파악방법, 추정·결정(판단)방법·기준 등)과 현장에서 실제로 실시해 보는 현장교육(OJT)의 두 가지를 실시한다.

작업자에 대한 위험성평가 교육에서는 작업자가 위험성평가의 접근방식 및 사업장 위험성평가 실시 절차를 충분히 이해하고 정확하게 위험성평가를 실시할 수 있도록 한다. 또한 유해위험요인을 누락 없이 파악하고 효율적인 위험성 추정 및 우선도 설정이 가능하도록 한다.

작업자에 대한 교육항목은 상기 교육항목 중 ①~⑥을 포함하는 것으로 한다. 다만, 필요에 따라 항목의 추가·삭감을 하여 보다 효율적인 교육을 하도록 한다.

4. 사업장 위험성평가 추진자 교육

사업장 위험성평가 추진자는 사업장 전체의 위험성평가 실시 상황, 실시 수준 등을 조정하여 관리하는 데 필요한 지식, 기술을 습득해 두는 것이 필요하다. 이를 위해 사업장 위험성평가 추진자는 외부전문기관으로부터 교육을 수강함과 동시에 사업장 위험성평가 실시 체제에 대해서도 충분히 이해해 둘 필요가 있다.

사업장 위험성평가 추진자에 대한 교육항목은 기본적으로 위험성평가 책임자 및 실행책임자와 동일한 항목으로 해도 무방하지만, 사업장 전체의 위험성평가를 운영하기 위한 교육인 점을 고려하여야 한다.

제4장 위험성 추정 및 우선도 설정

I 위험성 추정 및 우선도 설정의 의미

1. 위험성 추정과 우선도 설정이란?

위험성평가의 대상인 유해위험요인의 위험성이 어느 정도의 크기인지를 찾아내는 것을 「위험성 추정」이라고 한다. 사업장에 존재하는 유해위험요인에 의한 재해(부상, 질병)의 발생가능성(빈도)과 발생한 경우 재해의 심각성(중대성)의 조합이라는 관점에서 유해위험요인별로 위험성 크기를 추정한다. 즉, 「위험성 추정」은 재해가 얼마나 자주 발생할 것인지와 발생하였을 때 어느 정도의 큰 재해가 될 수 있는지를 예측하고, 이 두 가지의 조합으로 위험성의 크기를 결정하는 것이다. 그다음 추정한 위험성 크기로 우선도 또는 우선순위(Priority)를 판단(우선도 설정)한 후 그 우선도에 따라 위험성을 제거하거나 저감하기 위한 조치를 하게 된다.

우선도 설정은 위험성 감소조치의 우선순위를 설정하는 것이므로 위험성평가의 단계로 말하면 제5장에서 설명할 「위험성 결정」에 해당한다. 그러나 본서에서는 설명의 편의를 위해 위험성 추정과 밀접한 관련이 있는 우선도 설정을 본장에서 위험성 추정과 함께 설명하기로 한다.

기업(사업장)에서 위험성 추정을 적절하게 하고 이를 위험성의 감소조치까지 원활하게 이어 나가기 위해서는, 미리 재해의 「발생가능성」, 「중대성」 및 「위험성을 감소시키기 위한 우선도」 등에 대한 기준을 설정해 둘 필요가 있다.

2. 위험성 추정과 우선도 설정의 접근방법

「위험성」은 유해위험요인에 의한 재해의 「발생가능성」과 그것이 발생한 때의 재해의 「중대성」을 조합하여 추정한다.[100] 「발생가능성」의 정도와 「중대성」의 크기는 각각 그 정도에 따라 여러 단계로 구분된다.

위험성 추정은 우선도를 정하기 위하여 실시하는 것이므로, 반드시 엄밀한 의미의 수치화(정량화)를 할 필요는 없고, 위험성 크기의 순번을 나타내는 상대적인 등급화[반(半)정량적 · 반(半)정성적 방법]도 무방하다. 상대적인 등급화[반정량적 · 반정성적 방법]는 일반적으로는 정성적 방법이라고 부른다. 정성적 방법은 정량화할 수 있는 데이터에 대한 의존도가 낮기 때문에 자의적인 판단이 되지 않기 위해서는(정확한 판단을 위해서는) 보다 많은 준비가 필요하다.[101]

또 위험성 추정에서 얻어진 「발생가능성」과 「중대성」의 구분의 크기에서 당해 유해위험요인에 의해 발생하는 위험성의 크기, 즉 「위험성 수준」이 결정되게 되고, 「발생가능성」이 높아지거나, 중대성이 커질수록 「위험

---

100) 화학물질 등에 의한 질병에 대해서는 화학물질 등의 「노출의 수준(노출량)」과 「유해성의 수준」을 각각 고려하여 위험성을 추정한다.

101) ISO 45002 : 2023, Occupational health and safety management systems – General guidelines for the implementation of ISO 45001 : 2018 6.1.2.2 c) 1) 참조.

성 수준」은 높아진다. 「위험성 수준」이 높은 것일수록 위험성을 감소시키기 위한 우선도가 높은 것이다. 이 위험성 수준의 구분은 여러 단계로 하는 것이 좋다.

위험성 추정에서는 위험성을 정량화(수치화)하는 것이 목적이다. 위험성 요소인 발생가능성과 중대성 모두 정량화할 수 있으면, 그 조합인 위험성(크기)도 덧셈 또는 곱셈이라는 연산을 통해서 정량화할 수 있을 것이다. 그러나 산업안전에서는 그렇게 단순하지 않다는 것이 문제이다. 발생가능성, 중대성에 대해 엄밀한 의미의 정량화를 하기는 어려운 경우도 존재한다. 이 경우에는 전술한 바와 같이 반드시 엄밀한 의미의 정량화를 할 필요는 없고 상대적인 등급화(척도화), 즉 반(半)정량화[반(半)수치화]라 하더라도 무방하다.

현실에서는 몇 개의 등급으로 구분하고 있다. 예컨대, 재해의 발생가능성(빈도)은 「거의 없음」, 「있음」, 「높음」과 같이 간단히 3개 등급으로 구분하거나 「매우 낮음」, 「낮음」, 「높음」, 「상당히 높음」 또는 「매우 낮음」, 「낮음」, 「약간 높음」, 「비교적 높음」, 「상당히 높음」 등처럼 4~5개 정도 등급으로 구분한다. 재해의 크기(심각성, 중대성)도 「경상」, 「중상」, 「중증장해 · 사망」과 같이 3개 등급으로 구분하거나 「경미」, 「중정도」, 「중대」, 「치명적」과 같이 4개 정도의 등급으로 구분하여 추정을 하는 것이 보통이다.

그 조합의 결과로부터 위험성의 크기는 「문제가 거의 없음(Ⅰ)」, 「다소의 문제가 있음(Ⅱ)」, 「문제가 있음(Ⅲ)」, 「중대한 문제가 있음(Ⅳ)」과 같은 방식으로 4개 정도의 등급구분(할당)을 하게 된다.

이와 같이 위험성 추정에서는 엄밀한 정량적 방법은 아니지만, 위험성 크기의 순번만큼은 갖춘 반(半)정량적 · 반(半)정성적 방법이 현실적으로 많이 이용되고 있다. 또한 통상적으로 위험성 크기에는 1, 2, 3, …과 같이 일련번호(등급번호)를 붙이는 것이 관례이다. 단, 국제안전규격 중에도 번호가 작을수록 위험의 정도가 크다고 해석하는 경우와 작을수록 위험의 정도가 작다고 해석하는 경우의 두 가지가 실제로 존재하고 있어 혼란을 초래하고 있다. 여기에서는 통일하여 기본적으로 번호가 작을수록 위험의 정도가 낮은 것을, 즉 발생가능성(빈도)으로 말하면 적은 것을, 중대성(강도)으로 말하면 약한 것을, 그리고 위험성으로 말하면 작은 것을 각각 나타내는 것으로 한다.

〈표 7〉에 대표적인 표현에 의한 재해의 발생가능성(빈도)의 등급구분, 재해의 중대성(강도)의 등급구분 및 위험성 수준(크기)의 등급구분에 대한 각각의 예를 제시한다.

표 7-1 재해의 발생가능성(빈도)의 등급구분(예)

1 : 매우 낮음	2 : 낮음
3 : 높음	4 : 상당히 높음

표 7-2 재해의 중대성(강도)의 등급구분(예)

1 : 경미	2 : 중정도
3 : 중대	4 : 치명적

표 7-3 위험성 수준(크기)의 등급구분(예)

1 : 문제가 거의 없음	2 : 다소의 문제가 있음
3 : 문제가 있음	4 : 중대한 문제가 있음

재해의 발생가능성(빈도)과 재해의 중대성(강도)의 조합으로부터 위험성을 결정한다고 하는 것은, 간단히 말하면, 〈표 7-1〉의 발생가능성의 등급번호와 〈표 7-2〉의 중대성의 등급번호가 부여되는 경우, 어떤 위험성의 등급번호를 할당할 것인가의 문제로 귀착된다. 이 할당이 결정되면, 허용되는 위험성 수준(크기)인지가 결정되므로 위험성 결정(판단)이 끝나게 된다. 허용되지 않는 경우에는 위험성 감소조치를 실시하여 재차 위험성평가 프로세스(유해위험요인 파악, 위험성 추정, 위험성 결정)를 반복한다.

이 할당방법의 하나로서 표, 즉 매트릭스로 하여 각각의 칸에 위험성의 크기를 입력해 간다. 그런데 이 위험성 크기의 수치에 대해 위험성 등급을 어떻게 할당할 것인지가 문제이다. 합리적이고 객관적이며 납득이 가는 방법을 찾는 것이 바람직하지만, 실제로는 일반적인 방법은 없다. 사람이 경험적으로 주관을 통해 결정하거나 덧셈이나 곱셈 등을 한 연산 결과로 위험성 등급의 크기를 결정하는 등 여러 가지 방법이 지금까지 제안되고 있다.

발생가능성(빈도), 중대성(강도), 그리고 결과로서의 위험성의 크기에 대해 등급구분을 할 경우, 등급 간의 경계가 애매하고 불확실하다는 문제가 존재한다. 따라서 위험성 요소 및 그 조합으로서의 위험성(의 크기)에 대해, 특히 위험성에 대해 어느 정도의 크기를 어느 등급에 할당할 것인지가 문제이다. 이것은 수량적인 값과 정성적인 값을 대응시키는 문제이다.[102] 이 문제는 전술한 바와 같이 기계·설비에 따라, 경우와 상황에 따

102) 여기에는 종류가 다른 여러 불확실성이 존재한다. 하나는 위험사건이 발생할 확률, 빈도 등에 대한 자료가 부족하여 정확하게 결정되지 않는 불확실성(확률론에서 취급하는 애매함)이고, 또 하나는 각 크기의 등급 간 경계의 불확실성 및 등급에 부여된 수치, 언어(표현)의 의미의 불확

라, 시대와 해당 국가의 경제적 · 문화적 상황에 따라 다를 수 있고 일의적(一義的)으로 결정될 성질의 것은 아니라고 생각된다. 이하에서는, 주로 위험성 크기의 추정(결정)을 위한 일반적인 방법을 제시하고자 한다.

II 위험성 추정 및 우선도 설정방법

1. 위험성 추정방법의 분류

위험성은 재해(부상, 질병)의 중대성(강도)과 발생가능성(빈도)을 조합한 것으로서, 중대성의 크기와 발생가능성의 정도는 각각 그 크기와 정도에 따라 여러 단계(일반적으로 3~5 등급)로 구분된다. 일반적으로 사용되고 있는(대표적인) 방법으로는 다음과 같은 3가지가 있다. 재해의 중대성과 발생가능성을 각각 고려하여 위험성을 추정하는 한, 아래와 다른 방법으로 추정하더라도 무방하다.

가. 행렬(매트릭스)법

재해의 중대성과 발생가능성을 상대적으로 척도화(등급구분)하여 이것을 각각 종축과 횡축으로 한 후, 미리 중대성과 발생가능성의 단계(크기, 정도)에 따라 위험성 등급이 할당된 표(매트릭스)를 사용하여 위험성 크기(대소)를 추정하는 방법이다. 행렬(매트릭스)법은 국제적으로 가장 널

실성(퍼지이론에서 취급하는 불확실성) 등이다.

리 사용되고 있는 방법이다.

이 방법은 위험성 요소를 수치화하지 않는 방법으로서, 수치에 따른 위험성의 등급구분(할당) 등 조정을 필요로 하는 일이 최소이고 가장 간단히 사용할 수 있다. 그러나 위험성 요소를 3가지 이상으로 하면 표(매트릭스)가 복잡하게 되어 사용하기 어렵게 된다.

〈표 8-1〉은 행렬법의 하나의 예(5×4)이다. 종축은 재해의 발생가능성의 등급을, 횡축은 재해의 중대성의 등급을 나타낸다. 표의 칸에 입력된 수치는 위험성의 등급이다. 예를 들면, 〈표 8-1〉에서 발생가능성이 「낮음」, 중대성이 「경미」인 경우의 위험성 등급은 Ⅰ이라는 것을 의미하고, 발생가능성이 「매우 낮음」, 중대성이 「치명적」인 경우의 위험성 등급 또한 Ⅰ이라는 것을 의미하고 있다. 즉, 사망과 같은 치명적인 재해라도 발생할 가능성이 매우 낮으면 허용 가능한 위험성일 수 있다는 것을 나타내고 있다.

한편 위험성 Ⅱ 이하를 허용 가능한 위험성으로 설정한 경우, 발생가능성이 「상당히 높음」, 중대성이 「경미」인 경우의 위험성은 Ⅲ이라고 하는 것은, 경미한 정도의 재해라도 자주 발생하는 것이면 위험성 등급 Ⅲ으로 허용 불가능한 위험성이 된다는 것을 나타내고 있다. 이 경우 매트릭스 표의 위험성 수치는 누가 결정하는 것인가. 위험성평가 총괄관리자(사장, 공장장 등)가 중심이 되어 사업장의 관계 당사자가 의논한 후 합의를 통하여(주관적으로) 합리적으로 결정한다.

표 8-1 행렬법에 의한 위험성 추정(예1)[103)]

중대성 / 가능성	치명적 (사망)	중대 (휴업 1월 이상)	중정도 (휴업 1월 미만)	경미 (휴업 없음)
상당히 높음	Ⅴ	Ⅳ	Ⅳ	Ⅲ
비교적 높음	Ⅳ	Ⅳ	Ⅲ	Ⅱ
약간 높음	Ⅳ	Ⅲ	Ⅱ	Ⅱ
낮음	Ⅲ	Ⅱ	Ⅱ	Ⅰ
매우 낮음	Ⅰ	Ⅰ	Ⅰ	Ⅰ

행렬법의 다른 예(4×4)를 제시하면 〈표 8-2〉와 같다. 물론 재해의 중대성, 발생가능성의 단계(크기, 정도)를 각각 몇 개로 설정하느냐에 따라 행렬법의 또 다른 예가 추가적으로 나올 수 있다.

표 8-2 행렬법에 의한 위험성 추정(예2)

중대성 / 가능성	치명적 (사망)	중대 (휴업 1월 이상)	중정도 (휴업 1월 미만)	경미 (휴업 없음)
상당히 높음	Ⅴ	Ⅳ	Ⅳ	Ⅲ
비교적 높음	Ⅴ	Ⅳ	Ⅲ	Ⅱ
가능성 있음	Ⅳ	Ⅲ	Ⅱ	Ⅱ
거의 없음	Ⅳ	Ⅲ	Ⅰ	Ⅰ

103) 〈표 8-1〉은 「ANSI B11.TR3 : 2000 7.4」와 「IEC 61508 : 2010(2nd ed.) Part 5 Annex」에 제시되어 있는 표를 참고한 것이다.

나. 수치법 : 가산 · 승산법

재해의 중대성과 발생가능성을 일정한 척도에 의해 각각 수치화하고, 그것들을 가산 또는 승산하여 위험성의 크기(대소)를 추정하는 방법으로서 가산(덧셈)법과 승산(곱셈)법이 있다.

수치법은 각각의 위험성 요소를 등급으로 구분한 후 추가적으로 수치화하는 방법으로서 조정을 요하는 사항이 증가한다. 그렇지만 이 수치법에서는 위험성 요소의 수가 증가하더라도 간단한 계산을 하기만 하면 위험성 수준을 쉽게 구할 수 있다. 그리고 위험성 수준이 세세하게 점수로 얻어지므로 위험성 감소를 연간계획 등으로 순차적으로 행하는 경우에는 대책(조치) 실시의 우선순위가 명확하게 되어 사용하기 용이하다. 그런데 이 방법은 위험성의 요소를 수치화할 때 가중치 부여를 하지 않으므로, 행렬법과 결과적으로 크게 다르지 않게 된다.[104)]

(1) 가산법(덧셈법)

재해의 중대성과 발생가능성을 등급구분하고 이를 각각 수치화한 후, 등급의 수치를 가산하여 그 크기로 위험성의 크기(대소)를 추정하는 방법을 가산법이라고 한다. 가산법은 누가 하더라도 동일한 결과를 얻을 수 있다는 장점이 있다.

가산법을 행렬법과 비교하는 방식으로 설명하면 다음과 같다.

104) 수치법(가산 · 승산법)도 수치를 이용한다는 것뿐이지 확률을 산출하거나 객관적인 데이터에 의해 절대적으로 평가하는 등 엄밀한 의미의 계량적(정량적) 방법에 해당하는 것은 아니다. 오히려 정성적 방법에 해당한다고 보는 것이 정확하다.

표 9 가산의 결과(예)

중대성 / 가능성	치명적 (사망) (4)	중대 (휴업 1월 이상) (3)	중정도 (휴업 1월 미만) (2)	경미 (휴업 없음) (1)
상당히 높음(5)	9	8	7	6
비교적 높음(4)	8	7	6	5
약간 높음(3)	7	6	5	4
낮음(2)	6	5	4	3
매우 낮음(1)	5	4	3	2

예컨대, 〈표 8-1〉에서의 중대성과 발생가능성의 등급을 각각 수치화한 후 등급의 수치를 가산하면 〈표 9〉와 같이 된다.

이 가산 결과의 수치에 따라 다음과 같이 위험성을 등급구분하면, 〈표 9〉는 〈표 10〉이 된다.

3 이하 …… 위험성 Ⅰ

4~5 …… 위험성 Ⅱ

6 …… 위험성 Ⅲ

7~8 …… 위험성 Ⅳ

9 …… 위험성 Ⅴ

이와 같이 하면, 〈표 8〉과 〈표 10〉은 2군데만 다르다. 중대성이 「치명적」이고 발생가능성이 「매우 낮음」인 경우와 중대성이 「중대」이고 발생가능성이 「매우 낮음」인 경우가 〈표 10〉의 가산법에서는 위험성이 Ⅱ로 되어 있지만, 〈표 8-1〉의 행렬법에서는 위험성이 Ⅰ로 되어 있다.

표 10 가산법에 의한 위험성 추정(예)

중대성 / 가능성	치명적 (사망) (4)	중대 (휴업 1월 이상) (3)	중정도 (휴업 1월 미만) (2)	경미 (휴업 없음) (1)
상당히 높음(5)	V	IV	IV	III
비교적 높음(4)	IV	IV	III	II
약간 높음(3)	IV	III	II	II
낮음(2)	III	II	II	I
매우 낮음(1)	II	II	I	I

한편, 가산법에 의한 위험성 추정은 아래와 같은 방식으로도 실시할 수 있다.

① 중대성 배점(예)

치명적	중대	중정도	경미
4	3	2	1

② 가능성 배점(예)

상당히 높음	비교적 높음	약간 높음	낮음	매우 낮음
5	4	3	2	1

③ 위험성 추정(예)

위험성 점수	3이하	4~5	6	7~8	9
위험성 수준	I	II	III	IV	V

가산법은 누가 하더라도 동일한 결과를 얻는다고 말했지만, 사실은 가산의 결과를 어떻게 등급구분할 것인가라는 등급구분 기준에 임의성이 있어, 여기에도 주관이 들어가 있는 점에 주의할 필요가 있다. 현재 이 가산법이 가장 대표적인 위험성 추정방법이라고 할 수 있다.

(2) 승산법(곱셈법)

덧셈 대신에 곱셈을 이용하여 수치를 산출하고 최종적으로는 가산법과 같이 결과의 수치에 따라 위험성의 크기(대소) 추정, 즉 위험성 등급구분을 하는 방법을 승산법이라고 한다. 아래에 제시한 예에서는 승산 결과의 최대의 수치가 20이다.

이것을

3 이하 …… 위험성 Ⅰ

4~6 …… 위험성 Ⅱ

7~9 …… 위험성 Ⅲ

10~14 …… 위험성 Ⅳ

15~20 …… 위험성 Ⅴ

와 같이 승산 결과의 수치에 따라 위험성을 등급구분하면, 〈표 11〉의 결과가 얻어진다.

표 11 승산법에 의한 위험성 추정(예)

중대성 / 가능성	치명적 (사망) (4)	중대 (휴업 1월 이상) (3)	중정도 (휴업 1월 미만) (2)	경미 (휴업 없음) (1)
상당히 높음(5)	V	V	IV	II
비교적 높음(4)	V	IV	III	II
약간 높음(3)	IV	III	II	I
낮음(2)	III	II	II	I
매우 낮음(1)	II	I	I	I

다. 분기(分岐)법

재해의 중대성(경상 또는 중상), 위험사건의 발생가능성(드물게 또는 이따금) 및 재해의 회피 · 제한가능성(가능 또는 곤란) 등을 단계별로 분기(分岐)해 가는 방법에 의해 위험성의 크기(대소)를 추정하는 방법으로서, 지분(枝分)법, 그래프법, 선택법이라고도 한다.

이 방법은 행렬법과 마찬가지로 위험성 요소를 수치화하지 않고 위험성의 각 요소를 2가지로 나누어 구분해 가기 때문에 구분의 정교성이 다소 떨어지게 된다. 따라서 분할하는 선(線) 긋기(구분기준 설정)를 적절하게 하는 것이 중요하다. 위험성 요소가 3개 이상이더라도 대응하기 쉽다.

재해의 중대성을 경상인지, 중상인지로 구분하고, 각각에 대하여 위험사건이 드물게 발생하는지, 이따금 발생하는지로 구분한 다음, 발생한 위험사건으로부터 사람이 피할 수 있는지 여부를 2개로 구분한다. 느린 속도로 발생하는 사건이라면 사람이 피할 수 있지만, 폭발과 같이 순식간에 발생하는 사건은 피할 수 없을 것이다.

이와 같이 분기하는 것에 의해 최종적으로는 위험성 수준(크기)을 나타내는 등급 중의 어느 하나로 떨어지게 된다.

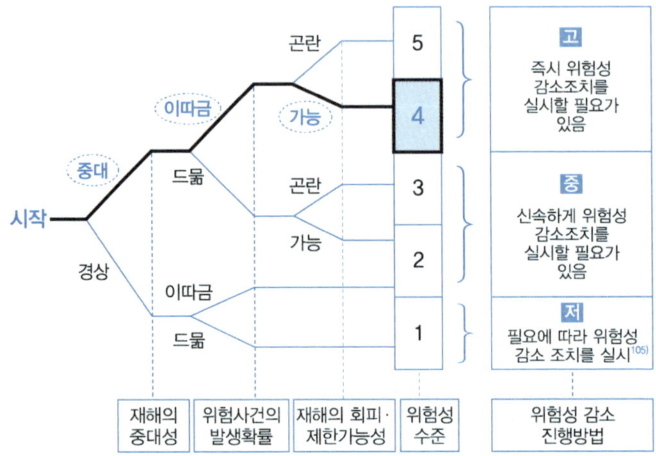

〈중대성이 「중대」, 가능성이 「이따금」, 회피 · 제한이 「가능」인 경우 추정(예)〉

그림 12 분기법에 의한 위험성 추정(예)[106)]

위에서 제시한 방법은 위험성 추정의 대표적인 방법의 예이고, 유해위험요인에 의해 발생할 우려가 있는 재해의 중대성과 발생가능성을 이용하여 위험성의 추정과 우선도의 설정이 이루어질 수 있다면, 다른 방법에 의해 실시하더라도 무방하다.

---

105) 사업장의 실정을 고려한 위험성 감소조치를 실시하라는 의미이지, 위험성 감소조치를 실시하지 않아도 된다는 의미는 아니다. 허용 가능한 수준이지만 잔류위험성이 있기 마련이므로(위험성이 제로가 아니므로) 어떠한 형태로든 후속 관리(Follow-up)해 나갈 필요가 있다.

106) 이 그림은 「ISO 13849-1 : 2015, Safety of machinery – Safety-related parts of control systems – Part 1 : General principles for design, 3rd ed., 2015, Annex A」, 「厚生労働省, リスク見積り及びそれに基づく優先度の設定方法の例(基発 第0310001号 別添4 例3), 2006.3.10」에 제시되어 있는 그림을 참고한 것이다.

2. 위험성 추정의 구체적 방법

위험성을 추정하고 우선도를 설정하기 위하여 사용되고 있는 방법은 위험성의 요소를 수치화하지 않는(수치로 표현하지 않는) 방법과 수치화하는(수치로 표현하는) 방법으로 대별된다. 주로 사용되고 있는 방법은 다음과 같다.

① 위험성 요소를 수치화하지 않는 방법 : 광의의 행렬법

- 재해의 중대성과 발생가능성을 행렬(매트릭스)화하는 방법 : 협의의 행렬법
- 위험성을 서열화하는 방법

② 위험성 요소를 수치화하는 방법 : 가산 · 승산법

- 재해의 중대성과 발생가능성을 조합한 것
- 재해의 중대성, 위험상태 발생빈도, 위험상태 발생 시 재해의 발생가능성을 조합한 것

가. 위험성 요소를 수치화하지 않는 위험성 추정방법(광의의 행렬법)

(1) 행렬화 방법(협의의 행렬법)

전술한 바와 같이 재해의 중대성과 발생가능성 2가지 요소를 각각 여러 단계(3~5단계)로 구분하고 각 단계의 판정기준을 구체적으로 정한다. 이것을 중대성과 발생가능성의 조합으로 된 표로 만들고, 표 중의 모든 란에 미리 결정해 두 위험성 수준을 배정하여 위험성 추정의 기준표를 작성한다. 아울러 위험성 수준에 따라 실시하는 감소조치의 내용도 포함하여 정해 둔다.

예를 들면, 〈표 12〉와 같이 재해의 중대성과 발생가능성을 각각 4단계로 구분하여 4×4의 16개의 란으로 된 표를 작성하고, 〈표 13〉과

같이 중대성과 발생가능성의 모든 조합에 대하여 위험성 수준 구분과 위험성 감소조치의 진행방법을 설정한다. 이 사례에서는 위험성 수준이 높은 「Ⅳ」부터 위험성 수준이 낮은 「Ⅰ」까지의 4단계로 수준 구분을 하고 있다. 〈표 12〉에서 재해가 심각하고 발생가능성이 낮은 위험성은 위험성 수준 「Ⅲ」이 되고, 〈표 13〉에서 「안전보건상 문제가 있음」으로 평가된다. 그리고 〈표 13〉에서 위험성 수준 「Ⅲ」은 「위험성 감소조치를 신속하게 실시함」으로 되어 있다.

표 12 행렬화에 의한 위험성 추정의 설정기준(예)[107]

가능성	중대성			
	A 치명적 (catastropic)	B 심각 (serious)	C 중정도 (moderate)	D 경미 (minor)
a 상당히 높음(very likely)	Ⅳ	Ⅳ	Ⅳ	Ⅲ
b 높음(likely)	Ⅳ	Ⅳ	Ⅲ	Ⅱ
c 낮음(unlikely)	Ⅲ	Ⅲ	Ⅱ	Ⅰ
d 매우 낮음(remote)	Ⅱ	Ⅱ	Ⅰ	Ⅰ

표 13 위험성 수준(크기)의 내용과 조치 진행방법

위험성 수준	위험성의 내용	위험성 감소조치의 진행방법
Ⅳ	안전보건상 중대한 문제가 있음	위험성 감소조치를 바로 실시함 위험성 감소조치를 실시할 때까지는 작업을 중지함[주1)]
Ⅲ	안전보건상 문제가 있음	위험성 감소조치를 신속하게 실시함

107) ANSI B11.TR3 : 2000.7.4.

Ⅱ	안전보건상 다소의 문제가 있음	위험성 감소조치를 계획적으로 실시함
Ⅰ	안전보건상 문제가 거의 없음	필요에 따라 위험성 감소조치를 실시함주2)

주1) : 「위험성 수준 Ⅳ」는 허용 불가능한 위험성 수준으로서 위험성 감소조치를 강구할 때까지는 작업중지가 필요하다. 그러나 기술적 문제 등 때문에 적절한 위험성 감소에 시간이 요구되는 경우에는 사업주의 판단에 따라 이를 방치하는 일 없이 실시 가능한 잠정적 조치를 즉시 실시한 후에 작업을 하는 것도 가능하다.

주2) : 「위험성 수준 Ⅰ」은 허용 가능한 수준으로서 추가의 위험성 감소조치의 실시는 원칙적으로 불필요하다. 단, 안전보건대책이 되돌아가지 않도록 적절한 위험성 관리는 필요하다.

(2) 위험성의 서열화 방법

위험성을 서열화하는 방법은, 예컨대 〈표 14〉와 같이 재해의 중대성과 발생가능성에 대하여 중대성, 발생가능성 모두 각 3단계로 한 표를 작성하고 중대성과 발생가능성의 모든 조합에 대하여 위험성의 크기 순으로 서열을 매기고, 나아가 이 서열을 〈표 15〉와 같이 구분하는 방법이다. 이 방법은 협의의 행렬법에 위험성의 크기를 서열화하는 절차를 추가하는 것 외에는 협의의 행렬법과 차이가 없다.

예를 들면, 〈표 14〉에서 「중상」, 「가능성이 있음」으로 추정된 위험성은 서열점수가 5이고, 이 경우 〈표 15〉에 따라 위험성 수준은 「Ⅲ」이 되며, 위험성의 내용과 취해야 할 감소조치는 「안전보건상 문제가 있고, 위험성 감소조치를 신속하게 실시함」이 된다.

표 14 위험성의 서열화

중대성 / 가능성	중증장해 · 사망 (후유증을 수반하는 휴업재해, 사망)	중상 (완치 가능한 휴업재해)	경상 [찰과상 정도의 가벼운 재해, 불휴(不休)재해]
가능성이 높음	9	7	3
가능성이 있음	8	5	2
거의 없음	6	4	1

표 15 위험성 서열과 위험성 수준의 관계

서열	위험성 수준	위험성의 내용	위험성 감소조치의 진행방법
8~9	Ⅳ	안전보건상 중대한 문제가 있음	위험성 감소조치를 바로 실시함 위험성 감소조치를 실시할 때까지는 작업을 중지함주1)
5~7	Ⅲ	안전보건상 문제가 있음	위험성 감소조치를 신속하게 실시함
3~4	Ⅱ	안전보건상 다소의 문제가 있음	위험성 감소조치를 계획적으로 실시함
1~2	Ⅰ	안전보건상의 문제가 거의 없음	필요에 따라 위험성 감소조치를 실시함주2)

주1) : 「위험성 수준 Ⅳ」는 허용 불가능한 위험성 수준으로서 위험성 감소조치를 강구할 때까지는 작업중지가 필요하다. 그러나 기술적 문제 등 때문에 적절한 위험성 감소에 시간이 요구되는 경우에는 사업주의 판단에 따라 이를 방치하는 일 없이 실시 가능한 잠정적 조치를 즉시 실시한 후에 작업을 하는 것도 가능하다.

주2) : 「위험성 수준 Ⅰ」은 허용 가능한 수준으로서 추가의 위험성 감소조치의 실시는 원칙적으로 불필요하다. 단, 안전보건대책이 되돌아가지 않도록 적절한 위험성 관리는 필요하다.

나. 위험성 요소를 수치화하는 위험성 추정방법(가산 · 승산법)

(1) 2가지 요소에 의한 방법

위험성을 2가지 요소로 추정하는 방법은 〈그림 13〉과 같이 위험성을 「재해의 중대성」과 「재해의 발생가능성」으로 파악하여 추정하는 방법이다. 〈그림 13〉의 관계는 ISO 12100(2010), ISO/TR 14121-2(2012), ISO/IEC Guide 51(2014) 등에 널리 제시되어 있다.

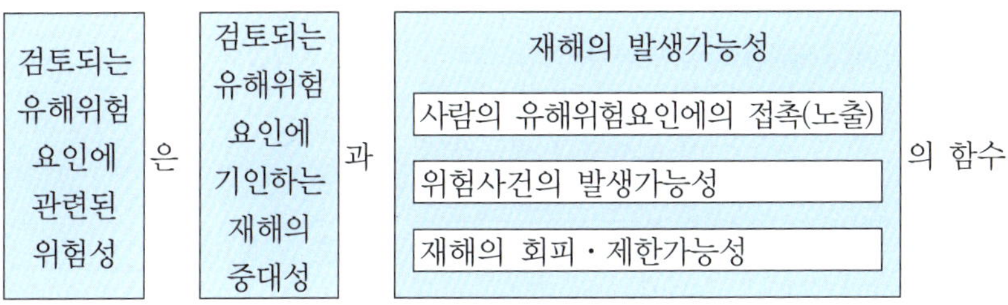

그림 13 위험성의 요소

재해의 중대성은 유해위험요인이 현재화(顯在化)한 때에 사람이 입는 재해의 정도(강도)를 나타내는 요소이다. 예를 들면, 1인이 사망하는가, 복수의 사람이 사망하는가, 또는 팔이나 손이 잘리는가, 다리를 움직일 수 없게 되는가, 또는 찰과상 정도로 그치는가 등을 의미한다.

재해의 발생가능성은 재해가 발생할 빈도(확률)를 나타내는 요소이다. 예를 들면, 100년에 1회 정도 발생하는지, 10년에 1회 정도 발생하는지, 또는 1년에 1회 정도 발생하는지 등을 의미한다.

표 16 재해의 중대성, 발생가능성 및 고려요인[108]

	고려요인
① 재해의 중대성	
	a) 영향을 받는 신체 부분 b) 부상 또는 질병(치료)의 강도(정도) c) 재해의 범위(1인, 복수, 다수)
② 재해의 발생가능성	
1) 사람의 유해위험요인에의 접촉(노출)	a) 위험구역에 접근하는 이유(정상운영, 기능부전의 조정, 보수 또는 수리 등을 위하여) b) 위험구역 접근의 성질(예 : 수작업에 의한 물질 주입) c) 위험구역에서 보내는 시간 d) 위험구역 접근자의 수 e) 위험구역 접근의 빈도
2) 위험사건의 발생가능성	a) 안전기능의 신뢰성 및 다른 통계자료 b) 사고의 이력 c) 질병의 이력 d) 유사 기계·설비의 위험성과의 비교
3) 재해의 회피·제한가능성	a) 유해위험요인에 접촉(노출)될 수 있는 자의 특징(숙련, 비숙련) b) 위험상태가 재해에 이르는 발생속도(순식간에, 빨리, 느리게) c) 사용정보 등 일반적인 정보, 직접적인 관찰, 기계 등에 관한 경고표시, 표시장치 등에 의한 위험성의 인지 d) 재해의 회피 또는 제한의 인적 능력(예 : 반사행동, 민첩성, 대피 가능성) e) 해당 기계·설비에 대한 실제 경험 및 지식

108) ISO 12100 : 2010 5.5.2.2, 5.5.2.3 참조.

그리고 ① 재해의 중대성, ② 재해의 발생가능성을 추정할 때는, 〈표 16〉에 제시된 요인을 각각 고려할 필요가 있다.

(가) 재해의 중대성의 구분 설정

유해위험요인에 의해 발생될 것이 예상되는 재해의 정도를 중대성으로서 파악한다. 이 경우 중대성의 구분 설정은

① 영향을 받는 신체 부분
② 부상 또는 질병(치료)의 강도(치료기간, 후유장해 유무)
③ 재해의 범위(1인, 복수, 다수)

등을 고려하여 3~5단계 정도로 구분한다. 예를 들면, 〈표 17-1〉, 〈표 17-2〉와 같이 구분한다.

표 17-1 재해의 중대성의 구분(예1)

중대성	판정기준	사례
치명적	사망 또는 신체 일부에 영구적 장해를 초래(업무에 복귀 불가능)	치사(致死)외상, 팔·다리의 절단, 실명, 심한 난청, 시력의 심한 저하 등
중대	휴업재해 1개월 이상 부상·질병[동일한 업무는 아니지만 업무에 복귀(완치) 가능] 또는 한 번에 다수의 부상·질병을 초래	휴업 2개월의 골절, 동시 5명의 휴업 10일의 부상 등
중정도	휴업재해 1개월 미만 부상·질병[동일한 업무에 복귀(완치) 가능] 또는 한 번에 복수의 부상·질병을 초래	휴업 14일의 염좌·화상, 동시 2명의 휴업 7일의 부상 등
경미	처치 후 바로 원래의 작업을 수행할 수 있는 부상·질병(업무에 전혀 지장이 없음)	타박상, 찰과상, 분진이 눈에 들어감 등

표 17-2 재해의 중대성의 구분(예2)

중대성	판정기준	사례
사망	사망	치사(致死) 외상 · 질병
중함	신체의 일부에 영구적 장해를 초래하는 부상 또는 질병	팔 · 다리의 절단, 실명, 심한 난청, 시력 저하 등
가벼움	간단한 처치 이상의 치료를 수반하거나 작업수행을 제한받는 부상 또는 질병	골절, 염좌, 화상 등
미미함	간단한 처치만이 필요한 정도의 부상 또는 질병	타박상, 찰과상, 분진이 눈에 들어감 등

중대성의 구분을 설정할 때는 추정하기 쉽도록 판정기준을 알기 쉽게 나타내고, 사업장이나 작업장, 부서의 실태에 맞는 것으로 설정한다. 예를 들어, 「치명적, 중대, 중정도, 경미」로 구분하는 방법 또는 「사망, 중함, 가벼움, 미미함」으로 구분하는 방법 등이 있다. 기본적으로 재해에 의한 휴업일수, 후유장해의 유무 · 등급(정도) 등을 척도로 사용할 수 있다. 그리고 중대성을 추정할 때는

① 예상되는 재해의 대상자와 재해의 내용을 명확하게 예측하는 것,
② 과거에 실제로 발생한 재해의 중대성이 아니라 최악의 상황을 상정하여 가장 심각한 재해의 중대성을 추정하는 것이 필요하다.[109)]

①은 추상적인 검토가 아니라 어떤 부상 또는 질병이 어떤 작업자에게 발생할지를 구체적으로 예측하는 것이 필요하다는 것을 말한다.

109) ANSI B11.TR3 : 2000 7.2 참조.

한편, ②의 중대성 추정에 있어 극단적인 상황까지 상정하면 모든 재해가 사망재해가 되어 버릴 수 있다. 이렇게 하면 중대성을 추정하는 의미가 없게 되기 때문에 너무 비상식적 상황까지 상정할 필요는 없고 상식적인 범위에서 상정하는 것으로 무방하다.

(나) 재해의 발생가능성의 구분 설정

재해의 발생가능성을 추정하기 위해서는, 구체적으로 ① 사람의 유해위험요인에의 접촉(노출), ② 위험사건의 발생가능성, ③ 재해를 회피 또는 제한할 기술적·인적 가능성이라는 3요인을 종합적으로 고려하는 것이 필요하다(〈그림 13〉 참조).[110]

① 사람의 유해위험요인에의 접촉(노출)

「유해위험요인에의 접촉(노출)을 추정할 때 고려되어야 할 요인은 유해위험요인에 작업자가 접촉하는(노출되는) 횟수·시간, 위험구역 접근의 이유·성질, 접근자의 수 등이다.

접촉하는(노출되는) 횟수는 1시간에 1회인가, 8시간에 1회인가, 10일에 1회인가 또는 전혀 접촉하는(노출되는) 것이 없는가 등을 의미하고, 접촉하는(노출되는) 시간은 순간적인가, 수십 초 정도, 수 분 정도의 비교적 단시간인가, 또는 수 시간인가, 아니면 수개월간, 수년간 등 장기에 걸친 것인가 등을 의미한다.

② 위험사건의 발생가능성

110) 이하는 ISO 12100 : 2010 5.5.2.3 ; ISO/TR 14121-2 : 2012(2nd ed.) 5.4.3 ; ISO/IEC Guide 51 · 2014(3rd ed.) 5 참조.

「위험사건의 발생가능성」이란 고장 등에 의해 재해를 초래할 수 있는 사건, 즉 위험사건이 어느 정도의 빈도(확률)로 발생할는지를 의미한다. 위험사건 발생의 근원은 기술적인 것일 수도 있고 인적인 것일 수도 있다.

예를 들면, 로봇작업 시 오작동에 의해 로봇의 팔이 예기치 않게 통상 운전속도로 움직이는 등의 사건이 발생하는 빈도이다.

③ 재해를 회피 또는 제한할 기술적 · 인적 가능성

「재해를 회피 또는 제한할 기술적 · 인적 가능성」이란 위험사건이 발생한 때 재해에 이르지 않도록 회피 또는 제한할 수 있는 기술적 · 인적 가능성을 말한다.

재해를 입을지도 모르는 사람이 숙련자인 경우에는 과거의 경험에서 순간적으로 기계 · 설비의 이상상태 · 동작을 인지하고 회피할 수 있는 가능성이 있을 것이다. 그리고 숙련자가 아니더라도 그 사람의 신체적 능력(민첩성, 반사적 동작 등)에 의해 회피할 수 있는 가능성도 있을 것이다.

또한 기계 · 설비의 이상상태 · 동작을 직접적으로 감시할 수 있는 경우, 경고표시, 표시장치 등으로 기계 · 설비의 이상상태 · 동작을 감시할 수 있는 경우, 비상조치가 가능한 경우 등은 재해를 회피할 수 있는 가능성이 있다.

나아가 재해로 연결되는 사건의 발생속도도 영향을 미친다. 인간의 신체적 능력을 넘는 속도로 작동하는 것이라면, 회피하는 것은 거의 불가능할 것이다. 폭발 등의 사건이 발생한 경우에는 회피할 시간적 여유가 전혀 없다.

재해의 발생가능성의 구분은 이상에서 설명한 여러 요인을 고려하여 어느 정도의 가능성으로 재해가 초래될 것인가를 기준으로 설정한다. 예컨대, 「상당히 높음」, 「높음」, 「낮음」, 「매우 낮음」(4개 등급) 또는 「상당히 높음」, 「비교적 높음」, 「약간 높음」, 「낮음」, 「매우 낮음」(5개 등급) 등과 같은 구분이 사용된다.

표 18 재해의 발생가능성의 구분(예)

발생가능성	내용
상당히 높음	• 항상 주의를 기울이고 있어도 재해를 입을 수 있음. 재해의 회피 · 제한가능성과는 관계가 없음 • 본질적 조치 또는 공학적 조치가 되어 있지 않음 • 유해위험요인에 빈번히 노출되고 있음
높음	• 주의를 기울이지 않으면 재해를 입음. 단, 재해의 회피 · 제한가능성이 있음주1) • 본질적 조치 또는 공학적 조치가 되어 있지만, 그 조치에 상당한 불비(不備)가 있음(이들 조치의 제거 · 무효화 가능성이 있는 경우를 포함함) • 일상적으로 유해위험요인에 노출될 가능성이 있음
낮음	• 깜박하면 재해를 입음. 단, 재해의 회피 · 제한가능성이 있음주2) • 본질적 조치 또는 공학적 조치가 되어 있지만, 그 조치에 경미한 불비(不備)가 있음(이들 조치의 유지관리가 불충분한 경우를 포함함) • 비정상작업에 수반하여 유해위험요인에 접근할 가능성이 있음
매우 낮음	• 특별히 주의하지 않아도 재해를 입지 않음. 재해의 회피 · 제한가능성과는 관계가 없음 • 본질적 조치 또는 공학적 조치가 되어 있고, 적절한 유지관리가 이루어지고 있음 • 드물게 이루어지는 작업에서 유해위험요인에 접근할 가능성이 매우 낮음

주1) : 재해의 회피 또는 제한이 곤란한 경우는 「상당히 높음」으로 한다.
주2) : 재해의 회피 또는 제한이 곤란한 경우는 「높음」으로 한다.

(2) 3가지 요소에 의한 방법

위험성을 3가지 요소로 추정하는 방법은 위의 2요소 중 「재해의 발생가능성」을 「위험상태 발생빈도」와 「위험상태 발생 시 재해의 발생가능성」의 2가지 요소로 나눔으로써 위험성을 보다 구체적으로 파악하여 추정하는 것을 목적으로 한다. 재해의 중대성에 대해서는 2가지 요소에 의한 방법과 동일한 방식으로 추정한다.

3가지 요소에 의한 방법은, 먼저 「위험상태 발생빈도」를 파악하고, 다음으로 「위험상태 발생 시 재해의 발생가능성」을 생각한 후, 마지막으로 재해가 발생한다고 하면 어떤 부상 또는 질병이 될 것인가인 「재해의 중대성」을 판단하는 식으로 「산업재해의 발생 프로세스」에 대응하고 있어 위험성 추정을 보다 쉽게 할 수 있는 장점이 있다. 또한 3가지의 각 요소마다 위험성 감소조치를 검토할 수 있으므로 의논을 보다 구체적으로 할 수 있는 특징 또한 가지고 있다.

(가) 위험상태 발생빈도의 구분 설정

재해의 발생가능성의 정도를 추정하는 방법으로서, 사람이 유해위험요인에 접촉하는(노출되는) 빈도를 위험성의 하나의 요소인 「위험상태 발생빈도」로 처리하는 것에 의해 실태에 입각한 효과적인 위험성평가를 실시할 수 있게 된다.

위험상태 발생빈도를 위험성의 하나의 요소로 하여 구분을 설정하는 경우는 작업내용을 분석하여, 예컨대 〈표 19〉와 같이 빈번하게, 가끔, 거의 발생하지 않음 등으로 구분한다. 각 구분의 판정기준으로 구체적인 예시를 제시해 두면 위험성을 추정하기 쉽게 되고 통일성이 확보된 추정 결과를 얻을 수 있게 된다.

표 19 위험상태 발생빈도의 구분(예)

빈도	판정기준
빈번	1일에 1회 이상(단독의 경우) 또는 1주에 1회 이상(복수인의 경우)
가끔	1일에 1회 미만 ~ 1월에 1회 이상(단독의 경우) 또는 반년에 1회 이상(복수인의 경우)
거의 발생하지 않음	1월에 1회 미만(단독의 경우) 또는 반년에 1회 미만(복수인의 경우)

위험상태 발생빈도는 작업자가 특정 유해위험요인에 접근하거나 접촉하려고 하는 행동을 취하는 등 사람이 유해위험요인에 노출되는 상태가 되는 빈도로 판단하는 것이다.

예를 들면, 양두연삭기로 작은 금속부품의 돌기를 제거하는 작업에서 회전하는 「숫돌에 손가락이 접촉하여 부상을 입는다」라는 재해 프로세스를 생각하면, 유해유험요인은 「회전하는 숫돌」이 되고, 위험상태 발생빈도는 「작은 금속부품 연마작업를 행하는 빈도」가 된다. 그리고 양두연삭기로 연삭작업을 하는 중에 「숫돌이 깨져 파편이 날아오는 바람에 눈에 맞아 부상을 입는다」라는 재해 프로세스를 생각하면, 이 프로세스에서 유해위험요인은 「깨져 날아온 숫돌」이 되고 위험상태 발생빈도는 연작작업의 발생빈도가 아니라 「작업 중에 숫돌이 깨져 비산하는 빈도」가 된다. 요컨대, 특정한 유해위험요인의 특성을 이해하고 「위험상태 발생빈도」를 판단하는 것이 올바른 추정을 하는 데 있어 중요하다고 할 수 있다.

이와 같이 위험상태 발생빈도는 「작업의 빈도」가 아니라 작업자가 유해위험요인에 접하는 것에 의해 부상 또는 질병으로 연결될 것 같은 「위험상태가 발생할 가능성의 빈도」로 판단하는 것이 타당하다. 이 빈도를 작업의 빈도로 한 경우에는, 유해위험요인에 접촉하는(노출되는) 것을 방지하기 위한 어떤 조치를 취하더라도 작업의 빈도가 저하하지 않으면 위험상태 발생빈도가 저하하지 않게 되어 추정 결과가 변하지 않게 되어 버린다.

예를 들면, 운반용기 속의 고온액체의 운반작업을 상정한 경우 고온액체가 엎질러져 작업자의 발에 도달하여 화상을 입는다고 하는 위험성을 생각할 수 있다. 이 경우 위험상태 발생빈도는 고온액체가 엎질러지는 빈도이다. 운반용기를 액체가 쉽게 엎질러지지 않는 것으로 교체하면 위험상태 발생빈도(엎질러지는 빈도)는 낮아진다. 그런데 운반작업의 빈도를 위험상태 발생빈도로 하면 작업횟수가 위험상태의 발생빈도가 되어 작업횟수를 감소시키지 않는 한 위험상태 발생빈도는 낮아지지 않게 된다.

(나) 위험상태 발생 시 재해의 발생가능성의 구분 설정

「위험상태 발생 시 재해의 발생가능성」은, 작업자가 유해위험요인과 접촉하는(노출되는) 것에 의해 재해로 연결될 수 있는 위험상태가 발생한 때, 산업재해가 초래될 가능성이 어느 정도인지를 판단하여 설정한다. 이것은 안전보건조치의 부족, 부적절, 불완전 등이 발생하여 사람이 재해에 이르는 사태가 되는 「위험사건의 발생가능성」과, 설령 위험사건이 발생하더라도 사람이 재해로부터 회피 또는 제한할 수 있는지를 판정하는 「재해의 회피·제한가능성」 2가지 요소로 판단하게 된다. 그리고 이 「재해의 회피·제한가능성」의 판단요건은 위험사건의 발생속도, 작업자의 특성, 위험성의 인식, 개인보호구의 사용 상황 등이다. 이것을 판단재료로 하여 종합적으로 평가하여 「재해의 회피·제한가능성」을 결정한다.

예를 들면, 전술한 양두연삭기 2가지 사례에서는, 전자의 경우 위험상태인 「작은 금속부품 연삭작업을 할 때」에 회전하는 숫돌에 작업자의 손가락이 접촉하여 부상을 입을 가능성을 판단하는 것이고, 후자의 경우에는 위험상태의 「작업 중에 숫돌이 깨져 비산할 때」에 깨져 비산한 숫돌 파편에 눈이 맞아 부상을 입을 가능성을 판단하게 된다.

이 경우 인간은 본래 실수를 하는 동물이라는 전제에 서서 「불안전행동」 등도 고려하여 판단하는 것이 필요하다. 「위험상태 발생 시 재해의 발생가능성」을 판단할 때 고려하여야 할 요인으로서는 다음과 같은 사항이 있다.

① 예방조치의 신뢰성, 타당성
② 유틸리티 설비(시설)의 정지가능성과 영향(예컨대, 전기 · 가스 또는 물의 정지)
③ 기계 · 설비의 고장가능성과 영향
④ 작업자에 의한 다음과 같은 불안전행동
  i) 위험이 어떤 것인지 모르는 작업자
  ii) 작업을 실시하기 위한 지식, 육체적 능력 또는 기능을 갖고 있지 않는 작업자
  iii) 위험을 가볍게 여기는(무시하는) 작업자
  iv) 안전한 작업방법, 안전기능 등의 실용성 · 유용성을 가볍게 여기는(무시하는) 작업자
  v) 피로, 단순반복작업에 의해 주의력이 저하될 수 있는 작업자
  vi) 보호구를 필요로 하는 작업에서 보호구를 사용하지 않는 경향이 있는 작업자

일반적으로 「위험상태 발생 시 재해의 발생가능성」의 추정은 개인의 주관, 감수성 등에 좌우되기 쉬우므로, 이 추정이 들쑥날쑥 되는 것을 피

하기 위해 그리고 추정을 보다 쉽게 하기 위해서라도 각 구분의 판정기준의 내용을 사업장의 실태에 맞추어 충실하게 해 두는 것이 필요하다. 〈표 20〉은 이 가능성에 대한 구분의 예시인데, 3~5단계 정도로 구분한 후에, 판정기준으로 하는 내용을 설비적 대책의 실시 상황에 기초하여 실시하는 것으로 하고 있다. 이것은 관리적 대책, 개인보호구 사용이라는 「사람에 의존한 대책」으로는 위험성 추정을 낮추지 않는 것이 바람직하다는 사고방식에 근거한 것이다.

표 20 위험상태 발생 시 재해의 발생가능성의 구분(예)

재해의 발생가능성	판정기준
상당히 높음	• 항상 주의를 기울이고 있어도 재해를 입을 수 있음. 재해의 회피·제한가능성과는 관계가 없음 • 본질적 조치 또는 공학적 조치가 되어 있지 않음
높음	• 주의를 기울이지 않으면 재해를 입음. 단, 재해의 회피·제한가능성이 있음[주1)] • 본질적 조치 또는 공학적 조치가 되어 있지만, 그 조치에 상당한 불비(不備)가 있음(이들 조치를 제거·무효화할 가능성이 있는 경우를 포함함)
낮음	• 깜박하면 재해를 입음. 단, 재해의 회피·제한가능성이 있음[주2)] • 본질적 조치 또는 공학적 조치가 되어 있지만, 그 조치에 경미한 불비(不備)가 있음(이들 조치의 유지관리가 불충분한 경우를 포함함)
매우 낮음	• 특별히 주의하지 않아도 재해를 입지 않음. 재해의 회피·제한가능성과는 관계가 없음 • 본질적 조치 또는 공학적 조치가 되어 있고, 적절한 유지관리가 이루어지고 있음

주1) : 재해의 회피 또는 제한이 곤란한 경우는 「상당히 높음」으로 한다.
주2) : 재해의 회피 또는 제한이 곤란한 경우는 「높음」으로 한다.

(3) 위험성 요소를 수치화하는 위험성 추정방법 해설

(가) 2가지 요소에 의한 추정과 계산방법 등

1) 재해의 중대성, 재해의 발생가능성의 구분 배점

재해의 중대성과 발생가능성의 2가지 요소에 대하여 각각 구분(등급)을 설정한 후, 다음에서 서술하는 위험성 점수의 계산방법을 전제로 이하의 〈표 21, 22〉과 같이 중대성, 발생가능성의 각 구분(등급)에 평가점수 배점을 하여 수치로 중요성 부여를 한다.

일반적으로 발생가능성의 구분에 비해 중대성의 구분에 배점을 높게 설정하는 것은 보다 큰 재해를 미치는 유해위험요인에 대하여 우선적으로 위험성 감소조치를 검토해 간다고 하는 위험성평가의 취지에 따른 것이다.

2) 재해의 중대성과 재해의 발생가능성의 조합 계산방법

재해의 중대성과 발생가능성의 추정 결과는 상기의 배점에 의해 점수화하여 제시할 수 있다. 또한 위험성의 크기는 중대성과 가능성의 조합이기 때문에 중대성, 가능성의 각 점수를 이용한 계산식에 의해 수치화하여 구할 수 있다. 일반적으로 계산방법에는 앞에서 설명한 가산법(덧셈법)과 승산법(곱셈법)이 있다. 이 계산식으로 산정된 수치를 위험성 점수라 하고, 이것은 위험성의 크기를 나타낸다.

전술한 바와 같이 가산법에 의해 위험성 점수를 구하는 경우는 다음과 같은 계산식에 의해 산정한다.

위험성 점수 = 중대성 점수 + 가능성 점수

이 계산식으로 결정한 각 구분의 배점에 의해

• 중대성 : 「중대」

• 가능성 : 「가능성이 낮음」

의 경우에 대하여 계산을 하면

$$위험성\ 점수 = 6(중대) + 2(가능성이\ 낮음) = 8$$

이 된다.

한편, 곱셈법은 덧셈법에 비해 위험성의 차가 보다 크게 나타나는데, 암산에 의한 계산이 어려워지고 위험성의 크기가 직감적으로 공감되기 어려운 점이 있다.

표 21 재해의 중대성의 구분 및 배점(예)

중대성	평가점수	내 용
치명적	10점	사망 또는 신체 일부에 영구적 장해를 초래(업무에 복귀 불가능)
중대	6점	휴업재해 1개월 이상 부상·질병[일정 시점에서는 업무에 복귀(완치) 가능] 또는 한 번에 다수의 부상·질병을 초래
중정도	3점	휴업재해 1개월 미만(동일한 업무에 복귀 가능) 부상·질병 또는 한 번에 복수의 부상·질병을 초래
경미	1점	처치 후 바로 원래의 작업을 수행할 수 있는 부상 또는 질병(업무에 전혀 지장이 없음)

표 22 재해의 발생가능성의 구분 및 배점(예)

발생가능성	평가점수	내 용
상당히 높음	6점	• 항상 주의를 기울이고 있어도 재해를 입을 수 있음. 재해의 회피·제한가능성과는 관계가 없음 • 본질적 조치 또는 공학적 조치가 되어 있지 않음 • 유해위험요인에 빈번히 노출되고 있음

높음	4점	• 주의를 기울이지 않으면 재해를 입음. 단, 재해의 회피・제한가능성이 있음[주1)] • 본질적 조치 또는 공학적 조치가 되어 있지만, 그 조치에 상당한 불비(不備)가 있음(이들 조치의 제거・무효화 가능성이 있는 경우를 포함함) • 일상적으로 유해위험요인에 노출될 가능성이 있음
낮음	2점	• 깜박하면 재해를 입음. 단, 재해의 회피・제한가능성이 있음[주2)] • 본질적 조치 또는 공학적 조치가 되어 있지만, 그 조치에 경미한 불비(不備)가 있음(이들 조치의 유지관리가 불충분한 경우를 포함함) • 비정상작업에 수반하여 유해위험요인에 접근할 가능성이 있음
매우 낮음	1점	• 특별히 주의하지 않아도 재해를 입지 않음. 재해의 회피・제한가능성과는 관계가 없음 • 본질적 조치 또는 공학적 조치가 되어 있고, 적절한 유지관리가 이루어지고 있음 • 드물게 이루어지는 작업에서 유해위험요인에 접근할 가능성이 매우 낮음

주1) : 재해의 회피 또는 제한이 곤란한 경우는 「상당히 높음」으로 한다.
주2) : 재해의 회피 또는 제한이 곤란한 경우는 「높음」으로 한다.

3) 위험성 점수와 위험성 수준의 대응

예를 들면, 〈표 23〉과 같이 위험성 수준을 Ⅰ에서 Ⅳ까지의 4단계 수준으로 구분을 한다. 나아가 상기 〈표 21, 22〉의 모든 조합에서 산정되는 위험성 점수와 위험성 수준을 대응시켜 위험성 점수와 위험성 수준 간의 대응관계를 설정할 필요가 있다.

표 23 위험성 점수와 위험성 수준의 대응표(예)

평가점수 합계	위험성 수준	위험성의 내용	위험성 감소조치의 진행방법
12~16점	Ⅳ	안전보건상 중대한 문제가 있음	위험성 감소조치를 바로 실시함 위험성 감소조치를 실시할 때까지는 작업을 중지함[주1)]
8~11점	Ⅲ	안전보건상 문제가 있음	위험성 감소조치를 신속하게 실시함
5~7점	Ⅱ	안전보건상 다소의 문제가 있음	위험성 감소조치를 계획적으로 실시함
2~4점	Ⅰ	안전보건상의 문제가 거의 없음	필요에 따라 위험성 감소조치를 실시함[주2)]

주1) : 「위험성 수준 Ⅳ」는 허용 불가능한 위험성 수준으로서 위험성 감소조치를 강구할 때까지는 작업중지가 필요하다. 그러나 기술적 문제 등 때문에 적절한 위험성 감소에 시간이 요구되는 경우에는 사업주의 판단에 따라 이를 방치하는 일 없이 실시 가능한 잠정적인 조치를 바로 실시한 후에 작업을 하는 것도 가능하다.

주2) : 「위험성 수준 Ⅰ」은 허용 가능한 수준으로서 추가의 위험성 감소조치의 실시는 원칙적으로 불필요하다. 단, 안전보건대책이 되돌아가지 않도록 적절한 위험성 관리는 필요하다.

이 표에서 전술한 2)의 계산 사례에서 구한 위험성 점수 8을 적용해 보면, 위험성 수준 Ⅲ의 「안전보건상 문제가 있음」이 된다.

또한 위험성의 우선도 판정이 적절하게 이루어지도록, 〈표 23〉과 같이 위험성 수준에 대응하는 위험성 감소조치의 진행방법을 명확히 설정해 두는 것이 바람직하다.

(나) 3가지 요소에 의한 추정과 계산방법 등

1) 위험상태 발생빈도, 재해의 발생가능성, 재해의 중대성의 구분 배점

위험상태 발생빈도, 위험상태 발생 시 재해의 발생가능성 및 재해의 중대성 각각의 평가점수에 대하여 〈표 24, 25, 26〉에, 덧셈법에 의한 위험성 수준 평가에 대하여 〈표 27〉에 각각 제시한다.

표 24 위험상태 발생빈도의 구분 및 배점(예)

빈도	평가점수	내 용
빈번	4점	1일에 1회 이상(단독의 경우) 또는 1주에 1회 이상(복수인의 경우)
가끔	2점	1일에 1회 미만 ~ 1월에 1회 이상(단독의 경우) 또는 반년에 1회 이상(복수인의 경우)
거의 없음	1점	1월에 1회 미만(단독의 경우) 또는 반년에 1회 미만(복수인의 경우)

표 25 위험상태 발생 시 재해의 발생가능성의 구분 및 배점(예)

재해의 발생가능성	평가점수	내 용
상당히 높음	6점	• 항상 주의를 기울이고 있어도 재해를 입을 수 있음. 재해의 회피·제한가능성과는 관계가 없음 • 본질적 조치 또는 공학적 조치가 되어 있지 않음
높음	4점	• 주의를 기울이지 않으면 재해를 입음. 단, 재해의 회피·제한가능성이 있음[주1)] • 본질적 조치 또는 공학적 조치가 되어 있지만, 그 조치에 상당한 불비(不備)가 있음(이들 조치

		를 제거 · 무효화할 가능성이 있는 경우를 포함함)
낮음	2점	• 깜박하면 재해를 입음. 단, 재해의 회피 · 제한 가능성이 있음[주2)] • 본질적 조치 또는 공학적 조치가 되어 있지만, 그 조치에 경미한 불비(不備)가 있음(이들 조치의 유지관리가 불충분한 경우를 포함함)
매우 낮음	1점	• 특별히 주의하지 않아도 재해를 입지 않음. 재해의 회피 · 제한가능성과는 관계가 없음 • 본질적 조치 또는 공학적 조치가 되어 있고, 적절한 유지관리가 이루어지고 있음

주1) : 재해의 회피 또는 제한이 곤란한 경우는 「상당히 높음」으로 한다.
주2) : 재해의 회피 또는 제한이 곤란한 경우는 「높음」으로 한다.

표 26 위험상태 발생 시 재해의 중대성의 구분 및 배점(예)

중대성	평가점수	내 용
치명적	10점	사망 또는 신체 일부에 영구적 장해를 초래(업무에 복귀 불가능)
중대	6점	휴업재해 1개월 이상 부상 · 질병[일정 시점에서는 업무에 복귀(완치) 가능] 또는 한 번에 다수의 부상 · 질병을 초래
중정도	3점	휴업재해 1개월 미만(동일한 업무에 복귀 가능) 부상 · 질병 또는 한 번에 복수의 부상 · 질병을 초래
경미	1점	처치 후 바로 원래의 작업을 수행할 수 있는 부상 또는 질병(업무에 전혀 지장이 없음)

표 27 위험성 점수와 위험성 수준의 대응표(예)

평가점수 합계	위험성 수준	위험성의 내용	위험성 감소조치의 진행방법
12~20점	Ⅳ	안전보건상 중대한 문제가 있음	위험성 감소조치를 바로 실시함 위험성 감소조치를 실시할 때까지는 작업을 중지함[주1)]
8~11점	Ⅲ	안전보건상 문제가 있음	위험성 감소조치를 신속하게 실시함
5~7점	Ⅱ	안전보건상 다소의 문제가 있음	위험성 감소조치를 계획적으로 실시함
3~4점	Ⅰ	안전보건상의 문제가 거의 없음	필요에 따라 위험성 감소조치를 실시함[주2)]

주1) : 「위험성 수준 Ⅳ」는 허용 불가능한 위험성 수준으로서 위험성 감소조치를 강구할 때까지는 작업중지가 필요하다. 그러나 기술적 문제 등 때문에 적절한 위험성 감소에 시간이 요구되는 경우에는 사업주의 판단에 따라 이를 방치하는 일 없이 실시 가능한 잠정적 조치를 즉시 실시한 후에 작업을 하는 것도 가능하다.

주2) : 「위험성 수준 Ⅰ」은 허용 가능한 수준으로서 추가의 위험성 감소조치의 실시는 원칙적으로 불필요하다. 단, 안전보건대책이 되돌아가지 않도록 적절한 위험성 관리는 필요하다.

2) 위험상태 발생빈도, 재해의 발생가능성 및 재해의 중대성의 조합 계산방법

2가지 요소방식에 의한 경우와 동일하게 위험성의 크기는 빈도, 가능성, 중대성의 조합으로 결정할 수 있고, 가신법에 의해 위험성 점수를 구하는 경우는 다음의 계산식에 의해 산정한다.

위험성 점수 = 빈도의 점수 + 가능성의 점수 + 중대성의 점수

이 계산식으로 결정된 각 구분에의 배점에 따라

- 빈도 : 「가끔」
- 가능성 : 「가능성이 높음」
- 중대성 : 「중대」

의 경우에 대하여 계산하면

위험성 점수 = 2(가끔) + 4(가능성이 높음) + 6(중대) = 12

가 된다.

위험성 수준은 〈표 27〉에 의해 Ⅳ가 된다.

(4) 위험성 우선도의 설정방법

위험성 우선도의 설정은 위험성 수준으로 결정하는 것이 일반적이다. 2가지 요소의 경우는 「재해의 발생가능성」과 「재해의 중대성」으로, 3가지 요소의 경우는 「위험상태 발생빈도」, 「위험상태 발생 시 재해의 발생가능성」 및 「재해의 중대성」으로 위험성이 결정된다. 실제의 위험성 수준의 구분은 그다지 세분화하지 않고 〈표 28〉과 같이 3~5단계 정도로 하는 것이 좋다. 또한 위험성 수준마다 그 내용과 감소조치의 진행방법도 아울러 명확히 결정해 두는 것도 필요하다.

한편, 위험성 우선도의 설정에서 위험성 수준뿐만 아니라 위험성 점수도 고려하고 있는 경우도 있다.

표 28 위험성 수준의 등급구분표(예)

위험성 수준	위험성의 내용	위험성 감소조치의 진행방법
Ⅳ	안전보건상 중대한 문제가 있음	• 위험성 감소조치를 바로 실시함 • 위험성 감소조치를 실시할 때까지 작업을 중지함 • 충분한 경영자원을 투입함

Ⅲ	안전보건상 문제가 있음	• 위험성 감소조치를 신속하게 실시함 • 위험성 감소조치를 실시할 때까지 작업을 중지하는 것이 바람직함 • 우선적으로 경영자원을 투입함
Ⅱ	안전보건상 다소의 문제가 있음	• 위험성 감소조치를 계획적으로 실시함 • 위험성 감소조치를 실시할 때까지 적절하게 관리함 • 충분히 검토하고 경영자원을 투입함
Ⅰ	안전보건상의 문제가 거의 없음	• 필요에 따라 위험성 감소조치를 실시함

주1) : 「위험성 수준 Ⅳ」는 허용 불가능한 위험성 수준으로서 위험성 감소조치를 강구할 때까지는 작업중지가 필요하다. 그러나 기술적 문제 등 때문에 적절한 위험성 감소에 시간이 요구되는 경우에는 사업주의 판단에 따라 이를 방치하는 일 없이 실시 가능한 잠정적 조치를 즉시 실시한 후에 작업을 하는 것도 가능하다.

주2) : 「위험성 수준 Ⅰ」은 허용 가능한 수준으로서 추가의 위험성 감소조치의 실시는 원칙적으로 불필요하다. 단, 안전보건대책이 되돌아가지 않도록 적절한 위험성 관리는 필요하다.

3. 화학물질의 위험성 추정방법(건강장해 측면)[111)]

이하에서 설명하는 건강에 해로운 화학물질에 대한 위험성 추정은 화학물질 자체의 특성에 특화된 위험성 추정으로서 (앞에서 설명한) 작업활동을 기반으로 하는 일반 위험성평가의 위험성 추정의 일부분으로 행해질 수 있다.

111) 日本厚生労働省, 化学物質等による危険性又は有害性の調査等に関する指針について(解釈通達 基発 0918第3号 別紙3), 2015.9.18 ; JISHA方式化学物質リスクアセスメントマニュアル 참조.

화학물질(혼합물, 제조중간체[112]를 포함한다.)에 의한 건강장해의 위험성은 「유해성의 정도(수준)」와 「노출의 정도(수준)=노출농도=노출량」를 각각 고려하여 추정한다. 일반적으로 위험성은 「재해의 중대성」과 「발생가능성」의 함수로 표현되지만, 화학물질에 의한 건강장해의 위험성은 「유해성의 정도(수준)」와 「노출의 정도(수준)」의 함수로도 표현된다[위험성=유해성의 정도(수준)×노출의 정도(수준)]. 「유해성의 정도(수준)」가 「재해의 중대성」에 해당하고, 「노출의 정도(수준)」가 「재해의 발생가능성」에 해당한다.

가. 정량적 방법(측정에 의한 방법)

직업성 노출기준이 설정되어 있는 화학물질에 대한 위험성 추정은 근로자의 노출농도(노출량)를 측정하고, 이것을 직업성 노출기준과 비교하는 방식으로 실시한다. 즉, 공기 중 농도를 작업환경측정기준에 따라 실시한 작업환경측정 결과(8시간 가중평균농도)와 직업성 노출기준을 비교하여 위험성 추정을 한다. 이때 측정 시에 측정오차 등의 변동요인이 존재하므로 안전율을 고려할 필요가 있다. 즉, 측정한 근로자의 노출농도와 직업성 노출기준의 비교만으로 위험성 허용 여부를 판단하는 것은 적절치 않을 수 있다.

이 방법이 화학물질에 대한 건강장해 측면에서의 원칙적인 위험성 추정방법이고, 다른 위험성 추정방법보다도 장려되고 있다.

112) 제품의 제조공정 중에 생성되고 동일 사업장 내에서 다른 화학물질로 변화하는 화학물질을 말한다. 화학물질에는 분진도 포함된다.

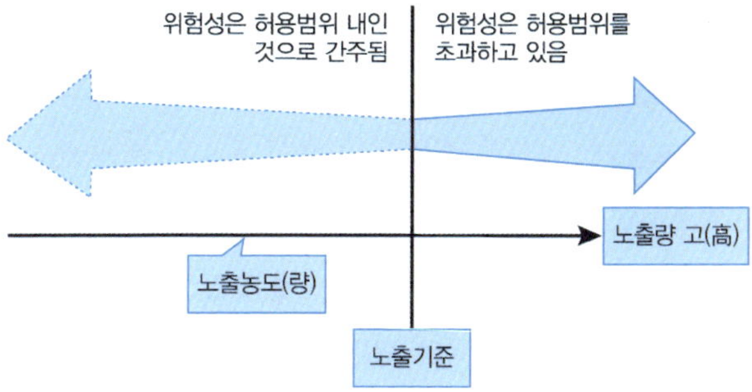

그림 14 정량적 평가

나. 반(半)정량적 방법(추정에 의한 방법)

(1) 반정량적 방법 Ⅰ: 간이측정

이 방법은 직업성 노출기준이 설정되어 있고 간이측정에 의한 노출농도 측정치(실측치)가 있는 경우에 적용한다.

작업환경측정기준에 따르지 않는 공기 중 농도의 측정(검지관, 가스검지기 등 간이측정기에 의한 간이측정)에 의해 얻어진 수치를 여러 개의 농도폭(밴드폭)으로 구분하여 「노출의 정도(노출농도)」를 추정한다. 그리고 작업(취급)시간・빈도에 의한 보정을 가하여 「노출의 정도(노출농도)」를 최종적으로 추정한다. 다음으로, 직업성 노출기준을 등급구분하여 「유해성의 정도(수준)」로 한다. 그리고 「노출의 정도(수준)」와 「유해성의 정도(수준)」로부터 매트릭스표(행렬표)를 이용하여 위험성의 수준을 추정(위험성 추정)한다.

(2) 반정량적 방법 Ⅱ : 취급수량 및 직업성 노출기준

이 방법은 직업성 노출기준이 설정되어 있지만 이것과 직접 비교할 수 없는 작업환경측정치, 개인 노출농도 등의 노출농도 측정치(실측치)가 없는 경우에 적용한다. 즉, 직업성 노출기준이 설정되어 있는 물질이지만 정밀도가 높은 실측치가 없거나 고도의 노출추정모델에 의해 노출농도를 추정할 수 없는 물질에 대해 적용한다.

화학물질의 취급량, 비산성・휘발성, 작업장의 환기 상황, 작업(취급) 시간・빈도 등을 이용하여 근로자의 노출농도(8시간 작업 시의 평균농도)를 추정하고, 얻어진 결과를 몇 개의 등급(밴드)으로 구분된 밴드폭에 적용하여 「노출의 정도(수준)」를 표현한다. 이 추정방법은 영국 보건안전청(HSE : Health and Safety Executive)의 COSHH Essentials (Control of Substances Hazardous to Health Essentials), ILO의 control banding[113]을 준거로 한다. 다음으로, 직업성 노출기준을 일정한 밴드로 구분하고 「유해성의 정도(수준)」로 한다. 그리고 「노출의 정도(수준)」와 「유해성의 정도(수준)」로부터 매트릭스표(행렬표)를 이용하여 위험성의 수준을 추정(위험성 추정)한다.

113) Control banding은 영국의 보건안전청(HSE)이 인적 · 경제적으로 여유가 없는 중소기업을 위하여 개발한 화학물질의 간이(簡易) 위험성평가 방법이다. 그 후 ILO가 발전도상국의 중소기업을 대상으로 유해한 화학물질로부터 근로자의 건강을 보호하기 위해 간단하고(이해하기 쉽고) 실용적인 화학물질 위험성평가 방법으로 개량한 것으로서 위험성 감소조치를 촉진하는 것에 주안점이 있다.

(3) 반정량적 방법 Ⅲ: 취급수량 및 GHS 분류구분

이 방법은 직업성 노출기준이 설정되어 있지 않고 작업환경측정치 등의 노출농도 측정치(실측치)가 없는 경우에 적용한다. 이 방법에서는 직업성 노출기준 대신에 GHS 분류(유해성 분류 및 구분)를 이용한다.

위의 반정량적 방법 Ⅱ와 동일하게 화학물질의 취급량, 화학물질 등의 비산성・휘발성, 작업장의 환기 상황, 작업(취급)시간・빈도 등을 이용하여 근로자의 노출농도(8시간 작업 시의 평균농도)를 추정하고, 얻어진 결과를 몇 개의 등급(밴드)으로 구분된 밴드폭에 적용하여 「노출의 정도(수준)」를 표현한다.

그 다음으로, 단일제품 및 혼합물(Mixture, 제제)의 GHS 분류 결과(구분 1~5)로부터 유해성을 특정하고, 유해성 항목별로 유해성 수준을 구한다. 이 경우 유해성 항목 중에서 가장 큰 유해성 수준을 단일제품 및 혼합물의 「유해성의 정도(수준)」으로 한다. 이것은 영국 HSE의 COSHH Essentials, ILO의 control banding을 준거로 한다. 그리고 「노출의 정도(수준)」와 「유해성의 정도(수준)」로부터 매트릭스표(행렬표)를 이용하여 위험성의 수준을 추정(위험성 추정)한다.

다. 정성적 방법(이미 척도화한 표를 사용하는 방법)

이 방법은 반정량적 방법 Ⅲ과 마찬가지로 직업성 노출기준이 설정되어 있지 않고 작업환경측정치 등의 노출농도 측정치(실측치)가 없는 경우에 적용한다. 그리고 이 방법은 위에서 설명한 정량적 평가와 반정량적 방법과 달리 근로자의 「노출농도」를 측정하거나 추정하지는 않기 때문에 정성적 평가로 분류된다.

한편, 유해성의 강도(중대성)에 의해 여러 단계로 유해성 수준(레벨)을 구분하고, 화학물질의 취급량, 휘발성·비산성, 작업(취급)시간·빈도 등으로 노출의 정도(수준)를 추정한 후(노출 수준 구분), 매트릭스표를 이용하여 위험성을 추정하는 방법이다. 이 방법은 유해성의 등급구분에 GHS 분류(유해성 분류 및 구분)를 이용하는 점과 노출의 대소(大小)를 판정하는 데에 화학물질의 취급량, 휘발성·비산성, 작업(취급)시간·빈도 등을 이용하는 점에서는 영국 HSE의 COSHH Essentials, ILO의 control banding 방법과 유사하지만 노출농도를 추정하는 방법은 아니므로 이들 방법과는 다른 방법에 해당한다. 이하에서는 이 방법의 일례를 제시한다.

(1) 화학물질에 의한 유해성 수준(HL)의 구분

화학물질에 대해서 물질안전보건자료(MSDS), GHS(Globally Harmonized System of Classification and Labelling of Chemicals)[114] 등을 참고로 하여 유해성 수준을 부여한다. 유해성 수준(Hazard Level)의 구분은 유해성을 A부터 E의 5단계로 구분한 〈표 29〉와 같은 예를 기초로 실시한다.

이 표는 ILO가 공표하고 있는 control banding에 준거하고 있고, S는 피부 또는 눈에의 접촉에 의한 유해성 수준을 가리킨다.

예를 들면, GHS에서 급성독성으로 분류되고, 그 구분이 3인 화학물질은 이 표에 대입시키면 유해성 수준 C가 된다.

114) GHS(화학물질의 분류 및 표시에 관한 세계조화시스템)는 화학물질의 유해위험성의 분류기준 및 표시방법에 관한 국제기준으로서, 2008년까지 세계적 차원의 실시를 목표로 하여 2003년 7월에 국제연합(UN)의 권고로 채택되었다. 화학물질을 일정한 기준에 따라 분류하고, 그 결과를 라벨(경고표시), MSDS에 반영하여 재해방지 및 사람의 건강, 환경의 보호에 기여하기 위한 시스템이다.

표 29 GHS 구분에 의한 유해성 수준(HL) 결정표

유해성 수준(HL)		GHS 유해성 분류 및 구분
최대	E	• 생식세포 변이원성 : 구분 1A, 1B, 2 • 발암성 : 구분 1A, 1B • 호흡기 과민성 : 구분 1
대	D	• 급성독성 : 구분 1, 2 • 발암성 : 구분 2 • 특정표적장기 독성(반복 노출) : 구분 1 • 생식독성 : 구분 1A, 1B, 2
중	C	• 급성독성 : 구분 3 • 피부 부식성 : 구분 1A, 1B, 1C • 눈에 대한 심한 손상/눈 자극성 : 구분 1 • 피부 과민성 : 구분 1 • 특정표적장기 독성(1회 노출) : 구분 1 • 특정표적장기 독성(반복 노출) : 구분 2
소	B	• 급성독성 : 구분 4 • 특정표적장기 독성(1회 노출) : 구분 2
최소	A	• 급성독성 : 구분 5 • 피부 부식성/자극성 : 구분 2, 3 • 눈에 대한 심한 손상/눈 자극성 : 구분 2 • 특정표적장기 독성(1회 노출) : 구분 3 • 흡인호흡기 유해성 : 구분 1, 2 • 기타 그룹으로 분류되지 않은 분체(粉體), 액체
S (피부 또는 눈에의 접촉)		• 급성독성(경피) : 구분 1, 2, 3, 4 • 피부 부식성/자극성 : 구분 1, 2 • 눈에 대한 심한 손상/눈 자극성 : 구분 1, 2 • 피부 과민성 : 구분 1 • 특정표적장기 독성(1회 노출)(경피만) : 구분 1, 2 • 특정표적장기 독성(반복 노출)(경피만) : 구분 1, 2

(2) 노출 수준(EL)의 추정

작업환경 수준(WL : Work Environment Level)을 추정하고, 거기에 작업 상황으로서 작업시간·작업빈도 수준(FL : Frequency Level)을 조합하여 노출 수준(EL)을 추정한다. (가)~(다)의 3단계를 거쳐 노출 수준(EL : Exposure Level)을 추정하는 구체적인 예를 다음에 제시한다.

(가) 작업환경 수준(WL)의 추정

화학물질의 제조·취급량, 휘발성·비산성의 성상(性狀), 작업장의 환기 상황 등에 따라 점수를 부여하고, 그 점수를 가감한 합계를 〈표 30〉에 대입시켜 작업환경 수준을 추정한다. 근로자의 의복, 손과 발, 보호구에 화학물질에 의한 오염이 보이는 경우에는 1점을 더하는 수정을 추가하여 다음과 같은 식으로 종합점수를 산정한다.

A(제조 · 취급량 점수) + B(휘발성 · 비산성 점수) − C(환기 점수) + D(수정 점수)

여기에서, A부터 D까지의 점수를 부여하는 방법은 다음과 같다.

① A : 제조 · 취급량 점수

구분		기준
3	대	ton, kℓ 단위로 재는 정도의 양(대량)
2	중	kg, ℓ 단위로 재는 정도의 양(중량)
1	소	g, mℓ 단위로 재는 정도의 양(소량)

② B : 휘발성 · 비산성 점수

구분		기준
3	고	끓는점 50℃ 미만(고휘발성)/미세하고 가벼운 분진이 발생하는 물질(고비산성)

2	중	끓는점 50~150℃(중휘발성)/결정성 물질, 입상(粒狀), 즉시 침강하는 물질(중비산성)
1	저	끓는점 150℃ 초과(저휘발성)/작은 구형, 박편 모양, 덩어리 형태(저비산성)

③ C : 환기 점수

구 분		기 준
4	매우 양호	원격조작 · 완전밀폐
3	양호	국소배기
2	보통	전체환기 · 옥외작업
1	미흡	환기 없음

④ D : 수정 점수

구 분		기 준
1	오염	근로자의 의복, 손과 발, 보호구에 평가 대상인 화학물질에 의한 오염이 보이는 경우
0	비오염	근로자의 의복, 손과 발, 보호구에 평가 대상인 화학물질에 의한 오염이 보이지 않는 경우

표 30 작업환경 수준(WL) 추정기준(예)

작업환경 수준(WL)	최고(a)	고(b)	중(c)	저(d)	최저(e)
A + B − C + D	6, 5	4	3	2	1~(−2)

(나) 작업시간 · 빈도 수준(FL)의 추정

근로자가 해당 작업장에서 화학물질에 노출되는 연간 작업시간을 고려하여 다음과 같이 작업빈도를 추정한다.

표 31 작업시간 · 빈도 수준(FL)의 구분(예)

작업시간 · 빈도 수준(FL)	최상(v)	상(iv)	중(iii)	하(ii)	최하(i)
연간 작업시간	400시간 초과	100~400 시간	25~100 시간	10~25 시간	10시간 미만

(다) 노출 수준(EL)의 추정

(가)에서 추정한 작업환경 수준(WL)과 (나)에서 추정한 작업시간 · 빈도 수준(FL)을 〈표 32〉에 대입시켜 노출 수준(EL)을 추정한다.

표 32 노출 수준(EL)의 구분 결정(예)

FL \ WL	최고(a)	고(b)	중(c)	저(d)	최저(e)
최상(v)	V	V	Ⅳ	Ⅳ	Ⅲ
상(iv)	V	Ⅳ	Ⅳ	Ⅲ	Ⅱ
중(iii)	Ⅳ	Ⅳ	Ⅲ	Ⅲ	Ⅱ
하(ii)	Ⅳ	Ⅲ	Ⅲ	Ⅱ	Ⅱ
최하(i)	Ⅲ	Ⅱ	Ⅱ	Ⅱ	Ⅰ

(3) 위험성 추정

(1)에서 분류한 유해성 수준(HL) 및 (2)에서 추정한 노출 수준(EL)을 조합하여 위험성을 추정한다. 다음에 하나의 예를 제시한다. 수치가 클수록 위험성 감소조치의 우선도가 높은 것을 나타낸다.

표 33 위험성 추정(예)

유해성 수준(HL) \ 노출 수준(EL)	Ⅴ	Ⅳ	Ⅲ	Ⅱ	Ⅰ
A	5	5	4	4	3
B	5	4	4	3	2
C	4	4	3	3	2
D	4	3	3	2	2
E	3	2	2	2	1

Ⅲ 위험성 추정 및 우선도 설정 시 유의(고려)사항

1. 일반적 유의(고려)사항

수치를 이용하는 추정방법은 수치를 이용하지 않는 방법과 비교하여 위험성 크기의 비교, 위험성의 제거·감소조치의 효과를 구체적으로 실감할 수 있는 장점이 있다. 따라서 많은 사업장에서 수치를 이용하는 방법을 채용할 것으로 보인다.

그리고 위험상태 발생빈도 및 위험상태 발생 시 재해의 발생가능성 등의 각 구분에의 수치의 배점, 위험성 크기를 나타내는 위험성 점수의 계산방식, 위험성 점수와 위험성 수준의 관계에는 과학적인 근거나 증거는 없다. 지금까지의 경험을 근거로 하여 위험성의 인식방법을 편의적으로 숫자로 치환하고 있는 것임에 유의하여야 한다. 따라서 이들의 설정 등에 있어서는 그 수치, 계산방식 등에 대해 경험 등에 근거한 뒷받침이 있고 사업장에서 합의를 얻는 것이 필요하다. 이 때문에 위험성 허용 여부 결정의 방법에 대하여 사전에 실증적인 검토(시범 실시)를 하고, 가능한 한 객관적인 타당성을 어떤 형태로든 담보하는 것이 바람직하다.

위험성 추정, 위험성 수준의 등급구분 및 위험성 감소의 우선도 설정은 사업장에서 가장 적합한 것을 생각해 내는 것이 중요하다. 사업장에서 충분히 검토하여 위험성의 추정방법, 위험성 수준의 등급구분(결정)방법 및 위험성의 우선도를 설정하고, 우선도가 높은 위험성(일반적으로 위험성 수준이 높은 것)부터 우선적으로 감소조치를 검토·수립하게 된다.

2. 구체적 유의(고려)사항[115)]

가. 재해유형별 유의(고려)사항

사업주는 위험성 추정을 사업장의 기계·설비, 작업 등의 특성에 따라 다음에 열거하는 재해유형별로 해당 사항에 유의하여 실시하는 것으로 한다.[116)]

① 협착, 추락 등의 물리적 작용에 의한 것

㉮ 가해물의 높이, 무게, 속도, 전압 등

㉯ 위험요인에의 접촉(노출)의 빈도 등

- 위험구역에의 접근 필요성·빈도, 위험구역 내에서의 경과시간, 접근의 성질(작업내용) 등

115) 日本厚生労働省, 危険性又は有害性の調査等に関する指針(公示 第1号), 2006.3.10 ; 日本厚生労働省, 危険性又は有害性等の調査等に関する指針について(解釈通達 基発 第0310001号), 2006.3.10 참조.

116) 행동재해의 추정에 있어서는 재해사례 등을 참고로 하면서 구체적인 부상·질병을 예측한다.

㉰ 기계·설비에서 발생하는 사고, 토사붕괴 등의 위험사건의 발생 확률

- 기계·설비의 신뢰성, 고장이력 등의 통계자료, 지반의 토질, 각도 등으로부터 경험적으로 요구되는 것

㉱ 재해의 회피·제한가능성

- 가해물의 속도, 이상사태의 인식의 용이성, 위험장소로부터의 탈출의 용이성 또는 근로자의 기량 등

㉲ 환경요인

- 기후, 노면상태 등 작업에 영향을 미치는 환경요인

② 폭발, 화재 등의 화학물질의 물리적 영향에 의한 것

㉮ 반응, 분해, 발화, 폭발, 화재 등의 발생 용이성에 관한 화학물질의 특성(감도)

㉯ 폭발을 일으킨 경우의 에너지의 발생양태에 관한 화학물질의 특성(위력)

㉰ 탱크 등에 보관되어 있는 화학물질의 보관량 등

③ 중독 등의 화학물질의 유해성에 의한 것

㉮ 유해물질의 취급량, 농도, 접촉의 빈도 등

- 유해물질에는 화학물질, 석면 등에 의한 분진이 포함됨

㉯ 유해물질에의 근로자의 노출량과 노출기준 등의 비교

㉰ 침투경로 등

④ 진동장해 등의 물리적 인자의 유해성에 의한 것

㉮ 물리적 인자의 유해성 등

- 전리방사선의 선원(線源) 등, 진동의 진동가속도 등, 소음의 소음수준 등, 적외선 등의 유해광선의 파장 등, 기압, 수압, 고

온, 저온 등

㉯ 물리적 인자의 노출량과 노출기준 등의 비교

⑤ 생리학적 요인의 유해성에 의한 것(단순반복작업 등에 의한 집중력의 결여, 야간작업에 의한 영향 등)

나. 기타 유의(고려)사항

① 안전장치의 설치, 출입금지조치, 기타 재해예방을 위한 기능 또는 조치(이하 「안전기능 등」이라 한다.)의 신뢰성 및 유지능력

㉮ 안전장치 등의 기능의 고장빈도・고장대책, 유지・보수 상황, 사용자의 안전교육 상황 등

㉯ 출입금지조치 등의 관리적 대책의 주지 상황, 가드 등의 유지관리 상황

② 안전기능 등을 무효화(Defeat) 또는 무시(Circumvent)할 가능성

㉮ 생산성의 저하, 작업속도 등 때문에 재해방지 기능・방법을 무효화시킬 동기

㉯ 스위치의 오작동 방지를 위한 보호자물쇠가 설치되어 있지 않은 등 재해방지를 위한 기능・방법이 무효화될 가능성

③ 작업절차의 일탈, 조작미스, 기타 예견 가능한 의도적・비의도적 오사용 또는 위험행동의 가능성

㉮ 작업절차 등의 주지 상황

㉯ 지름길(생략)행동(최소저항경로행동)

㉰ 감시의 유무 등 의도적 오사용 등의 용이성

㉱ 작업자의 자격・교육 등

㉮ 조작버튼의 배치, 핸들의 조작방향의 불규칙성 등 인간공학적 오사용 등의 유발가능성

㉯ 다음과 같은 작업자에 의한 작업행동

i) 위험이 어떤 것인지 모르는 작업자

ii) 작업을 실시하기 위한 지식, 육체적 능력 또는 기능을 갖고 있지 않은 작업자

iii) 위험성을 가볍게 여기는(무시하는) 작업자

iv) 안전한 작업방법, 안전기능 등의 실용성·유용성을 가볍게 여기는(무시하는) 작업자

v) 피로, 단순반복작업에 의해 주의력이 저하될 수 있는 작업자

vi) 보호구를 필요로 하는 작업에서 보호구를 사용하지 않는 경향이 있는 작업자

제5장 위험성 결정

I 위험성 결정의 내용

위험성 결정의 목적은 위험성 추정 결과에 기반하여 어떤 위험성(유해위험요인)에 감소조치가 필요한지와 감소조치 이행의 우선순위는 어떠해야 하는지에 대해 판단하는 것이다.[117)]

위험성 결정(판단)에는 조직의 목적, 내・외부 상황을 고려하여 정해진 「위험성 기준」[118)]과 위험성 수준(크기)의 비교가 포함된다. 이 비교에 근거하여 감소조치의 필요성 여부를 결정한다.[119)]

현실적으로는 위험성 추정을 5등급 정도로 한 경우에는, 최초의 1~2개 정도의 낮은 위험성은 「허용 가능한 위험성」으로 한다. 이를 「허용되는 안전」이라고도 말한다. 위험성은 남아 있지만 이 정도의 위험성의 존재는 허용하여 안전하다고 하는 것이다. 바꾸어 말하면, 이것보다 큰 위험성은

117) ISO 31000 : 2009(2nd ed.) 5.4.4.

118) 위험성 기준(Risk criteria)이란 "위험성의 중요성(Significance)을 평가하기 위한 기준이 되는 조건"을 의미한다[ISO 31000 : 2018(2nd ed.) 2.22]. 이에 대한 자세한 설명은 후술한다.

119) ISO 31000 : 2018(2nd ed.) 6.4.4.

허용되지 않는 것으로 판정한다.

판정을 해보아 안전(허용 가능)하다고 판단되면, 기존의 안전조치를 유지하는 것 외의 새로운 조치는 하지 않는다는 판단을 하여도 무방하므로, 잔류위험성이 이 정도 존재한다는 것을 확실히 기록하고 종료절차에 들어간다. 리스크 수준이 허용할 수 없다(안전하지 않다.)고 판단되면, 허용되는 안전의 수준까지 리스크를 감소시키는 대책을 수립·실시하는 절차에 들어간다. 그런데 적절한 대책을 실시할 필요가 있어도 부득이한 사정 때문에 바로 실시할 수 없어 해당 대책을 유예하는 경우도 있을 수 있는데, 이 경우에는 해당 대책을 바로 실시할 수 없고 위험성을 그대로 유지하게 된 이유와 당장에 취하게 될 잠정적 조치를 작업자들에게 주지·설명하고 기록해 두어야 한다.

어떤 사람은 괜찮다고 말하고 다른 어떤 사람은 안 된다고 말하며, 어떤 기업에서는 괜찮지만 이 기업에서는 안 된다고 하는 것이 발생할 수 있다. 위험성 결정 단계는 위험성평가 절차에서 주관성이 가장 많이 개입될 수 있는 단계로서, 자의적인 판단이 되지 않도록 유의할 필요가 있다. 이를 위해서는 위험성 기준을 미리 규정해 놓는 것이 바람직하다.

위험성 기준은 위험성의 중요성(Significance)을 평가하고 의사결정 프로세스를 지원하기 위하여 사용되는 기준으로서, 조직의 가치관, 목적 및 자원을 반영하고 위험성 관리(Risk management)에 대한 방침 및 선언(Statement)과 일치하는 것이 바람직하다. 그리고 위험성 기준은 조직의 의무, 이해관계자의 견해를 고려하여 설정할 필요가 있다.[120] 특히, 위

120) ISO 31000 : 2018(2nd ed.) 6.3.4.

험성 기준이 법규나 조직의 내부기준을 하회하여서는 안 된다. 위험성 기준은 위험성평가의 준비 단계에서 규정되고 계속적으로 검토되는 것이 바람직하다. 위험성 기준을 규정하는 경우에는 ① 재해의 발생가능성과 중대성의 규정방법, ② 위험성 수준(크기)의 결정방법, ③ 위험성이 수용 가능(허용 가능)이 되는 수준(크기) 등을 고려하여야 한다.

II 위험성의 의미

1. 허용 가능한 위험성의 정의

「허용 가능하다」는 용어는 영어 tolerable의 번역이고, 「참을 수 있다」, 「허용할 수 있다」는 의미이다. 이 용어는 최근에는 「수용 가능하다」(Acceptable)는 말과 동일한 의미로 사용되고 있지만,[121] 종전 관행과 뉘앙스로는 「수용 가능하다」는 것보다는 위험하다는 의미를 내포하기도 한다.

허용 가능한 위험성이라는 말이 많이 사용되고 있지만, 무엇을 가지고 허용 가능한 위험성으로 할 것인가는 쉽지 않은 문제이다. 이것은 무엇을 가지고 안전하다고 할 것인가와 동일한 문제라고 할 수 있다. 절대안전은 없는 이상 반드시 위험성은 남게 된다. 결국 남은 위험성의 크기가 허용될 수 있는지 여부가 안전한지 여부의 판단기준이 된다. 일반적으로 어디

121) ISO/IEC Guide 51 : 2014(3rd ed.) 3.15 Note 1.

에서나 통용 가능한 허용 가능한 위험성에 대한 정의는 없다.

현재 국제안전기준에 따르면, 허용 가능한 위험성의 정의는 다음과 같이 되어 있다. 즉, ISO/IEC Guide 51에서는 허용 가능한 위험성에 대해 "사회의 현재 가치기준을 기반으로 주어진 조건(상황)하에서 받아들일 수 있는 위험성"이라고 정의하고 있다.[122] 이것은 허용 가능한 위험성의 의미와 내용은 사회에 따라, 상황에 따라 다르다는 것을 의미한다. 국제안전규격의 A규격(기본 안전규격)[123], B규격(그룹 안전규격)[124], C규격(개별 기계 · 설비 안전규격)[125] 중에서는, 기본안전규격인 A규격에서 허용 가능한 위험성을 위와 같이 정의하고 있지만, 현실의 위험성평가에서 허용 가능한지 여부는 C규격의 개별 기계 · 설비별로 결정하여야 할 것이다. 조금 더 구체적으로 말하면, 예컨대 프레스, 공업용 로봇으로 말하면, 당해 기계 · 설비를 사용하는 장소, 작업자, 그 기계 · 설비의 크기 등에 따라 허용 가능한 내용이 달라질 것이기 때문에 개별 기계 · 설비에 따라 이 허용 가능한 수준이 결정되어야 할 것이다.

또 하나 중요한 관점은, 허용 가능의 정의는 재해를 당하는 작업자의 입장과 그 작업자의 관리자의 입장, 그리고 기계 · 설비를 만드는 제작자의 입장에 따라 다를 가능성이 크다. 가장 중요한 관점은, 이 허용 가능한 위험성은 기본적으로는 재해를 당하는 사람의 입장을 중시하여 결정되어야 한다는 것이다. 이를 위해서는 관리자, 제작자가 상담을 하여 기계 ·

122) ISO/IEC Guide 51 : 2014(3rd ed.) 3.15.

123) 모든 기계 · 설비에 공통적으로 적용할 수 있는 기본개념, 설계원칙 등 일반적인 사항을 다루는 규격.

124) 광범위한 기계 · 설비에 대해 사용되는 안전규격 및 안전관련장치를 다루는 규격.

125) 개별 기계 · 설비에 대한 상세한 안전요구사항을 다루는 규격.

설비별로 허용 가능한 위험성을 판정하는 것이 가장 바람직하다고 말할 수 있다. 현실적으로는 이들 3자가 포함된 업계의 단체 등에서 결정하는 것이 타당하다고 생각한다.

그러나 현실에서는 위험성평가의 흐름에 따라 제작자는 제작자 나름의 허용 가능한 위험성을 판정하여 사용상의 정보와 함께 사용자(User)측에 전달한다. 사용자측은 이 허용 가능한 위험성을 자신들의 입장에서 수용할 것인지의 여부를 검토하여, 수용할 수 없는 경우에는 사용자측으로서의 안전대책을 수립・이행하여 사용자의 입장에서 허용 가능한 위험성을 실현하는 방법이 취해지게 된다.

2. ALARP의 원칙

안전하다고 하기 위해서는 잔류위험성이 무시해도 좋은 위험성(Negligible risk), 즉 널리 수용 가능한 위험성(Broadly acceptable Risk)이 되는 것이 이상적이지만, 현실적으로는 편리성, 비용, 기술 등을 고려하여 참을 수 있는 위험성 이하, 즉 허용 가능한 위험성이 되면 무방하다고 할 수 있다. 그렇다면, 위험성이 허용 가능하게 되면 그것으로 좋은 것일까. 이때 생각하지 않으면 안 되는 것이 「ALARP의 원칙」[126]이다. ALARP란 "As Low As Reasonably Practicable"의 두문자어로 위험성을 「합리적으로 실행 가능한 수준(정도)으로 낮춘다」는 것을 의미한다.[127), 128)]

126) IEC 61508 : 2010(2nd ed.) Part 5 Annex B ; HSE, HSE principles for Cost Benefit Analysis(CBA) in support of ALARP decisions(http : //www.hse.gov.uk/risk/theory/alarpcba.htm) 참조.

127) ALARP와 유사한 기준으로 「So Far As is Reasonably Practicable(SFAIRP)」라는 기준이 있다. 이 두 기준 모두 「합리적으로 실행 가능한」의 원리를 구현하는 기준으로서 같은 결과를

〈그림 15〉를 이용하여 ALARP의 원칙을 설명해 보자. 이 그림에서 위로 갈수록 위험성이 커지게 되고, 아래의 선 이하가 「널리(일반적으로) 수용 가능한 위험성」 또는 「무시해도 좋은 위험성」의 영역을, 위의 선 이상이 「수용 또는 허용 불가능한 위험성」(Unacceptable risk 또는 Intolerable risk)의 영역을 각각 나타낸다. 이 양자 사이가 「허용 가능한 위험성」의 영역[129]이고, 일반적으로 「ALARP 영역」이라고 부른다.

「널리(일반적으로) 수용 가능한 위험성」은 위험성이 매우 낮아 추가의 위험성 감소가 고려될 필요가 없는(그러나 합리적으로 실행 가능하면 실행될 수는 있는) 영역이고[130], 「수용 또는 허용 불가능한 위험성 영역」은 위험성이 매우 커 특별한 경우를 제외하고는 위험성이 정당화될 수 없는 영역이다. ALARP 영역은 일정한 위험성의 수준을 수용하는 것에 의한 편익과 추가로 저감하는 비용의 양면을 고려하여 현실적인 최저한의 수준까지 감소되는 것이 요구되는 영역이다.

ALARP 영역 내에서는 위험성을 합리적으로 실행 가능한 한 최저 수준으로 낮추는 조치를 하여야 한다. 즉, ALARP 영역 내에서 수용 또는 허용 불가능한 영역의 근처에 머무는 것이 허용되는 것은 (본래는 더욱 낮은 위험성 영역까지 낮추어야 하지만) 위험성의 감소가 실행(기술적으로)

달성하는 것을 의도하고 있지만, 한 가지 의미에서는 다르다. ALARP는 위험성을 합리적으로 실행 가능한 최저의 수준으로 낮춘다고 하는 기준인 반면, SFAIRP는 위험성의 수준을 언급하지는 않는다(IEC 31010 : 2019(2nd ed.) B.8.2.1).

128) 방사선 보호 영역에서 사용되는 "As Low As Reasonably Practicable"(ALARA)와 다양한 안전규제 · 관리 영역에서 적용되는 ALARP는 동일한 의미와 목적을 가지고 있다.

129) 허용 가능한 위험성은 통일적으로 보편적인 일정한 기준으로 결정되는 것은 아니며, 기계 · 설비를 사용하는 사람의 편리성, 비용 대 효과, 사회의 수준 등 여러 가지 요인에 의해 결정된다.

130) ALARP 영역은 추가의 위험성 감소가 합리적으로 실행 가능하면 실행되어야 하는 영역이다.

불가능하거나 위험성 감소(개선)비용이 개선효과에 비하여 현저한 불균형이 있는 경우뿐이다. 그리고 널리 수용 가능한 영역의 바로 위에서 ALARP 영역 내에 머무르는 것이 허용되는 것은 (본래 널리 수용 가능한 위험성까지 낮추어야 하지만) 위험성 감소비용이 얻어지는 개선효과에 비례하지 않는(개선효과보다 큰) 경우뿐이다. 요컨대, ALARP 영역에서는 비용편익분석에 의해 합리적으로 실행 가능한 수준까지 위험성을 감소시킬 필요가 있다.

위험성 감소조치가 실시되기 전에는 수용 또는 허용 불가능 영역에 있던 위험성 수준(크기)이 일정한 감소조치를 실시한 후에는 허용 가능한 영역(ALARP 영역) 이하로 들어올 수 있게 된다. ALARP 원리는 모든 위험성은 합리적으로 실행 가능한 최저의 수준까지 경감되어야 한다는 관점을 취하고 있다. 어떤 리스크가 합리적으로 실행 가능한 최저의 수준까지 낮추어진 경우 결과적으로 얻어지는 위험성은 당해 적용에 관련되는 허용 가능한 리스크가 된다. 단, 위험성을 어느 수준까지 저감하면 허용 가능한 위험성이 되는지에 대해서는 개별 사례마다 달라 구체적으로 정의할 수는 없다.

ALARP는 위험성 관리(Risk management)의 근본적인 원리의 하나이다. 따라서 산업안전을 포함하여 여러 분야의 안전에서 무엇을 가지고 허용 가능한 위험성으로 할 것인지, 어느 정도로 위험성을 떨어뜨려야 할 것인지의 지침으로서 ALARP의 원칙은 많은 참고가 될 것이다. ALARP는 영국 산업보건안전법(Health and Safety at Work etc Act 1974)의 원리이기도 하다.

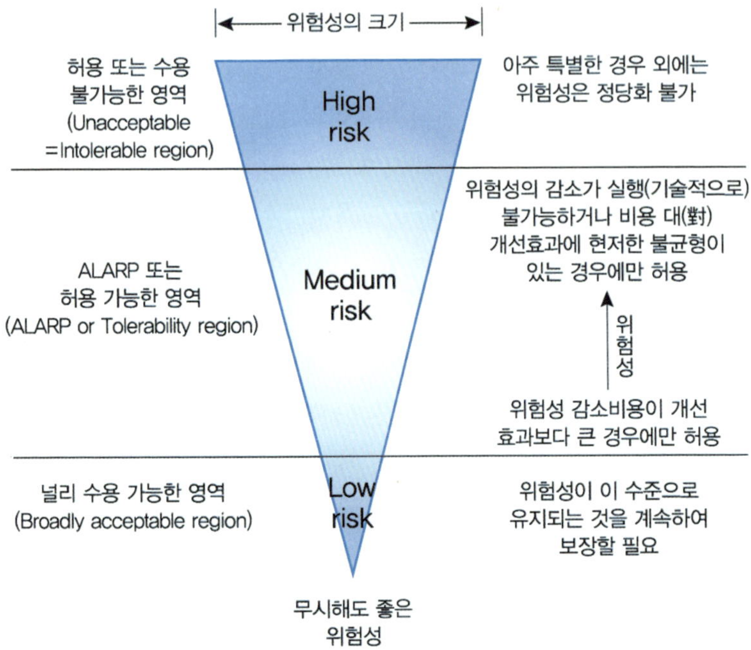

그림 15 허용(수용) 가능한 위험성과 ALARP 원칙[131)]

131) 이 그림은 IEC 61508 : 2010(2nd ed.) Part 5 Annex B, IEC 31010 : 2019(2nd ed.) B.8.2에 제시되어 있는 그림과 영국 HSE의 ALARP model을 참고한 것이다.

[칼럼] '앙꼬 없는 찐빵'이 된 위험성평가[132)]

최근 위험성평가 지침(고시) 개정안이 확정 발표되었다(2023.5.22). 가뜩이나 문제 많은 위험성평가의 시계를 되레 거꾸로 돌려놓은 개악이라는 비판이 자자하다.

위험성평가는 고용부가 강조하는 것처럼 안전관리의 초석에 해당하는 매우 중요한 제도이다. 그럼에도 제도 변경을 하면서 고용부는 제도의 원리, 개념에 대해 기초적 조사와 학습조차 하지 않았다. 심각한 건 다양한 경로로 제기된 문제점을 무시하거나 외면했다는 점이다. 이번 고시 개정 내용과 과정을 보면서 '무식하면 용감하다'는 더닝-크루거 효과를 떠올리는 건 필자만 일까.

지난 해 11월 발표한 '중대재해 감축 로드맵'에 위험성평가 기준을 낮추겠다는 내용을 불쑥 반영한 것이 화근이긴 하다. 그렇더라도 위험성평가를 폐지한 것이나 다름없는 내용을 밀어붙이는 것이 용인될 수는 없다. 실적을 포장하기 위해 근로자의 안전은 아랑곳하지 않는 공무원들을 보면서 정부는 바뀌었지만 공무원은 바뀌지 않는다는 장탄식이 절로 나온다. 사명감은 찾아볼 수 없고 영혼 없이 일하는 모습을 보면서 우리나라의 미래가 암울하다는 생각마저 든다.

위험성 추정(가능성과 중대성의 조합)이 위험성평가의 필수적 절차라는 사실도 모른 채 위험성평가 제도가 개편되었다. 제도개선 TF를 사이비 전문가로 채운 사실만 보더라도, 애당초 제도개선에 대한 진정성은 없었고 일련의 행정절차는 그저 구색에 지나지 않았다.

위험성평가 실시율이 서소한 이유가 위험성 추정의 복잡성 때문이라고 분

132) 정진우, 글로벌 건설 리더스 Vol. 218, 2023.7.

석한 것은 정부의 무능과 직무태만을 덮으려는 무책임한 진단이다. 위험성 추정을 내실화하기 위해 많은 노력을 해도 모자랄 판에 선진국에선 일반화되어 있는 위험성 추정을 어렵다고 지레 포기하면서 위험성평가를 점검과 같은 안전활동 수준으로 끌어내린 것은 무모하기 짝이 없는 처사이다.

고용부는 개악된 내용을 가리기 위해 설명자료에서 외국사례의 사실관계를 왜곡하는 일까지 서슴지 않고 있다. 용어의 표현이 다를 뿐 위험성 추정을 누락한 채 위험성평가를 운영하는 선진국과 국제기준은 한군데도 없는 것이 명백한 사실인데도 위험성 추정 절차를 두고 있지 않은 국가가 적지 않다고 견강부회하고 있다. 분명한 건 위험성 추정이 빠진 위험성평가는 '앙꼬 없는 찐빵'과 같아 더 이상 위험성평가라고 할 수 없다는 점이다.

위험성평가의 대표적 방법이라고 제시된 방법들이 위험성평가의 일부 절차는 커버하지만 위험성평가 절차 전체를 커버하지 못한다는 점도 문제이다. 이를 위험성평가 방법이라고 생각한 발상부터가 난센스이다. 각 방법에서 커버되지 않는 다른 절차는 매뉴얼에서 추가하겠다는 건 꼼수이다. 애당초 방법, 용어가 잘못 사용됐다는 것을 시인하고 바로잡아야 이를 둘러싼 혼란을 막을 수 있다.

개정 고시에서 강화됐다고 하는 근로자 참여는 부작용이 적지 않을 것이다. 형식적 사인으로 도배될 것은 불을 보듯 훤하다. 참여 여건을 조성하려는 노력은 하지 않고 참여 자체만 강조해서는 참여가 형해화되기 십상이다. 나아가 근로자 참여만 강조하는 건 관리자 책임이 희석되는 결과로 이어질 수 있다.

유해위험요인 파악의 경우 순회점검, 청취조사와 같은 하나의 방법만으로 해도 무방하고 위험성 추정도 사실상 빠졌는데 근로자는 무엇에 참여를 할 수 있을까. 위험성평가의 핵심절차인 유해위험요인 파악과 위험성 추정에 근로자가 제대로 참여할 수 있는 길이 없는 상태에서의 근로자 참여는 빛좋은 개살구에 지나지 않을 것이다. 담당공무원들이 안전원리와 현실을 몰라도 너무 모른다. 더욱 심각한 건 알려고도 하지 않는다는 점이다.

문제는 여기서 그치지 않는다. 위험성평가의 본질은 모른 채 근로자 참여만 강조하다 보니, 건설공사(작업) 개시 전에 위험성평가를 통해 위험성을 저감한다는 위험성평가 원칙을 훼손하고 건설공사(유지보수공사 포함) 개시 후에 최초 위험성평가를 하라는 황당한 규정을 넣었다. 버스 떠난 뒤에 손드는 격이다. 그 무지가 놀라울 뿐이다. 위험성평가를 망치려고 작정이라도 한 것 같다.

건설현장과 같은 특수한 영역은 이번 제도 개편 시 거의 고려되지 않았다. 여러 업종 중 건설현장의 위험성평가가 가장 혼란스러운 건 주지의 사실이다. 그런데도 이를 바로잡기는커녕 실시주체, 실시방법 · 시기 등을 더 꼬이게 만들었다. 위험성평가에서 발주자, 하청의 역할은 염두에 두지 않고 원청의 역할만을 생각한 것 같다. 건설현장의 안전관리체계, 작업메커니즘 등에 대해 문외한이다 보니, 건설현장 위험성평가의 특수성, 고려사항에 대한 문제의식이 없는 건 당연해 보인다.

이번 개정 고시는 내용의 허술함 때문에 산업재해 감소가 아닌 증가에 기여하는 쪽으로 작용하지 않을까 우려된다. 위험성평가 제도가 마치 브레이크 없는 자동차처럼 돌진하고 있는 것 같다. 보여주기에만 관심이 있고 내실화에는 관심이 없는 잘못된 정책을 지켜보자니 전문가의 한 사람으로서 답답할 따름이다. 개선하지는 못할망정 개악은 하지 말아야 할 것 아닌가. 고용부는 “잘못된 지식을 경계하라. 무지보다 더 위험하다”는 버나드 쇼의 경구를 되새기길 바란다.

제6장 시범 실시와 위험성평가 실시 규정의 작성

I 시범 실시

사업장 차원에서 위험성평가 실시 규정(위험성 추정, 우선도 설정기준 등을 포함한다.)을 결정하는 데 있어, 그 실시 방법이 적절한지 여부를 확인하기 위하여 시범 실시를 한다. 시범 실시는 가능한 한 반복하여 실시하고 문제점을 파악하여 실시 규정의 개선을 행한다.

1. 시범 실시의 의의

위험성평가 실시 시 작성하는 「위험성평가 실시 규정」(이하에서는 「실시 규정」이라 한다.)의 좋고 나쁨이 위험성평가 실시가 순조롭게 진행될지 여부의 중요한 요건이 된다. 실시 규정 작성은 위험성평가의 본격적인 실시 전에 필요한 절차로서, 그 원안 작성 후에 가능한 한 시범 실시를 하여 실시 규정의 문제점을 파악하고 개선하는 것이 필요하다. 또한 시범 실시를 하는 것은 시범 실시에 관한 현장훈련의 장도 되므로 가능한 한 많은 작업자를 대상으로 보다 많은 장소에서 실시하고 문제점을 확인·개선하는 것이 바람직하다.

시범 실시를 하는 경우는 대상 작업장 또는 부서를 선택하여 실시하게 되는데, 단순히 현장부서로부터 현장보고서를 받는 것으로 그치지 말고, 본격적인 위험성평가 실시에 관계되는 자가 동석하여 추진 상황·방법 등을 직접 확인하는 것이 바람직하다.

2. 시범 실시의 절차

가. 실시 사항

작성된 실시 규정에 따라 시범 실시를 행한다. 시범 실시를 반복하여 문제점의 포인트를 좁혀 실시 규정의 내용을 충실하게 한다. 실시 규정의 유효성이 확인되면 실시 규정에 근거한 위험성평가 교육훈련에 들어간다. 교육훈련은 사원교육의 일환으로 경영자부터 일반 종업원까지 실시할 필요가 있다.

나. 실시 방법

위험성평가를 실시하는 데 있어, 실시 규정의 좋고 나쁨과 적정한 교육훈련이 이후의 위험성평가의 본격적인 추진에 커다란 영향을 미친다. 따라서 실시 규정은 개선할 점이 발견되면 몇 번이라도 개정하는 것이 바람직하다.

시범 실시는 교육훈련과 밀접한 관계가 있다. 시범 실시는 실시 규정의 개정에 머무르지 않고 시범 실시의 참가를 통한 교육훈련 효과도 기대할 수 있다.

교육훈련은 교재(실시 절차를 포함한다.)를 이용한 이론교육과 현장훈련을 동반한 실무교육 모두를 실시한다.

다. 실시 대상

시범 실시의 대상은 다음 3가지 방법으로 선정한다.

① 위험성이 많은 작업장 또는 부서를 선정한다.

과거에 부상 또는 질병이 많이 발생한 작업장(부서) 또는 아차사고 발굴(보고)이 많은 작업장(부서)을 위험성이 많은 것으로 판단하여 그 작업장(부서)을 대상으로 중점적으로 시범 실시를 행한다.

② 무작위로 선정한다.

사업장의 모든 곳에 잠재된 재해요인이 있다고 생각하고, 작업장 또는 부서 중 몇 군데를 선정한다.

③ 사업장 전체를 대상으로 한다.

장래적으로는 사업장 내 전 작업장이 위험성평가의 대상이 되기 때문에, 특히 중소사업장의 경우에는 모든 작업장, 즉 사업장 전체를 대상으로 시범 실시를 한다.

II 위험성평가 실시 규정의 작성

충분한 시범 실시를 하고 위험성평가 실시 규정을 적절한 내용으로 개선함으로써 사업장의 모든 부서에서 통일적으로 위험성평가를 실시할 수 있는 실시 규정으로 완성해 가는 것이 중요하다. 위험성평가 실시 규정은 사업장 전체의 운영을 관장하는 부서의 장(안전·보건관리자 등 스태프)

이 중심이 되어 작성한다. 위험성평가 실시 규정에는 ① 위험성평가 실시의 목적, ② 위험성평가 실시 체제(관계자의 역할 및 교육), ③ 위험성평가 실시 시기, ④ 위험성평가 실시 대상(작업, 설비 등), ⑤ 정보의 입수, ⑥ 전문지식을 가지고 있는 자(내・외부)의 관여방법, ⑦ 위험성평가 절차[유해위험요인 파악, 위험성 추정, 위험성 결정(판단), 위험성 감소조치 검토・수립(결정) 및 실시]의 각 단계별 실시 방법(기준), ⑧ 위험성평가 실시에 필요한 서식(양식), ⑨ 위험성평가 기록의 작성・관리, ⑩ 위험성평가의 검토 및 수정 등의 사항이 포함되도록 한다.

위험성평가 실시 규정 작성상의 유의사항은 다음과 같다.

① 실시 규정의 작성자는 안전보건관리 및 위험성평가에 정통한 자일 것
② 실시 규정의 골자 및 내용은 작성 전에 산업안전보건위원회의 심의를 거칠 것
③ 실시 규정 작성의 책임자는 사업장의 안전보건을 총괄관리하는 자일 것
④ 실시 규정 작성자는 작성 시 위험성평가 실무관계자의 협력을 얻을 것
⑤ 위험성평가 실시 규정의 내용을 전 종업원에게 철저히 주지시킬 것
⑥ 작성한 실시 규정은 정기적으로 관계자의 의견을 들어 수정할 것
⑦ 실시 규정에는 위험성평가를 실시하는 데 있어 필요한 서식(양식)을 첨부할 것

III 위험성평가 실시 규정의 주지

위험성평가 실시 규정이 작성된 때는 물론이고 수정된 경우에도 사업장 전체에 통일적으로 적정한 위험성평가가 실시될 수 있도록 실시 규정에 근거한 각 단계별 실시 방법(기준)을 각 작업장의 관계자에게 정확하고 확실히 주지해 둘 필요가 있다. 위험성평가는 관계자 전원이 협조하여 진행해 나가는 것이 중요한 포인트이기 때문에 위험성평가에 관한 교육의 장(場) 등을 활용하여 실시 규정의 내용을 관계자 전원에 이해시켜 둔다.

IV 위험성평가 실시 규정의 재검토

위험성평가 실시를 거듭해 가는 과정에서 도입 목적, 사업장의 안전보건수준의 향상, 사회의 가치관, 사회의 정세 등에 변화가 있으면 그것에 따라 실시 규정을 그때마다 그리고 정기적으로 재검토하고, 현실을 반영한 형태로 효과적 · 효율적으로 위험성평가를 운영해 가는 것이 중요하다. 실시 규정의 수정 검토는 사업장 전체의 운영을 하기 위하여 사업장 위험성평가 추진자가 중심이 되어 실시하고, 각 현장 위험성평가 추진자, 위험성평가 책임자 · 실행책임자 등으로부터의 의견, 산업안전보건위원회에서의 심의내용 · 결과 등도 참고로 한다.

수정내용으로서는, 위험성평가를 효과적·효율적으로 실시하기 위한 규정으로의 수정 외에 위험성 추정의 중대성, 가능성(빈도) 기준, 판정기준 등의 수정, 위험성 수준(크기)의 범위 수정 등을 생각할 수 있다.

제 7 장 위험성평가의 준비 단계

위험성평가의 준비단계에서는 제3장에서 설명한 바와 같이 위험성평가 실시의 역할분담(실시 체제 구축), 실시 규정・계획서의 작성 및 위험성평가의 교육 등이 필요하다. 그 외에, 이 단계에서는 위험성평가 실시 시기를 명확히 하고, 위험성평가 실시 대상 선정 및 유해위험요인에 관한 정보 입수가 이루어져야 한다.

I 대상의 선정

위험성평가를 본격적으로 실시하기 전에 위험성평가의 실시 범위(대상)를 명확히 하여야 한다. 위험성평가는 원칙적으로 모든 건설물, 기계・설비, 화학물질, 작업방법(행동) 등을 대상으로 실시할 필요가 있다. 그러나 한 번에 모든 것을 대상으로 실시하는 것이 현실적으로 곤란한 경우는 대상을 좁혀서 단계적으로 실시해도 무방하다. 요컨대, 위험성평가 실시 전에 위험성평가의 실시 범위(대상)를 미리 결정해 놓는 것이 중요하다. 작업도 해당 기계·설비의 모든 cycle, 즉 운전 전(반입, 설치, 가동, 테스트), 통상 운전, 트러블 발생 시의 처리·수리, 정기 유지·보수(절차 변경, 재조정, 보전), 이전설치·해체·폐기 등 각 작업장에 관련된 모든 작업을 목록화해야 한다. 특히, 작업자로서 베테랑·초심자별은 물론 남성·여성별, 연령별, 시각·청각장해 등의 신체적 능력이 제한된 작업자 등도 고려하여야 한다. 이 단계는 ISO/IEC Guide 51 등에서 제시하고 있는 Risk assessment 절차의 최초 단계인 「의도된 사용 및 합리적으로 예견 가능한 오사용의 명확화」에 해당한다.

과거에 산업재해가 발생한 작업, 위험한 사건(아차사고)이 발생한 작업, 근로자가 불안을 느끼고 있는 작업, 조작이 복잡한 기계·설비의 작업 등 업무와 관련된 유해위험요인에 의한 재해의 발생이 「합리적으로 예견 가능한」[133] 것은 위험성평가의 대상으로 한다.

이 중 평탄한 통로에서의 보행 등 「명백히 경미한 부상 또는 질병 외에는 발생하지 않을 것으로 예상되는 유해위험요인」에 대해서는 위험성평가의 대상에서 제외하더라도 무방하다.[134] 여기에서 「경미한 부상 또는 질병」이란 의사에 의한 치료를 요하지 않는 정도의 부상 또는 질병을 말한다. 과거에 종종 경미한 부상 또는 질병만 발생했던 것은 명백히 경미한 부상 또는 질병 외에는 발생하지 않을 것으로 예상되는 것에 포함되지 않

133) 재해를 예견하기 위하여 충분한 검토를 하면 현 시점의 지견(知見)으로 예견할 수 있는 경우를 말한다.

134) 사업장 위험성평가에 관한 지침(고시) 제5조의2 제1항 단서에서도 "매우 경미한 부상 및 질병만을 초래할 것으로 명백히 예상되는 유해·위험요인은 평가 대상에서 제외할 수 있다."고 규정하고 있다.

는다.[135]

한편, 동일한 근무조건이나 작업환경을 가지고 있는 경우에는 하나의 작업 등을 선정하여 대표적으로 위험성평가를 실시하더라도 무방하다.

Ⅱ 유해위험요인에 관한 정보의 입수

위험성부터 우선적으로 개선을 하기 위해서는, 유해위험요인의 파악 단계에서 큰 위험성으로 이어질 수 있는 유해위험요인을 누락하지 않도록 해야 한다. 이를 위해서는, 유해위험요인에 관한 정보를 가급적 많이 수집하여 유해위험요인을 파악하기 위한 정보로 정리해 두는 것이 필요하다.

특히, 새로운 기계・설비를 도입하거나 대규모 개조를 행하는 등의 사업장에서는 기계・설비의 제조자 등으로부터 기계・설비의 「사용상의 정보」의 제공을 받아, 이것을 토대로 새로운 유해위험요인을 파악하는 것이 요구된다.

단, 기계・설비에 관한 작업절차 등은 설계 단계부터 도입 단계까지는 확정할 수 없는 경우가 많으므로, 생각할 수 있는 범위에서 절차를 정한다. 이때, 당해 기계・설비에 관한 재해・사고 정보, 아차사고 정보 등도 입수가 곤란한 경우에는, 유사 기계・설비, 작업방법 등에 관한 정보를 수집하는 등의 수단을 생각할 수 있다.

135) 日本厚生労働省, 危険性又は有害性の調査等に関する指針(公示 第1号), 2006.3.10 참조.

1. 정보의 입수와 활용

유해위험요인에 관한 정보를 입수할 때는, 법령, 업계기준, 사내규정 등 기준류(基準類)의 정보를 파악함과 함께, 재해통계, 안전보건관리기록, 안전보건활동기록 등의 정보를 토대로 사업장의 유해위험요인에 관한 정보를 파악한다.

이들 정보는 위험성평가를 실시할 때가 되어 비로소 수집・정리하는 것이 아니다. 평상시부터 위험성평가에 필요한 정보 인지의 관점에서 수집・정리해 두고, 실제로 실시하는 단계에서 신속하게 적절한 정보가 제공될 수 있도록 자료목록 등을 작성하여 준비해 두는 것이 바람직하다.

구체적으로는 다음과 같은 정보(자료)가 제시될 수 있다.

① 사업장 안전보건 관련법령(산업안전보건법령 등), 고시, 지침 및 업종 · 직종별단체 기준 등
② 작업표준, 작업절차서, 조작설명서, 작업매뉴얼 등
③ 기계 · 설비의 사양서(仕樣書) 및 사용(취급)설명서, 표식, 경고표시, 물질안전보건자료(MSDS) 등 사용하는 기계 · 설비, 재료 등에 관한 정보
④ 기계 · 설비의 배치 등 작업의 주변환경에 관한 정보
⑤ 혼재작업에 의한 위험성 등 복수의 사업주가 동일한 장소에서 작업을 실시하는 상황에 관한 정보(동시 상하작업, 차량 진입 등의 정보)
⑥ 작업환경측정 결과 및 작업환경관리 상황, 일반 · 특수건강진단 결과(생물학적 모니터링 결과를 포함한다.) 및 그 사후관리 상황에 관한 기록

⑦ 사업장 내 재해 · 사고사례, 아차사고 발굴(보고)사례(동일기업의 타 사업장의 사례, 동종업종의 타사(他社) 사례, 관련업계의 사례를 포함한다.)

⑧ 기타 유해위험요인을 파악하는 데 참고가 될 자료

i) 작업에 필요한 교육이수 및 자격(면허)보유의 자료

ii) 작업관리의 기록

iii) 과거 위험성평가의 기록

iv) 작업장 안전보건순찰의 기록

v) 작업장 안전보건개선의 기록

vi) 긴급사태 발생 시의 대응의 기록

vii) 개선(안전)제안활동의 기록 및 그 구체적 내용

viii) 위험예지활동의 기록

ix) 정리정돈[4S(5S)[136)]]활동의 기록

x) 기타 작업장 안전보건활동의 기록

기계 · 설비에 대해서는, 제조자 등이 제공한 사용상의 정보를 기초로 하여, 사용되는 기계 · 설비의 특징을 정확하게 파악하는 것과 사용목적을 명확히 하여 사용조건을 확실히 하는 것 등을 실시한다. 즉, 기계 · 설비를 영구적으로 사용할 수 있는 것은 아니기 때문에, 기계 · 설비의 사용목적(용도), 유효기간(수명), 사용조건, 설치조건 등을 명확히 파악하여야 한다.

136) 정리, 정돈, 청소, 청결의 일본어 두문자를 따 「4S」라 하고, 여기에 「습관화」를 추가하여 「5S」라고 한다.

이 경우, 보통사람이라면 그러한 실수는 할 것이라는 「예견 가능한 오사용(Foreseeable misuse)」[137] 도 사용조건에 포함해 두는 것이 중요한 포인트이다. 그러한 것은 예상하지 못했다거나 그러한 사람이 사용하리라고는 생각하지 못했다거나 사람이 그렇게 잘못된 것을 하리라고는 생각하지 못했다고 반응해서는 안 된다. 사람은 대체로 이러한 실수는 한다는 것을 미리 예상하여 그것을 명확히 해둘 필요가 있다.

한편, 정상작업에 관한 정보(자료)뿐만 아니라 비정상작업(기계・설비의 보수・점검작업, 수리작업, 예견되는 긴급사태에의 대응작업 등)에 관한 정보도 포함하도록 한다. 그리고 작업순서・방법의 변경에 관한 정보(자료)도 입수하여야 한다.

참고 4 건설공사에서의 정보의 입수

건설업체(원청, 하청) 본사 또는 비건설업체 건설공사 발주자는 안전보건과 관련된 각종 정보의 수집을 가능한 한 데이터베이스화하고, 건설현장에서는 정보수집 작업이 필요최소한으로 그치도록 유해위험요인 일람표를 작성하는 등 표준화를 도모하는 것이 중요하다.

건설공사를 개시하기 전에 안전보건정보를 입수할 때는 다음 사항에 유의할 필요가 있다.

① 새로운 기계・설비 등을 외부에서 도입하려고 하는 경우에는, 당해 기계・설비 등의 설계・제조자에게 당해 기계・설비 등의 설계・제조단계에서 위험성평가를 실시할 것을 요구하고 그 결과를 입수할 것

137) 「예견 가능한 오사용」이란, 엄밀히 말하면 「합리적으로 예견 가능한 오사용」(Reasonably foreseeable misuse)을 의미하며, "설계・제조자에 의해 의도되지 않은 방법으로 기계・설비를 사용하는 것으로서, 용이하게 예측할 수 있는 사람의 행동에서 비롯되는 방법으로 기계・설비를 사용하는 것"이라고 정의되고 있다(ISO 12100 : 2010 3.24).

② 기계·설비 또는 가설물 등의 사용 또는 개조를 하려고 하는 경우에, 스스로 당해 기계·설비 등의 관리권원을 갖고 있지 않은 때는 관리권원을 갖고 있는 자 등이 실시한 당해 기계·설비 등에 대한 위험성평가 결과를 입수할 것

③ 복수의 사업주가 동일한 장소에서 작업을 하는 경우에는 혼재작업에 의한 산업재해를 방지하기 위하여 상위의 주문자가 실시한 위험성평가를 입수할 것

④ 기계·설비 등이 전도될 우려가 있는 장소, 토사가 붕괴될 우려가 있는 장소, 구축물·가설물 등이 도괴할 우려가 있는 장소 등 위험한 장소에서 복수의 사업주가 작업을 하는 경우에는 상위의 주문자(발주자 또는 원청 사업주를 포함한다.)가 실시한 당해 위험한 장소에 관한 위험성평가 결과를 입수할 것

참고 5 작업의 형태[138)]

작업장에서 이루어지는 작업에는 반복적으로 이루어지는 작업 외에, 작업 시마다 방법이 다른 작업, 돌발적으로 발생하여 긴급하게 대처하여야 하는 작업 등의 형태가 있다.

업종에 관계없이 작업의 형태는 일반적으로 「정상(定常)작업」과 「비정상(非定常)작업」으로 대별되고, 비정상작업에는 미리 예정하여 실시하는 「계획적 비정상작업」과 돌발적으로 발생하여 긴급하게 대처하여야 하는 「긴급작업」이 있다. 작업의 형태는 각각의 작업에 대응하는 방법을 토대로 정상작업과 계획적 비정상작업, 긴급작업의 3가지로 구분되고, 각각 다음과 같이 정의된다.

138) 中村昌弘, 基礎からゎかる作業手順書, 中央労働災害防止協会, 2012, 80~81頁.

작업의 형태		정의
정상 작업		대체로 동일한 작업방법에 의해 일상적·반복적으로 행하는 작업(작업빈도는 10일에 약 1회 이상을 목표로 함)
비정상 작업	계획적 비정상 작업	반복적으로 행하지만 작업빈도가 적은 작업과 작업 시마다 작업방법이 다른 작업이고 미리 예정하여 행하는 작업(작업빈도는 10일에 약 1회 미만을 기준으로 함)
	긴급 작업	돌발적으로 발생하는 이상사태로서 바로 대처하여야 하는 작업(바로 대처하지 않아도 되는 작업은 계획적 비정상작업임)

작업의 형태는 작업절차서를 정하고 있는지 여부에 관계없이 구분한다. 정상작업과 계획적 비정상작업의 구분을 10일에 1회 정도의 작업빈도를 기준으로 하는 것은 작업방법을 익혀 습관으로 습득되는 작업빈도를 감안한 것이다. 따라서 설비의 정기점검과 같은 반복성이 있는 작업이라도 작업빈도가 낮으면 계획적 비정상작업으로 구분한다.

계획적 비정상작업은 미리 작업의 일시, 방법 등을 정하여 행하는 작업이므로, 돌발적인 고장 등이라도 바로 대처하지 않아도 무방한 작업은 이것에 포함된다. 따라서 계획적 비정상작업에는 기계·설비의 수리(정비)·개조·검사(점검)·해체, 라인작업에서의 보수작업, 시운전 외에 작업빈도가 적은 급유, 정기분해점검 등이 해당한다. 공사별로 작업방법이 다른 설비·구축물의 건설공사 등도 계획적 비정상작업이다.

한편, 정상작업, 계획적 비정상작업, 긴급작업에 관계없이 작업절차를 정하고 있는 작업은 정형(定型)작업이고, 이를 정하고 있지 않은 작업은 비정형(非定型)작업이다. 어떠한 작업이라도 항상 올바른 작업을 하여야하므로 작업절차를 정하여 정형화하는 것이 중요하다. 이를 감안하여 모든 작업에 대하여 작업의 형태에 따른 작업절차를 사전에 정하여야 한다.

2. 정보의 입수 시 유의사항

위험성평가에 관한 정보를 입수할 때 다음 사항에 유의하여야 한다.

① 기계 · 설비를 사용하는 사업주가 새로운 기계 · 설비를 외부로부터 도입하려고 하는 경우에는, 당해 사업주는 도입 전에 당해 기계 · 설비의 설계 · 제조자에게 당해 기계 · 설비의 설계 · 제조 단계에서 위험성평가를 실시할 것을 주문 시의 조건으로 요구하고, 그 결과로서의 사용상의 정보를 입수할 것. 사용상의 정보의 내용을 세부적으로 살펴보면, 다음과 같은 사항이 포함된다.[139)]

i) 설계 · 제조자의 명칭 및 주소

ii) 형식 또는 제조번호 등의 기계 · 설비를 특정하기 위한 정보

iii) 기계 · 설비의 사양 · 구조에 관한 정보

iv) 기계 · 설비의 사용에 관한 정보

- 의도하는 사용[140)]의 목적 · 방법(기계 · 설비의 보수 · 점검 등에 관한 정보를 포함한다.)
- 운반, 설치, 시운전 등의 사용의 개시에 관한 정보
- 해체, 폐기 등의 사용정지에 관한 정보
- 기계 · 설비의 고장, 이상 등에 관한 정보(수리 등을 한 후의 재기동에 관한 정보를 포함한다.)

---

139) 厚生労働省, 機械の包括的な安全基準に関する指針(基発 第0731001号), 2007.7.31 참조.

140) 「기계 · 설비의 의도하는 사용」이란, 사용상의 정보에 의해 제시되는, 설계 · 제조자가 예정하고 있는 기계 · 설비의 사용을 말하며, 설정, 교시(教示), 공정변경, 운전, 청소, 보수점검 등을 포함한다. 이것은 일반적으로 설계 · 제조자가 작성하는 사용(취급)설명서를 통해 기계 · 설비의 사용자에게 제공된다.

- 합리적으로 예견 가능한 오사용 및 금지하는 사용방법

v) 안전방호[141] 및 부가보호조치[142]에 관한 정보

- 목적(대상이 되는 유해위험요인)
- 설치위치
- 안전기능 및 그 구성

vi) 기계 · 설비의 잔류위험성에 관한 정보

- 설계 · 제조자에 의한 보호조치로 제거 또는 감소시킬 수 없었던 위험성
- 특정 용도 또는 부속품의 사용에 의해 발생할 우려가 있는 위험성
- 기계 · 설비를 사용하는 사업주가 실시하여야 할 안전방호, 부가보호조치, 근로자교육, 개인보호구의 사용 등의 보호조치의 내용
- 의도하는 사용에서 취급되거나 방출되는 화학물질의 물질안전보건자료

② 기계 · 설비의 사용 또는 개조 등을 하려고 하는 경우에, 스스로가 당해 기계 · 설비의 관리권한을 가지고 있지 않은 때에는, 사용하는 기계 · 설비에 대한 설비적 개선은 관리권한을 가지고 있는 자만이 할 수 있다는 점을 고려하여, 사용 또는 개조 등을 하기 전에 관리권한을 가지고 있는 자 등이 실시한 당해 기계 · 설비에 대한 위험성평가 결

141) 가드 또는 보호장치의 사용에 의해 위험성을 감소시키는 보호조치를 말한다.

142) 본질적 대책 또는 안전방호와 같이 유해위험요인에 대한 직접적인 보호조치는 아니지만, 재해로 연결되는 긴급사태로부터의 회피 등을 위하여 취하는 부차적인 방법에 의한 보호조치를 말한다.

과를 입수할 것.[143)]

③ 복수의 사업주가 동일한 장소에서 작업을 하는 경우에는 혼재작업에 의한 산업재해를 방지하기 위하여 도급인(주문자) 또는 원청 사업주가 실시한 위험성평가를 입수할 것.[144)]

④ 기계 · 설비가 전도될 우려가 있는 장소 등 위험한 장소에서 복수의 사업주가 작업을 하는 경우에는 도급인(주문자) 또는 원청 사업주가 실시한 당해 위험한 장소에 관한 위험성평가 결과를 입수할 것.[145)]

3. 기계 · 설비의 제한에 관한 사양 지정

설계 · 제조 단계에서의 위험성평가 절차는 기본적으로 사용 단계에서의 위험성평가 절차와 동일하지만, 기계 · 설비의 경우 설계 · 제조 단계에서는 사용 단계에서의 위험성평가의 「정보의 입수」 대신에 「기계 · 설비의 제한에 관한 사양(仕樣)의 지정」을 실시한다. 즉, 설계 · 제조자는 사용되는 기계 · 설비의 상황을 특정하기 위하여 기계 · 설비의 제한, 즉 사용상의 제한, 공간상의 제한, 시간상의 제한에 관한 사양에 대하여 각

143) 폭발 등의 위험성이 있는 것을 취급하는 기계 · 설비의 개조 · 수리 · 청소 등의 작업을 도급하는 경우, 수급인이 기계 · 설비 자체 및 그 내용물 등의 위험성을 파악하는 것은 곤란하기 때문에 관리권한을 가지고 있는 도급인이 위험성평가를 실시하고 수급인에게 그 결과를 제공할(수급인은 그 결과를 입수할) 필요가 있다.

144) 동일한 장소에서 도급인 근로자와 수급인 근로자가 혼재되어 실시하는 작업을 도급받은 사업주는 혼재의 유무, 혼재작업에 의한 위험성을 파악하기 어렵기 때문에, 도급인(주문자) 또는 원청 사업주가 혼재에 의한 위험성에 대하여 사전에 위험성평가를 실시하고, 그 결과를 관계수급인에게 전달할 필요가 있다.

145) 건설현장, 조선소 등에서는 수급인이 혼재되어 작업을 실시하고 있어 어떤 수급인이 위험성평가를 실시하여야 할지가 명확하지 않은 경우가 있기 때문에, 원청 사업주 중심으로 위험성평가를 실시하고 그 결과를 관계수급인에게 전달할 필요가 있다.

각 지정을 한다.

① 「사용상의 제한」은 기계 · 설비의 의도하는 사용뿐만 아니라 예견 가능한 오사용, 기능불량 등도 고려하는 것과 조작하는 근로자의 숙련도, 신체적 능력 등을 고려하는 것이 중요하다.

② 「공간상의 제한」은 가동부분의 동작범위, 설치장소 등을 고려하는 것이 중요하다.

③ 「시간상의 제한」은 구성품(Component), 부품 등의 수명, 설치에서 해체까지의 기계 · 설비의 생애주기를 고려하는 것이 중요하다.

III 연간 안전보건계획과 위험성평가

위험성평가 결과로서 도출된 위험성 감소조치 중 바로 실시할 수 있는 것은 바로 실시하도록 하고, 기술적 검토, 예산적 조치를 필요로 하는 등 곧바로 실시할 수 없는 것에 대해서는 다음 연도의 안전보건계획에 반영하여 대응해 나간다. 따라서 위험성평가의 실시는 다음 연도의 안전보건계획과 관련되게 된다. 위험성평가의 구체적인 실시 시기는 다음과 같이 설명할 수 있다.

① 위험성평가를 통해 작업장의 유해위험요인이 확인(파악)되고, 그에 대한 위험성 감소조치가 결정되게 된다. 위험성평가를 통해 도출되는 개선내용을 다음 연도의 안전보건계획의 작성에 반영시키기 위하여, 연간스케줄에 맞춰 위험성평가를 실시한다. 구체적으로는, 1월부터 12월

까지 안전보건계획을 운용하고 있는 경우에는, 적어도 12월 중에는 위험성평가에 따른 모든 조치의 검토를 종료하고, 검토 결과를 다음 연도의 계획에 반영시킨다.

② 위험성평가를 수차례 실시하게 되면 작업장의 큰 위험성도 순차적으로 감소시킬 수 있는 경우가 많다. 위험성 감소조치 중 대응 가능한 것에 대해서는 바로 실시하는 것으로 하고, 특별한 예산이 필요한 조치에 대해서는 차기의 안전보건계획에 포함시켜 실시한다. 긴급성이 높은 경우 등은 예산화되어 있지 않아도 어떻게 취급할 것인가를 미리 결정해 두는 것도 중요하다.

제 8 장 위험성평가의 실시

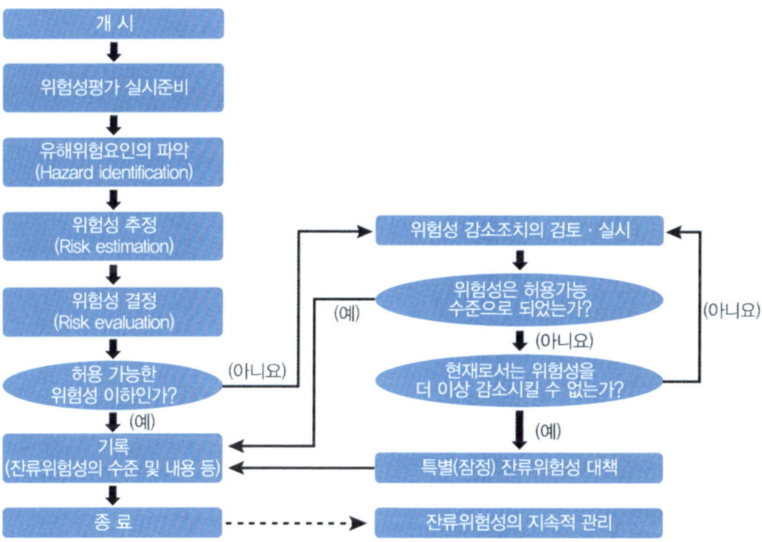

그림 16 위험성평가 실시 흐름도

위험성평가의 전체 흐름도를 그림으로 제시하면 다음과 같다. 〈그림 16〉은 기본적으로 ISO/IEC Guide 51(2014)의 위험성평가의 절차에 따르고 있다.

위험성 감소조치를 실시한 후 위험성이 허용 가능한 수준으로 떨어지지 않은 경우, 원칙적으로는 위험성 감소조치를 재차 수립하여 실시하여야 하지만, 현재의 시점에서 그 이상의 감소조치를 실시할 수 없는 것이 타당하다고 판단되는 경우에는, 잔류위험성 대책을 수립한 후 그 이상의 감소조치를 실시할 수 없는 이유와 향후 조치계획을 기록으로 남기고 종료하는 것으로 한다.

I 유해위험요인의 파악

1. 유해위험요인 파악의 진행방법

위험성평가에서는 유해위험요인을 누락 없이 찾아내는 것이 가장 중요한 작업이다. 유해위험요인의 파악은 크게 다음 2가지의 단계로 실시한다.

① 유해위험요인을 명확히 하는 것
② 유해위험요인별로 산업재해에 이르는 프로세스를 명확히 하는 것

①의 단계에서는 작업장에 신규로 도입하거나 작업장에서 현재 이용하고 있는 기계・설비, 화학물질, 작업환경, 작업방법 등에서 위험한(불안전한) 상태, 작업자의 불안전한 행동, 작업자의 특성 등에 주목하여, 산업재해의 발생원인이 되는 유해위험요인을 명확히 한다.

②의 단계에서는 구체적으로 산업재해 발생까지의 프로세스(흐름)를

명확히 한다.

이것은 유해위험요인 파악의 다음 절차인 「위험성 추정」을 적절하게 실시하는 것으로 연결되는 중요한 절차이다. 이 경우, 유해위험요인에 따라서는 복수의 프로세스가 존재하는 경우도 있다는 점에 유의할 필요가 있다.

유해위험요인 파악은 작업절차서, 작업표준 등을 활용하여 실시한다. 작업절차서, 작업표준 등이 없는 경우에는 작업별로 작업 개요를 기재한 것을 사용하거나 작업절차를 써내도록 한다. 이때 실제의 작업을 잘 관찰하는 것도 중요하다. 현장에서는 작업절차서 등과 다른 방법으로 작업이 이루어지는 경우가 있고, 소음, 공간 협소 등의 환경요인 등은 작업절차서 등에는 기술되어 있지 않기 때문이다.

실시자는 작업의 상황을 가장 잘 알고 있는 현장감독자와 작업자가 중심이 되고, 누락을 방지하기 위하여 복수의 자가 실시하는 것이 바람직하다. 그리고 필요에 따라 사용되고 있는 기계・설비에 정통한 스태프 등 전문지식을 가진 자, 과장 등의 관리자가 참가하는 것도 유효하다.

절차는 반드시 ①에서부터 먼저 실시해 가는 것이 아니라 ②의 절차를 통해 ①이 명확히 되는 것도 있으며, 양자는 표리일체가 되어 이루어지게 된다. 이하에서 유해위험요인 파악의 구체적인 방법에 대하여 기술한다.

2. 유해위험요인 파악방법

위험성평가는 작업장의 위험성에 대하여 회사(사업주), 사업장에서 정한 기준에 따라 적절하게 개선을 진행할 수 있다는 특징을 갖는 기법이다. 이 특징을 활용하기 위해서는 앞의 1. ①의 단계에서 유해위험요인을 누락하지 않도록 하는 것이 중요하다.

유해위험요인을 누락하지 않기 위해서는 각 작업장의 작업, 기계·설비 등으로부터 사업장의 유해위험요인에 관한 자료를 가능한 한 많이 수집하고 효과적으로 활용하는 것이 중요하다. 이 경우 전술한 바와 같이 정상작업에 관한 자료뿐만 아니라 비정상작업에 관한 자료 등도 정보로서 정리해 두는 것이 필요하다.

예상하지 못했던 유해위험요인이 나중에 발견되는 경우가 있다. 이러한 경우에는 새롭게 파악된 유해위험요인을 위험성평가 대상으로 추가하여 위험성평가를 실시하여야 한다. 특히 새로운 유해위험요인으로 사고가 발생한 경우에는, 이것을 유해위험요인의 목록에 바로 추가하여 위험성평가가 신속하게 실시되도록 하여야 한다.

위험성평가를 실시할 때 유해위험요인을 파악하는 방법으로는, ① 사업장의 관리·감독자, 안전·보건관리자 등이 작업장 「안전보건순찰」을 통해 유해위험요인을 찾아내는 방법, ② 현장감독자(현장 위험성평가 추진자)가 자신의 부하인 작업자와의 면담, 즉 「청취조사」를 통해 작업자로부터 유해위험요인을 찾아내는 방법, ③ 재해·사고보고서 및 위험체험(아차사고 등) 발굴(보고)사례(〈표 34〉 참조), 작업환경측정·건강진단 실시 결과, 안전활동 실시 기록, 산업안전보건위원회 회의록 등 「안전보건자료」에 의해 유해위험요인을 찾아내는 방법, ④ 작업장에서 이루어지고 있는 작업에 대해 「안전보건 체크리스트」를 만들고 이 중에서 유해위험요인을 찾아내는 방법 등이 제시되고 있다.

유해위험요인 파악 시 위 방법들 중 어느 하나의 방법만을 사용하는 것은 바람직하지 않고 가급적 여러 방법을 사용할 필요가 있다. 나아가 상기의 설명은 유해위험요인을 파악하는 대표적인 방법을 예시적으로 열거한 것으로서 유해위험요인을 파악하는 방법이 이 방법들로 한정되는 것은 아니다. 즉, 이상에서 제시한 방법 외의 방법으로 유해위험요인을 파악하는 것이 차단되는 것은 아니며, 오히려 권장될 필요가 있다.

표 34 위험체험의 메모(예)

여러분이 직장에서 위험하다고 느낀 것, 사고가 날 뻔 했던 것(아차사고) 등의 경험이 있으면 기입하여 주십시오.

<table>
<tr><td rowspan="2">체험일</td><td rowspan="2">년　　월　　일</td><td rowspan="2">체험자</td><td>소 속</td><td></td></tr>
<tr><td>성 명</td><td></td></tr>
<tr><td>작업장명</td><td></td><td>작업명</td><td colspan="2"></td></tr>
<tr><td>위험
체험의
개요</td><td colspan="4">지게차로 화물을 운반하던 중 바닥이 울퉁불퉁한 곳에서 팔레트에서 화물이 떨어져 분류작업을 하고 있던 작업자가 화물에 맞을 뻔 했음</td></tr>
</table>

<table>
<tr><td>① 유해위험요인</td><td>② 사람</td></tr>
<tr><td>예) 지게차로 반출 중인 화물이</td><td>예) 분류작업을 하고 있는 작업자에게</td></tr>
<tr><td colspan="2">③ 유해위험요인과 사람이 접촉하는 상태</td></tr>
<tr><td colspan="2">예) 화물이 무너지는 바람에 그것이 팔레트에서 떨어져</td></tr>
<tr><td colspan="2">④ 안전보건 확보의 부족(불완전), 부적절</td></tr>
<tr><td colspan="2">예) 바닥이 울퉁불퉁하다.</td></tr>
<tr><td colspan="2">⑤ 발생 우려가 있는 재해</td></tr>
<tr><td colspan="2">예) 분류작업자가 떨어진 화물에 맞는다.</td></tr>
</table>

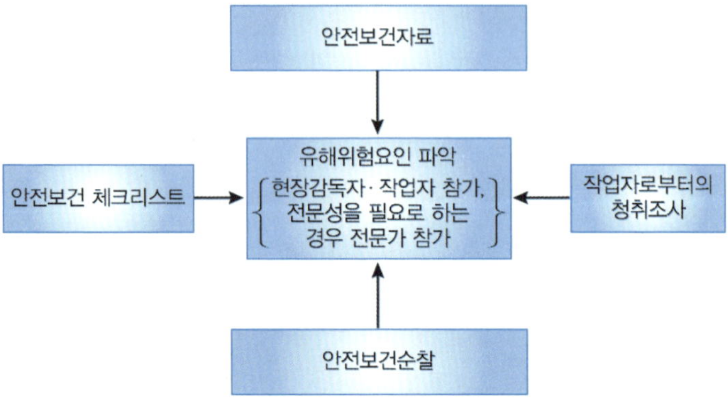

그림 17 정보수집에서 유해위험요인 파악까지의 흐름도

유해위험요인을 누락 없이 효과적으로 파악하기 위해서는 다음과 같은 방법을 활용할 필요가 있다.

가. 유해위험요인의 근원의 착안

산업재해에서는 유해위험요인의 근원(Origin)(협의의 유해위험요인)의 성상(性狀)에 따라 부상 또는 질병의 크기가 결정되는 경우가 많다. 그래서 부상 또는 질병을 유발하기 쉬운 유해위험요인의 근원을 사업장에서 찾아내고 이것들이 기인이 되어 어떤 산업재해가 발생한 것인가를 예상하는 방법이 활용될 수 있다. 〈표 35〉에는 유해위험요인의 근원의 대표적인 분류기준(예시)이 제시되어 있다. 이 분류기준은 우리나라 산업안전보건법 제38조(안전조치)에 규정된 위험요인과 제39조(보건조치)에 규정된 유해요인을 충실하게 반영한 것으로서, 일본 후생노동성에서 사용하고 있는 것이기도 하다.

표 35 유해위험요인(근원)의 유형분류(예)[146)]

1. 기계・설비에 의한 위험요인
2. 폭발성 물질, 발화성 물질, 인화성 물질[147)], 부식성 물질 등[148)]에 의한 위험요인
3. 전기, 열, 기타 에너지[149)]에 의한 위험요인
4. 작업[150)]방법에서 발생하는 위험요인
5. 작업장소[151)]에 관계되는 위험요인
6. 작업행동[152)]에서 발생하는 위험요인[153)]
7. 원재료, 가스, 증기, 분진 등[154)]에 의한 유해요인
8. 방사선, 고온, 저온, 초음파, 소음, 진동, 이상기압 등[155)]에 의한 유해요인
9. 작업행동[156)]에서 발생하는 유해요인
10. 기타 유해위험요인[157)]

---

146) 厚生労働省, 危険性又は有害性の分類例(解釈通達 基発 第0310001号 別添3), 2006.3.10 참조.

147) 「인화성 물질」에는 가연성가스, 분진 등이 포함된다.

148) 「등」에는 산화성 물질, 황산 등이 포함된다.

149) 「기타 에너지」에는 아크 등 광에너지 등이 포함된다.

150) 여기에서의 「작업」에는 굴삭작업, 채석작업, 하역작업, 벌목작업, 철골조립 등이 포함된다.

151) 여기에서의 「장소」에는 추락 우려가 있는 장소, 토사 등의 붕괴 우려가 있는 장소, 미끄러질 우려가 있는 장소, 발이 걸려 넘어질 우려가 있는 장소, 채광・조명 등의 영향에 따른 위험성이 있는 장소, 물체가 낙하할 우려가 있는 장소 등이 포함된다.

152) 여기에서의 「작업행동」은 사고를 유발하는 잘못된 행동을 가리킨다.

153) 작업행동에서 발생하는 위험요인은 유해위험요인을 광의로 파악할 경우에는 이를 단독으로 파악하지 않고 다른 유해위험요인에 결합하는 방식으로 접근(파악)하게 된다.

154) 「등」에는 산소결핍공기, 병원체, 배기, 배액, 잔재물 등이 포함된다.

155) 「등」에는 적외선, 자외선, 레이저광선 등이 포함된다.

156) 여기에서의 「작업행동」에는 계기감시, 정밀공작, 중량물취급 등 육체적 부하가 심한 작업, 요통, 경견완증후군을 유발하는 잘못된 작업자세, 작업양태 등이 포함된다.

157) 타인의 폭력, 교통사고 등 소속 근로자 이외의 자의 영향에 의한 것이 포함된다.

EU의 안전보건 기본지침(Directive 89/391/EEC)에 근거하여 EU에서 제정된 Guidance on risk assessment at work[158] Annex 1A에서는 유해 위험요인 분류기준에 해당하는 것으로서 「위험성평가를 필요로 하는 작업 상황·활동 실례」를 자세하게 제시하고 있는데, 이를 소개하면 <표 36>과 같다.

표 36 위험성평가를 필요로 하는 작업 상황·활동 실례

1. 작업장비의 사용
   - 1.1 충분히 방호되지 않아 압착되거나 잘리거나 찔리거나 충돌되거나 협착되거나 말려들 수 있는 회전부분, 가동부분
   - 1.2 사람에게 타격을 초래할 수 있는 부품 또는 재료의 동력 없는 움직임(낙하, 회전, 미끄러짐, 기울어짐, 비래, 흔들림, 붕괴)
   - 1.3 기계와 자동차의 움직임
   - 1.4 화재와 폭발의 위험(예컨대 마찰, 압력용기에 의해)

2. 작업방법과 작업장의 레이아웃
   - 2.1 위험한 부분(날카로운 모서리, 코너, 끝부분, 거친 표면, 돌출된 부분)
   - 2.2 고소작업
   - 2.3 어색한 동작, 자세를 필요로 하는 작업
   - 2.4 한정된 공간(예컨대 고정된 부품 사이에서 작업을 해야 하는 경우)
   - 2.5 걸려 넘어지는 것, 미끄러지는 것(젖거나 기타 미끄러지기 쉬운 표면 등)
   - 2.6 작업장소의 안정성
   - 2.7 개인보호구 착용이 작업의 다른 측면에 미치는 영향
   - 2.8 작업기법과 작업방법
   - 2.9 밀폐된 공간에 들어가 작업하는 것

158) European Commission, Guidance on risk assessment at work, 1996.

3. 전기의 사용

3.1 전기의 개폐장치

3.2 환상(環狀) 주회로, 조명회로 등의 전기설비

3.3 전동설비, 전기제어장치, 절연작업

3.4 휴대전동공구의 사용

3.5 전기에너지를 원인으로 하는 화재, 폭발

3.6 가공(架空)전선

4. 안전보건에 유해한 물질 또는 혼합물(제제)의 노출

4.1 건강에 유해한 물질의 흡입, 섭취, 피부흡수

4.2 가연성 물질과 폭발성 물질의 사용

4.3 산소의 결핍(질식)

4.4 부식성 물질의 존재

4.5 반응성/불안정 물질

4.6 과민증 유발물질의 존재

5. 물리적 인자에의 노출

5.1 전자기 복사(열, 빛, 엑스선, 전리방사선)[159]에의 노출

5.2 레이저에의 노출

5.3 소음, 초음파에의 노출

5.4 기계적 진동에의 노출

5.5 고온물질/매체에의 노출

5.6 저온물질/매체에의 노출

5.7 가압된 유체의 존재(압축된 공기, 증기, 액체)

6. 생물학적 인자에의 노출

6.1 미생물, 외독소[160], 내독소[161]를 취급함으로써 이것들에 노출되어 감염될 리스크

6.2 부주의로 미생물에 노출되는 것에 의한 감염 리스크(예컨대 습기 찬 냉각탑으로부터 방출된 레지오넬라균)

7. 환경적 요인 및 작업환경

7.1 불충분하거나 부적절한 조명

7.2 온도/습도/환기의 불충분한 제어

7.3 오염물질의 존재

8. 작업장과 인적 요인의 상호작용

8.1 안전시스템이 정보의 정확한 수령·처리에 의존하는 것

8.2 직원의 지식과 능력에 의존하는 것

8.3 행동규범에 의존하는 것

8.4 조건의 변화에 대처하기 위하여 양호한 커뮤니케이션과 적절한 정보에 의존하는 것

8.5 합리적으로 예상 가능한 안전작업절차로부터의 일탈에 의한 영향

8.6 개인보호구의 적합성

8.7 안전하게 작업하는 동기부여의 부족

8.8 근로자에게 적합한 작업장소의 설계와 같은 인간공학적 요인

9. 심리적 요인

9.1 작업의 고됨(강도, 단조로움)

9.2 작업장의 크기(예컨대 폐쇄공포증, 단독작업)

9.3 역할 모호 및/또는 갈등

9.4 작업에 영향을 미치는 의사결정에의 기여

9.5 높은 요구, 작업에 대한 낮은 관리

9.6 긴급 시의 반응

10. 작업조직

10.1 작업공정에 의해 조건 지워진 요인(예컨대 연속성, 교대시스템, 야간작업)

10.2 안전보건 프로세스의 조직화, 계획수립, 모니터링 및 컨트롤을 위해 도입된 효과적인 관리 시스템 및 장치

10.3 안전설비를 포함한 설비의 유지보수

10.4 재해와 긴급사태에 대처하기 위한 적절한 장치

11. 기타 요인
11.1 다른 사람에 의해 야기되는 위험(예컨대 카운터 직원, 보안담당직원, 경비원, 스포츠)
11.2 동물을 이용하는 작업
11.3 가압되거나 감압된 분위기하에서 작업하는 것
11.4 심한 기후조건
11.5 소프트웨어의 완전성
11.6 물 근처에서 작업 또는 수중작업
11.7 변화가 많은 작업장

독일의 「위험성평가 및 문서작성 지침(Leitlinie Gefährdungsbeurteilung und Dokumentation)」[162] 부록 2에서도 「유해위험요인(Gefährdungsfaktoren)의 개요」라는 제목으로 유해위험요인 분류기준을 상세하게 제시하고 있는바, 이를 열거하면 다음과 같다.

---

159) 파장이 짧은 감마선부터 파장이 긴 라디오파까지를 포함하는 에너지.

160) 세균에 의해 분비되는 독소.

161) 세균의 세포 내부에 들어 있어 밖으로 분비되지 아니하는 독소.

162) Geschäftsstelle der Nationale Arbeitsschutzkonferenz c/o Bundesanstalt für Arbeitsschutz und Arbeitsmedizin Nöldnerstr, Leitlinie Gefährdungsbeurteilung und Dokumentation, 2017. 5. 이 지침은 사회법전 제7권 제20조(1) 및 산업안선보선법 제21조(3) 제1호에 따라 2008년 6월 11일에 연방노동사회부(BMAS), 주 산업안전보건 및 안전공학위원회(LASI) 및 중앙재해보험연맹(DGUV) 간에 위험성평가에 관한 체계적인 조치방법에 대해 합의된 원칙이다. 제정 후 2011년, 2015년, 2017년 3차례 개정되었지만 본질적인 내용은 바뀌지 않았다.

표 37 유해위험요인의 개요

1. 물리적(Mechanisch) 요인
   1.1 방호되지 않은 채 작동되는 기계부품
   1.2 위험한 표면이 있는 부분
   1.3 이동하는 운송도구, 작동하는 작업도구
   1.4 제어되지 않고 작동하는 부분
   1.5 전락(轉落), 미끄러져 넘어짐, 걸려 넘어짐, 발을 삠
   1.6 추락
   1.7 기타

2. 전기적 요인
   2.1 감전
   2.2 아크방전
   2.3 정전기 대전
   2.4 기타

3. 유해위험물질
   3.1 유해물질과의 피부접촉(고체, 액체, 고습작업)
   3.2 유해물질 흡입(가스, 증기, 미스트, 흄 포함. 연기)
   3.3 유해물질 삼킴
   3.4 물리화학적 위험성(예컨대 화재위험성, 폭발위험성, 제어되지 않는 화학적 반응)
   3.5 추가될 수 있음

4. 생물학적 작업물질
   4.1 병원성 미생물을 통한 감염위험(예컨대 박테리아, 바이러스, 곰팡이)
   4.2 미생물의 민감한 독성 영향
   4.3 기타

5. 화재 · 폭발요인

5.1 발화성 고체, 액체, 가스

5.2 폭발 분위기

5.3 폭발성 물질

5.4 기타

6. 열적 요인

6.1 뜨거운 매개물/표면

6.2 찬 매개물/표면

6.3 기타

7. 특수한 물리적(physikalische) 영향에 의한 요인

7.1 소음

7.2 초음파, 최저주파음

7.3 전신 진동

7.4 손팔 진동

7.5 비전리(비이온화)방사선(예컨대 적외선, 자외선, 레이저방사선)

7.6 전리(이온화)방사선[예컨대 뢴트겐방사선, 감마선, 입자방사선(알파선, 베타선 및 중성자선)

7.7 전자기장

7.8 저압 또는 초과압

7.9 기타

8. 작업환경조건에 의한 요인

8.1 기후(예컨대 더움, 추움, 불충분한 환기)

8.2 조명, 채광

8.3 질식(예컨대 산소가 부족한 공기를 통해), 익사

8.4 불충분한 대피로 및 교통로, 불충분한 안전표지 및 건강보호표지

8.5 작업장의 불충분한 작업면적, 작업장의 불량한 정리정돈, 불충분한 휴게실 및 화장실

8.6 기타

9. 신체적 부하/노동강도
9.1 힘든 동적 작업(예컨대 중량물의 수작업)
9.2 한쪽만 움직이는 작업, 신체동작(예컨대 자주 반복되는 동작)
9.3 일정한 자세를 유지하는 작업(강제적인 자세), 손에 들고 있는 작업
9.4 정적 작업과 동적 작업의 조합
9.5 기타

10. 심리적 요인
10.1 잘못 형성된 작업과제(예컨대 과도한 일상업무, 과도/과소요구)
10.2 잘못 형성된 작업조직(예컨대 강한 시간적 압박하에서의 작업, 교대작업 및/또는 긴 노동시간, 작은 야간작업, 철저히 검토되지 않은 작업공정)
10.3 잘못 형성된 사회적 조건(사회적 접촉의 결여, 부족한 지도관리행위, 갈등)
10.4 잘못 형성된 작업장 조건 및 작업환경조건(예컨대 소음, 기후, 공간의 협소, 신호와 프로세스 특징의 불충분한 인식, 불충분한 소프트웨어 형성)

11. 기타 요인
11.1 사람에 의하여(예컨대 물건의 떨어짐)
11.2 동물에 의하여(예컨대 동물에 물림)
11.3 식물 및 식물성 제품에 의하여(예컨대 민감한 독성 영향)
11.4 기타

일본, EU, 독일의 유해위험요인 분류기준에서 공통적인 점은 「기타 요인」 항목이 포함되어 있는 것이다. 유해위험요인 분류기준에 유해위험요인 항목을 아무리 많이 열거하더라도 모든 유해위험요인 항목을 망라하

여 제시할 수는 없다는 점과 사업장에 있을 수 있는 특수한 유해위험요인을 반영할 필요가 있다는 점을 감안하여 실시규정(매뉴얼)의 유해위험요인 분류기준에 「기타 요인」 항목을 반드시 포함할 필요가 있다. 그렇지 않으면 유해위험요인 분류기준에 구체적 항목으로 열거되어 있지 않거나 해당 사업장에 특수한 유해위험요인이 누락될 가능성이 높다.

한편, 본서의 부록 Ⅷ에는 ISO 12100(2010)에서 정한 유해위험요인 분류기준이 제시되어 있다.

각 기업(사업장)에서는 이상에서 제시한 분류기준과는 다른 분류기준을 사용하여도 무방하지만, 유해위험요인이 최대한 누락되지 않는 분류기준을 사용하는 것이 중요하다.[163), 164)]

유해위험요인의 누락을 최소화하기 위해서는 「유해위험요인(근원) 분류기준(표)」을 사전에 충실히 정해 놓는 것이 바람직하다. 구체적으로 말하면, 유해위험요인 파악(도출) 시 유해위험요인 유형 및 유형별 예시가

163) 한국산업안전보건공단에서 운영 중인 「위험성평가 지원시스템(KRAS)」상의 유해위험요인 분류기준은 유해위험요인 유형이 부정확하고(예 : 추락, 넘어짐 등을 기계적 요인으로 분류), 각 유해위험요인 유형 간의 경계도 불확실하며(예 : 소음, 산소결핍 등을 작업특성요인으로 분류해야 하는지, 작업환경요인으로 분류해야 하는지 모호), 유해위험요인 유형이 6가지로만 한정되어 있고 「기타 요인」이 없어(6가지 각 유형별로 그 범례가 한정적으로 제시되어 있을 뿐 여기에도 「기타」가 빠져 있다.) 유해위험요인의 포괄성 측면에서 볼 때 많은 유해위험요인이 누락될 위험, 나아가 유해위험요인 파악을 가로막을 위험을 다분히 갖고 있다. 또 KRAS는 소규모 기업이 온라인으로 간단하게 위험성평가를 할 수 있도록 개발된 간이 위험성평가 기법으로서 구체적 방법이 제시되어 있지 않은 등 결코 위험성평가 기법의 표준이나 모델이 될 수 없음에도, 현장에서는 이것이 마치 위험성평가 기법의 표준 · 모델인 것처럼 잘못 인식 · 운영되고 있다. 위험성평가의 이러한 왜곡은 기업에게도 책임이 있지만 이를 조장하거나 방치한 한국산업안전보건공단과 고용노동부의 책임이 크다고 하지 않을 수 없다.

164) 위험성평가가 본격적으로 도입되기 전에 한국산업안전보건공단에서 보급한 소위 「4M 방식」 위험성평가 기법이 지금도 일부 사업장에서 사용되고 있는데, 4M 방식은 어디까지나 재해원인분석방법의 하나로서 유해위험요인 파악방법으로는 유용하지도 적절하지도 않다.

제시된 유해위험요인 분류기준(표)을 작성할 필요가 있다. 이 경우, 유해위험요인 유형 분류 시 특정 유해위험요인이 2가지 이상의 유형에 중복 해당되지 않도록 하고, 유해위험요인 유형(산업현장의 유해위험요인 실태와 국제기준으로 볼 때, 유형을 10가지 이상 제시하는 것이 바람직하다.)과 유형별 구체적 유해위험요인이 한정적으로 받아들여지지(기재되지) 않도록 유해위험요인 유형과 유형별 구체적 유해위험요인에 「기타」가 반드시 포함될 필요가 있다.

참고로, 산업안전보건법에서는 유해위험요인의 근원에 해당하는 것의 예시로서 건설물, 기계·기구, 설비, 원재료, 가스, 증기, 분진, 작업행동, 그 밖의 업무로 인한 유해위험요인을 제시하고 있다(제36조).

나. 사고유형의 착안

발생이 우려되는 사고유형으로부터 위험성을 구체적으로 파악하여 유해위험요인을 찾아내는 방법도 유용하다.

유해위험요인 파악을 위한 안내어(Guide word)에 해당하는 것으로서 사고유형을 일람표로 작성한 사고유형 설명표(〈표 38〉)을 미리 준비해두고, 이 일람표를 체크리스트용으로 사용하여 작업장의 기계·설비, 작업 등에 잠재하는 유해위험요인을 확인(파악)한다. 예를 들면, 「작업자가 추락할 우려가 있는 고소작업이 없는지」, 「작업자가 말려 들어갈(감길) 우려가 있는 회전체는 없는지」 등으로 확인해 나가는 방법이다.

설명표는 자신들의 사업장 또는 작업장(부서)에서 과거에 발생한 사고사례 등을 참고로 하여 수정·추가하거나 알기 쉬운 표현으로 변경해 나가는 것을 통해 누락이 최소화되도록 할 필요가 있다.

유해위험요인(근원)의 분류(예)와 설명표에서 제시한 사고유형을 대응시키면 〈표 39〉와 같이 정리할 수 있다. 또한 대응하는 「기계 · 설비, 물질, 상태 등」의 란을 해당 사업장의 내용에 맞추어 두면 보다 구체적인 분류표로서 활용할 수 있다.

표 38 **유해위험요인 파악을 위한 사고유형 설명표(예)**

번호	사고유형	내 용
1	추락(높이가 있는 곳에서 사람이 떨어짐)	사람이 인력(중력)에 의하여 건축물, 구조물, 가설물, 수목, 사다리 등의 높은 장소에서 떨어지는 것을 말함
2	사람의 전도(사람이 미끄러지거나 넘어짐)	사람이 거의 평면 또는 경사면, 층계 등에서 구르거나 넘어진 경우를 말함
3	물체의 전도(물체가 쓰러지거나 뒤집힘)	기대어져 있거나 세워져 있는 물체 등이 쓰러진 경우 및 지게차 등의 건설기계 등이 운행 · 작업 중 뒤집혀진 경우를 말함
4	충돌(물체에 부딪힘)	재해자 자신의 움직임 · 동작으로 인하여 기인물에 접촉 또는 부딪히거나, 물체가 고정부에서 이탈하지 않은 상태로 움직임(규칙, 불규칙) 등에 의하여 접촉 · 충돌한 경우를 말함
5	비래 · 낙하(날아오거나 떨어지는 물체에 맞음)	날아오는 물체, 떨어지는 물체 등이 주체가 되어 사람이 맞는 경우를 말함
6	붕괴 · 도괴(건축물이나 쌓여진 물체가 무너지거나 넘어짐)	토사, 적재물, 구조물, 건축물, 가설물 등이 전체적으로 허물어져 내리거나 주요 부분이 꺾어져 넘어지는 경우를 말함
7	협착 · 감김(기계 · 설비에 끼이거나 감김)	두 물체 사이의 움직임에 의하여 일어난 것으로 직선운동하는 물체 사이의 끼임, 회전부와 고정체 사이의 끼임, 로울러 등의 회전체 사이에 물리거나 회전체 · 돌기부 등에 감긴 경우를 말함
8	절단 · 베임 · 찔림	사람과 물체간의 직접적인 접촉에 의한 것으로서

		칼 등 날카로운 물체의 취급 또는 톱, 절단기 등의 회전날 부위에 접촉되어 신체가 절단되거나 베어진 경우를 말함
9	감전	전기가 흐르고 있는 설비의 충전부에 직접 접촉하거나 누설전류(누전)에 의해 인체에 전류가 흘러 사람에게 전기적인 충격이 가해진 경우를 말하며, 충전부 접촉과정에서 발생하는 전기아크에 의한 화상 등을 포함함
10	폭발·파열	「폭발」이라 함은 건축물, 용기내 또는 대기 중에서 물질의 화학적, 물리적 변화가 급격히 진행되어 열, 폭음, 폭발압이 동반하여 발생하는 경우를 말함 「파열」이라 함은 배관, 용기 등이 물리적인 압력에 의하여 찢어지거나 터진 경우로서 폭풍압이 동반되지 않은 경우를 말함
11	화재	가연물에 점화원이 가해져 불이 일어난 경우를 말함
12	불균형 및 무리한 동작	재해자가 물체의 취급없이 일시적이고 급격한 행위·동작 등 신체동작(반응)에 의한 경우 또는 물체의 취급과 관련하여 근육의 힘을 많이 사용하는 작업으로서 과도한 힘·동작을 사용하는 경우를 말함
13	이상온도·물체접촉	고·저온환경 또는 물체에 노출·접촉된 경우를 말함
14	화학물질 누출·접촉	화학물질의 누출사고(엎지르거나 튀는 경우 포함)에 의한 급성중독, 화상 등의 경우를 말함 ※ 화재나 폭발 사고에 의한 급성중독, 화상 등은 「화재」 또는 「폭발」로 분류
15	산소결핍·질식	유해물질과 관련 없이 산소가 부족한 상태·환경에 노출되었거나 이물질 등에 의하여 신체의 기도가 막힌 경우를 말함
16	빠짐·익사	바다, 호수, 맨홀, 피트, 하수처리장, 정화조, 용기내, 구덩이 등의 수중에 빠지거나 익사한 경우를 말함
17	사업장 내 교통사고	사업장 내의 도로에서 발생된 교통사고를 말함

18	사업장 외 교통사고	사업장 외의 도로에서 발생된 모든 교통사고를 말함
19	해상항공 교통사고	선박 충돌, 항공기 추락 등 해상·항공 교통사고를 말함
20	체육행사 등의 사고	업무와 관련한 체육행사, 워크숍, 회식 등에서 상해를 입는 경우를 말함
21	폭력행위	의도적인 또는 의도가 불분명한 위험행위(마약, 정신질환 등)로 자신 또는 타인에게 상해를 입힌 폭력·폭행 또는 협박·언어·성폭력을 당하는 경우를 말함
22	동물상해	동물에 의해 근로자가 상해를 입은 경우를 말함
23	기타	재해 정보는 명시되어 있으나, 상기의 해당 분류된 코드로 분류가 곤란한 경우를 말함

표 39 유해위험요인(근원)과 사고유형의 대응(예)

유해위험요인(근원)의 분류(예)	사고유형	기계·설비, 물질, 상태 등(예)
기계·설비에 의한 위험요인	• 협착·감김, 절단·베임·찔림, 충돌	• 로울러기 • 프레스기
폭발성·발화성·인화성·부식성 물질에 의한 위험요인	• 화재, 폭발, 누출	• 유기용제
전기, 열, 기타 에너지에 의한 위험요인	• 감전	• 아크용접기 • 정전기
작업방법에서 발생하는 위험요인	• 추락, 전도, 충돌, 비래·낙하, 붕괴·도괴, 찔림, 무리한 동작	• 접사다리
작업장소에 관계되는 위험요인	• 추락, 전도, 물에 빠짐	
작업행동 등에서 발생하는 위험요인	• 추락, 전도, 충돌, 비래·낙하, 붕괴·도괴, 찔림, 무리한 동작	

원재료, 가스, 증기, 분진 등에 의한 유해요인	• 유해물 등과의 접촉	• 유기용제 • 분진
방사선, 고온, 저온, 초음파, 소음, 진동, 이상기압 등에 의한 유해요인	• 고온·저온물질과의 접촉	• 레이저광선 (레이저가공기) • 산소결핍공기 (탱크)
작업행동 등에서 발생하는 유해요인	• 동작의 반동, 무리한 동작	
기타의 유해위험요인		

전술한 바와 같이 국제안전규격에서도 유해위험요인 분류의 예를 제시하고 있다. 즉, ISO 12100(2010)의 부록 B(참고)에 유해위험요인의 유형 분류와 유해위험요인의 유형별 구체적 예시가 소개되어 있다.[165] 본 부록 B(참고)에서는 유해위험요인을 광의의 개념으로 사용하여 유해위험요인의 근원과 잠재적 결과를 모두 포함하는 의미로 사용하고 있다. 여기에서의 유해위험요인의 근원과 잠재적 결과 중 근원(Origin)은 본래적 의미(협의)의 유해위험요인을, 잠재적 결과(Potential consequence)는 대체로 위험사건(Hazardous event)을 각각 의미한다. 그리고 위의 사고유형은 대체로 잠재적 결과, 즉 위험사건에 해당한다. 그리고 「ISO/TR 14121-2 : 기계·설비의 안전성-위험성평가-Part 2 : 실용적 지침과 방법의 예」의 5.3(유해위험요인 파악), 표 A.1(유해위험요인 파악 실례)[166]에서도 유해위험요인 파악 시 유해위험요인의 근원, 위험상태, 위험사건을 모두 기재

165) 전술한 바대로 본서의 〈부록 Ⅷ〉을 참고하기 바란다.

166) ISO/TR 14121-2 : 2012(2nd ed.).

하는 방식, 즉 광의의 유해위험요인을 재해 시나리오(Accident scenario) 형식으로 표현하는 방식을 권장하고 있다(〈표 40〉 참조).

참고 6 유해위험요인(광의)의 예

〈표 40〉은 ISO 12100(2010)의 부록 B(참고)에 수록되어 있는 표 B.1, B.3, 및 B.4를 참고하여 유해위험요인, 위험상태, 위험사건의 예를 정리한 것이다(여기에서는 유해위험요인의 개념을 넓게 보아 이 3요소를 합한 것을 유해위험요인으로 삼고 있다.).

표 40 유해위험요인, 위험상태 및 위험사건(예)

표 B.1에서	물리적(Mechanical) 유해위험요인(협의) 유형 또는 그룹
1	기계・설비적 유해위험요인
2	전기적 유해위험요인
3	열적 유해위험요인
4	소음 유해위험요인
5	진동 유해위험요인
6	방사선 유해위험요인
7	재료 및 물질 유해위험요인
8	인간공학적 유해위험요인
9	기계・설비를 사용하는 환경에 수반되는 유해위험요인
10	유해위험요인의 조합
표 B.3에서	위험상태(예시)
1	가동부 근처에서의 작업
2	부품 돌출부분에의 노출
3	화물 바로 밑에서의 작업
4	극심한 온도의 물체 또는 재료 근처에서의 작업
5	소음에 의해 발생하는 유해위험요인에의 작업자의 노출
표 B.4에서 관련 유해위해요인(근원)[167]	위험사건(예시)

기계 접근부분의 형태 및/또는 표면 마무리	• 미가공의 표면과의 접촉 • 뾰족한 끝부분 및 모서리, 돌출부분과의 접촉
기계 · 설비의 가동부	• 가동부와의 접촉 • 개구회전부와의 접촉
사용 · 처리 · 취급 기계 · 설비, 부품, 기구, 물질의 운동에너지 및/또는 위치에너지(중력)	• 물체의 낙하 또는 이탈
기계 · 설비 및/또는 부품의 안정성	• 안정성의 결여
기계 · 설비, 기구 등의 부품의 기계적 강도	• 운전 중의 파열
공압 · 수압장비	• 가동부의 위치의 어긋남 • 고압유체의 방출 • 제어되지 않는 운동
전기설비	• 직접적 접촉 • 파괴 방전 • 아크 • 화재 • 간접적 접촉 • 단락
제어시스템	• 기계에 의해 고정된 제품 또는 기계 가동부의 낙하 또는 이탈 • 가동부의 정지 실패 • 보호장치의 방해(무효화 또는 고장)에 기인하는 기계 작용 • 통제되지 않는 움직임(속도 변화를 포함) • 의도하지 않은/예기치 않은 기동 • 제어시스템의 실패 또는 불량 설계에 기인한 기타 위험사건

재료 및 물질 또는 물리적 요인(온도, 소음, 진동, 방사선 및 환경)	• 고온 또는 저온 물체와의 접촉 • 위험한 수준의 물질 방출 • 위험한 수준의 소음 발생 • 구두에 의한 대화 또는 음향 신호에 방해될 수준의 소음 발생 • 위험한 수준의 진동 발생 • 위험한 수준의 방사선장(Radiation field) 방출
작업장소 및/또는 작업공정 설계	• 과도한 노력 • 휴먼에러/잘못된 행동(비의도적인 및/또는 계획적으로 유발된) • 작업영역의 직접적 가시성의 상실 • 힘들고 피곤한 제스처 • 높은 빈도의 반복적인 처리

3. 산업재해에 이르는 프로세스의 파악

유해위험요인 파악의 다음 단계인 「위험성 추정」을 적절하게 하기 위하여, 다음과 같은 순서로 산업재해에 이르는 프로세스를 진행한다.[168)]

① 작업장 또는 부서의 유해위험요인(협의)을 파악

② 각각의 유해위험요인에 접촉하는 작업자를 파악

③ 각각의 작업자와 유해위험요인이 어떤 상태의 때에, 어떻게 접촉하는

167) 협의의 유해위험요인을 가리킨다.

168) 산업재해에 이르는 프로세스에 대한 자세한 설명은 제2장의 「유해위험요인에서 재해까지의 프로세스」를 참고하기 바란다.

가를 파악

④ 작업자와 유해위험요인이 접촉한 후 어떤 과정을 거쳐 어떤 산업재해에 이르는가의 프로세스를 파악

즉, 산업재해 발생의 근원이 되는 유해위험요인을 파악하고, 다음으로 유해위험요인에 접촉할 가능성이 있는 모든 작업자를 파악한 후, 이들이 유해위험요인에 접촉함으로써 어떤 산업재해가 발생할 가능성이 있는가를 파악한다.

이 프로세스를 파악하는 방법의 하나로서 「유해위험요인 파악표」(〈표 41〉 참조)를 활용하는 것이 유용하다. 이 파악표에 기입함으로써 프로세스를 구체적으로 분석할 수 있고 위험성 추정 시에도 도움이 된다.

표 41 **유해위험요인 파악표(예)**

<table>
<tr><td rowspan="2">실시일</td><td rowspan="2">년 월 일</td><td rowspan="2">실시자</td><td>소 속</td><td>○○과</td></tr>
<tr><td>성 명</td><td></td></tr>
<tr><td>대상 작업장</td><td></td><td>대상 작업장</td><td colspan="2"></td></tr>
</table>

<table>
<tr><td>① (협의의) 유해위험요인</td><td>② 사람</td></tr>
<tr><td>예) 지게차로 화물을 운반</td><td>예) 화물 분류작업을 하는 작업자</td></tr>
<tr><td colspan="2">③ 위험상태</td></tr>
<tr><td colspan="2">예) 화물을 적재한 지게차가 화물 분류작업을 하는 작업자 옆으로 지나감</td></tr>
<tr><td colspan="2">④ 안전보건조치의 부족(불완전), 부적절(~하여, ~되어)
※「기계·설비의 불안전한 상태」, 「작업자의 불안전한 행동」 등을 기재</td></tr>
<tr><td colspan="2">예) 작업바닥이 울퉁불퉁함, 화물에 로프를 걸지 않음</td></tr>
<tr><td colspan="2">⑤ 위험사건=사고(~가 발생할 가능성이 있음)</td></tr>
</table>

예) 화물이 무너져 팔레트에서 작업자에게로 떨어지는(날아오는) 사고가 발생할 가능성이 있음
⑥ (발생할 우려가 있는) 재해(부상 또는 질병) ※ 통상, 상정되는 가장 큰 재해유형을 기입. 재해(부상 또는 질병)를 입는 부위, 정도도 기입할 것
예) 작업자가 화물에 맞아 상체 전체적으로 심한 골절상(중상)을 입음

주) 상황을 알기 쉽게 하기 위하여 작업, 기계・설비의 사진・그림을 가급적 첨부할 것

승인

그리고 이 프로세스를 비교적 간편하게 파악하는 방법으로서, 위험예지활동[169]의 제1단계(라운드)를 활용하는 방법이 있다. 위험예지활동의 제1단계에서 이용되는 「~로 인하여, ~하여, ~(부상 또는 질병의 내용)이 되다」라는 표현방법을 사용하는 것을 통해 프로세스를 구체화할 수 있다.[170] 또한 위험성 추정 시 참고하기 위해 부상을 입는 부위 및 정도도 함께 기입하는 것이 좋다.

〈그림 18〉은 유해유험요인이 재해에 이르는 프로세스를 나타낸 것이

169) 작업에 착수하기 전 단시간 회의를 통해 작업에 잠재하는 유해위험요인을 파악한 후, 이에 대한 대책을 수립하여 행동목표를 정하고, 이를 전원이 실천하는 일련의 활동을 말한다.

170) 전술한 바와 같이 이렇게 해야 안전보건 확보의 부족(불완전), 부적절에 불안전상태뿐만 아니라 불안전행동에 해당하는 휴먼에러, 위반과 같은 사람의 잘못도 유해위험요인에 반영할 수 있다. 이 사람의 잘못을 반영할 때 참고가 될 수 있는 「불안전행동 평가 · 저감기법(HEART)」을 바로 뒤에서 보론으로 소개한다.

다. 이 프로세스의 어딘가에서 화살표를 단절할 수 있으면 재해를 방지하는 것이 가능하다.

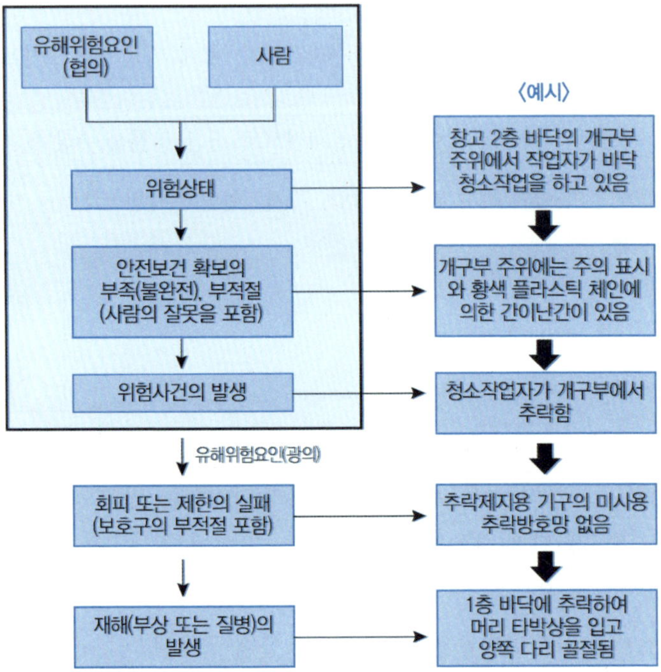

그림 18 유해위험요인이 재해에 이르는 프로세스 적용례

하나의 예로서, 창고의 2층 바닥에 개구부가 있다고 가정하자. 이 경우 작업자가 개구부에서 떨어지면 부상을 입을 수 있기 때문에, 「유해위험요인」은 2층 개구부부터 바닥까지의 격차이다. 이 개구부의 주변에 플라스틱체인으로 만든 간이난간을 설치하여 출입금지표시를 하면, 작업자가 2층 바닥의 개구부에서 추락하는 「위험사건」은 발생하지 않게 되므로 재해를 방지하는 효과를 기대할 수 있다. 단, 의도적이든 비의도적이든 작

업자가 표시를 무시하고 만약 이 간이난간의 안쪽으로 들어와 버리면 개구부에서 추락할 가능성이 있으므로, 용이하게 출입이 가능한 간이난간의 설치, 주의환기 표시 등만으로는 안전보건조치가 충분히 취해졌다고 말하기 어렵다.

그러나 이 2층 바닥 개구부를 막아버리면, 「유해위험요인」 자체가 없어지고 「위험상태」가 발생하지 않게 되어 재해를 확실하게 방지할 수 있다. 그리고 설령 작업자가 2층 바닥의 개구부에서 떨어지는 「위험사건」이 발생하더라도, 예컨대 안전대를 착용하고 있거나 개구부에 안전망이 설치되어 있으면 재해에 이르지 않을 것이다.

이와 같이, 「위험사건」이 발생하더라도 그 후 재해를 입을지 여부를 최종적으로 가르는 「회피・제한가능성」이라고 하는 판단요소가 있다.

그림 19 개구부 근처의 청소작업의 예

4. 유해위험요인 파악 시 유의사항

유해위험요인을 파악하는 일을 하는 경우의 유의사항은 다음과 같다.

① 실제로 작업하고 있는 현장감독자와 작업자(하청 · 파견근로자를 포함한다.)가 참여하고, 작업자가 알고 있는 유해위험요인의 영향에 대한 의견[위험예지활동, 아차사고 발굴(보고)의 내용을 포함한다.]을 최대한 활용한다.

② 복수의 근로자(가능한 한 부서의 전원)가 가급적 간편하게 실시한다.

③ 필요에 따라 안전 · 보건관리자 등과 같은 스태프 등의 전문지식을 가진 자(내 · 외부전문가), 과장 등의 관리자를 참가시킨다.

④ 실제의 작업을 잘 관찰한다. 유해위험요인의 누락이 없도록 작업표준 · 작업절차서 등도 활용한다.

⑤ 정상작업뿐만 아니라 계획적 비정상작업까지 누락없이 실시한다.

⑥ 작업장의 작업이 많은 경우에는 큰 위험성이 상정되는 작업부터 계획적으로 실시한다.

⑦ 중요한 유해위험요인을 간과하지 않기 위해 미리 준비한 유해위험요인 분류표를 활용한다.

⑧ 과거에 발생한 재해 · 사고, 아차사고 등의 정보도 참고한다.

⑨ 근로자의 피로 등 유해위험요인에의 부가적 영향도 고려한다.

⑩ 다음 작업 등에도 충분히 유의하여 작업 등의 모든 면을 체계적으로 확인한다.

i) 작업과정에서 실제로 발생하고 있는 것(실제 작업이 작업절차서와 다른 경우가 있다.).

ii) 신규 기계 · 설비 등 생산공정의 변경 시, 조업 개시와 조업 정지시, 작업의 중단 시, 기계・설비의 보수 또는 청소 시, 화물의 싣고 내리기 시, 검사작업, 보급작업, 비정상작업 등

iii) 예상 가능한 긴급사태

iv) 설비 등의 일시정지(기계・설비, 라인 등을 작업사정 등으로 잠시 정지시키는 것) 시의 복구작업

⑪ 유해위험요인을 넓은 의미로 접근하여 유해위험요인에 의해 발생할 수 있는 위험사건(필요 시 재해까지)에 대하여 그 발생 프로세스를 구체적으로 파악한다.

⑫ 유해위험요인 파악표(〈표 37〉 참조)에 기입한 유해위험요인을 위험성 평가 기입표에 기재하고 이를 유해위험요인 파악표와 함께 보관한다.

[보론] 불안전행동 평가 · 저감기법(HEART)[171)]

불안전행동 평가 · 저감기법(HEART : Human Error Assessment and Reduction Technique)[172)]은 많은 잠재적인 위험성을 가지고 있는 기술업종에서 풍부한 경험을 가지고 있는 영국의 인간공학자인 윌리엄스(Jeremy Williams)에 의해 개발되었다. 그 상세한 적용방법에 대해서는 그의 논문에 기술되어 있으므로 여기에서는 생략하기로 하고, 이 절에서는 기본적인 HEART의 기본적인 특징을 개설하고 에러 유발 조건(Error-producing conditions)이 그것의 상대적인 영향도에 따라 어떻게 등급이 매겨질 수 있는지를 설명하고, 또 다른 한 면인 안전절차서(SOP : safe operating procedure)로

171) J. Reason, *Managing the Risks of Organizational Accidents*, Ashgate, 1997, pp. 142-146.

172) HEART를 직역하면 '휴먼에러' 평가 · 저감기법이지만, HEART에서 말하는 휴먼에러에는 '위반'이 포함되므로 여기에서는 '불안전행동' 평가 · 저감기법으로 번역하였다.

부터의 일탈 용이성에 대한 여러 위반 생성 조건(Violation-producing conditions)의 영향도를 평가하는 기본적 수단에 대해 설명한다.

HEART는 일련의 일반적 작업유형과 그것에 관련된 명목 에러율(에러발생가능성)[173]을 제공한다. 이를 [표 42]에 제시한다. HEART에 의한 분석은 분석하려고 하는 작업이 목록 중의 일반적 작업의 어느 것에 해당하는지를 선택하는 것으로 시작한다. 가장 중요한 다음 절차(이것이 HEART의 가장 우수한 부분이기도 하다.)에서는 에러 유발 조건의 일람표를 참고하여 이 중 어느 에러 유발 조건이 해당 작업의 성과에 영향을 미치기 쉬운지를 결정한다. 이렇게 한 후에 에러 유발 조건에 부여되어 있는 값을 명목 에러율에 곱한다.

사람들에게 특별한 종류의 에러형태의 발생가능성에 대해 절대평가를 하도록 요청하면, 그 결과는 사람에 따라 10배 차이가 날 정도로 크게 다를 수 있다. 그러나 인적 요인에 관한 문헌을 광범위하게 조사한 결과, 에러율에 대한 여러 결과가 광범위한 실험적 상황에서 높은 일관성을 보인다는 것을 알게 되었다. 주된 에러 유발 조건을 그 영향의 큰 순서로 이하에 제시한다. 괄호 안의 숫자는 각 요인의 영향을 반영하기 위하여 명목 에러율에 곱해야 하는 값을 나타낸다.

- 잠재적으로 중요하지만 생소하거나 드물게 발생하는 상황에 대한 낯설음(×17)
- 오류 발견 및 시정을 위한 시간의 부족(×11)
- 실제 SN(Signal To Noise, 신호 대 잡음) 비율이 낮음(신호가 잡음에 방해됨)(×10)
- 필요 이상으로 접근 가능하여 특징적인 정보가 잘 눈에 띄지 않음(×9)
- 공간적 · 기능적 정보의 결여 또는 부족(×8)

173) 여러 요인의 영향도를 가미하기 전의 기준이 되는 에러율을 말한다.

- 설계자와 사용자의 시스템에 대한 인식이 일치하지 않음(×8)
- 의도하지 않은 행동을 한 경우에 그것을 되돌릴 수단이 뚜렷하지 않음(×8)
- 채널 용량의 과부하, 특히 중복되지 않은 정보가 동시에 제시되어 발생하는 경우(×6)
- 어떤 기술을 버리고 전혀 상반되는 접근방식에 기반한 기술을 적용할 필요가 있음(×6)
- 어떤 작업에서 사용되고 있는 지식을 다른 작업으로 빠짐없이 전달할 필요성(×5.5)
- 요구되는 작업기준의 모호성(×5)
- 감지된 리스크가 실제 리스크와 미스매치가 있음(×4)
- 시스템 피드백이 빈약하거나 모호하거나 어울리지 않음(×4)
- 통제되어야 할 시스템으로부터 의도한 행동의 확인이 불명확하고 간접적이며 시의적절하지 않음(×3)
- 작업자의 미경험(예컨대, 처음으로 자격 인정된 기술자)(×3)
- 절차서나 개인 간의 상호 작용에 의해 전달되는 정보의 질이 낮음(×3)
- 결과에 대한 독립적인 확인 또는 시험이 부족하거나 없음(×3)
- 당면의 목적과 장기적인 목적이 모순됨(×2.5)
- 정확도를 확인하기 위한 입력정보에 다양성이 없는 것(×2.5)
- 개인의 교육적 수준과 과제 수행에 필요한 수준이 적합하지 않음(×2)
- 더 위험한 다른 절차서를 사용하도록 하는 동기가 있음(×2)
- 당면한 일에서 벗어나 몸과 마음을 쉴 기회가 거의 없음(×1.8)
- 맞지 않을 것이라고 생각되는 신뢰성 없는 기기(×1.6)
- 작업자의 능력이나 경험을 초과하는 완벽한 판단이 필요함(×1.6)
- 기능과 책임의 분담이 불분명함(×1.6)
- 작업 수행 중에 진척상황을 파악할 명확한 방법이 없음(×1.4)

- 신체적 능력을 초과할 위험이 있음(×1.4)
- 작업 자체에 의미가 거의 없거나 전혀 없음(×1.4)
- 높은 수준의 감정적 스트레스(×1.3)
- 건강에 문제가 있음, 특히 발열(×1.2)
- 작업자의 도덕의식이 낮음(×1.2)
- 표시와 절차서의 의미가 일관되지 않음(×1.15)
- 장기간의 비활동(Inactivity) 또는 작업의 반복(처음 30분 ×1.1, 그 다음 1시간당 ×1.05)
- 통상적인 작업-수면 사이클의 붕괴(×1.1)
- 일의 페이스가 다른 사람의 간섭에 의해 영향받음(×1.06)
- 작업을 정상적이고 만족스럽게 수행하는 데 필요한 수를 초과하는 인력이 투입됨(초과 인력당 ×1.03)
- 지각적(Perceptual) 작업을 수행하는 직원의 연령(×1.02)

윌리엄스는 2년여에 걸쳐 위반 생성 조건에 대한 유사한 목록을 심리학 및 인적 요인에 관한 문헌을 조사하여 작성했다. 그는 일반적 위반행동의 한정적인 목록을 작성하고 각 위반행동에 여성용 명목 에러율을 덧붙였다. 에러와 달리 위반에는 성별 차이가 큰 영향을 준다. 남성의 경우에는 이 기준치에 1.4배를 곱할 필요가 있다. 일반적 상황과 여성에 대한 명목 위반율은 다음 표와 같다.

표 42 유해위험요인, 위험상태 및 위험사건(예)

일반적 작업	명목 에러율 (5~95번째 백분위수)
A. 전적으로 생소하고 발생할 수 있는 결과에 대해 생각할 여유 없는 속도로 수행되는 작업	0.55 (0.35-0.97)

B. 감독 또는 절차서 없이 일회성 조작으로 시스템을 새로운 상태로 이행시키나 원래의 상태로 되돌리는 작업	0.26 (0.14-0.42)
C. 높은 수준의 이해와 기능을 필요로 하는 복잡한 작업	0.16 (0.12-0.28)
D. 신속하게 또는 별로 주의를 기울이지 않고 수행되는 상당히 간단한 작업	0.09 (0.06-0.13)
E. 비교적 낮은 수준의 기능으로 수행할 수 있는 일상적이고 고도로 훈련되어 있으며 빨리 진행되는 작업	0.02 (0.007-0.045)
F. 확인도 일부 하면서 절차서에 따라 시스템을 새로운 상태로 이행시키거나 원래의 상태로 되돌리는 작업	0.003 (0.0008-0.007)
G. 매우 익숙하고 잘 설계되어 있으며 고도로 훈련된 일상적인 작업으로서 빈번하게 반복적으로 수행되고 동기부여가 잘 되어 있는 고도로 훈련된 개인에 의해 수행됨. 실패한 경우에는 수정할 시간적 여유가 있지만 중요한 작업 지원은 없는 작업	0.0004 (0.00008-0.009)
H. 시스템 상태에 대한 정확한 설명을 제공하는 강화되거나 자동화된 감독시스템이 있는 데다가 시스템에 정확하게 반응하는 작업	0.00002 (0.000006-0.00009)
M. 설명서가 없는 갖가지 잡다한 작업	0.03 (0.008-0.11)

표 43 일반적 위반행동과 해당 위반율

일반적 위반행위	명목 위반율 (5~95번째 백분위수) 남성의 경우 × 1.4
A. 준수하는 것이 명백히 불편함. 잠재적 위반자는 준수해야 할 암묵적 요구에 속박을 느끼지 않음. 위반하기 쉬움. 발각될 가능성 거의 없음	0.42 (0.28-0.58)

B. 준수가 비교적 중요하지 않음. 위반하기 쉬움. 준수할 동기가 거의 없거나 전혀 없음	0.35 (0.20-0.59)
C. 준수가 상당히 중요할 수 있지만, 위반이 발각될 가능성이 낮음. 위반의 개인적 이익이 크고 직접적임	0.38 (0.21-0.54)
D. 발각될 가능성은 중정도 이상이지만, 위반의 개인적 이익이 있음. 그렇지 않으면 준수가 상당히 중요하지만, 발각될 가능성이 낮음	0.18 (0.11-0.25)
E. 준수가 중요하고 일반적으로 법적으로 요구되지만, 발각될 가능성이 중정도 이하로 낮음	0.03 (0.007-0.05)
F. 위반할 직접적인 유인은 없지만, 위반이 발각될 가능성은 중정도 이상임	0.007 (0.001-0.01)
G. 사회적으로 수용되기 어렵지만, 발각될 가능성은 낮고 위반자에 대해 불리한 결과가 발생할 가능성이 낮음	0.007 (0.003-0.02)
H. 사회적으로 수용되기 어렵고, 발각될 가능성이 높으며, 나쁜 결과가 발생할 가능성이 높음	0.0001 (0.00002-0.003)

윌리엄스는 위반 생성 조건(8개)의 상대적인 영향을 설정했다. 위반 생성 조건을 그것의 가중치와 함께 이하에 열거한다.

- 발각될 가능성이 낮다고 인식함(×10)
- 불편(×7)
- 조언, 요구, 절차 또는 지시를 위반하거나 무시하거나 무효로 하기에 충분한 권한 또는 지위(×3)
- 모방행동(×2.1)
- 비(非)인가 권한을 가지고 있는 인물이 없음(×1.8)
- 성(Gender)(남성의 경우 × 1.4)
- 그룹 압력(일탈을 조장하는 개인당 × 1.07 - 최대 5명까지)

에러 유발 조건과 위반 생성 조건의 목록은 직장 내에서 에러와 위반을 일으키는 요인을 가장 잘 설명하는 것이다. 이처럼 신뢰성 높은 등급 부여를 할 수 있다(그 결과, 우리는 각각의 요인의 상대적 영향을 평가할 수 있다.)는 사실은 커다란 진전이고 안전에 관심 있는 관리자에게 있어 매우 가치가 있는 것이다.

II 유해위험요인별 위험성 추정

사업장에서 미리 정한 방법, 기준 등에 따라 개별 유해위험요인에 대해 그 위험성의 내용을 명확히 하고(위험성 추정), 위험성 감소를 위한 우선도를 설정한다. 이와 같은 추정과 우선도 설정을 함으로써, 위험성 감소조치가 우선적으로 필요한 위험성을 명확히 할 수 있다. 그리고 위험성 우선도의 고저(高低)를 토대로 위험성 감소조치의 긴급성, 등급(Grade)을 명확히 할 수 있다.

1. 위험성 추정

파악된 유해위험요인에 대하여 사업장이 정의하는 위험성의 요소(「재해의 발생가능성」과 「재해의 중대성」에 의한 2요소 또는 「위험상태 발생빈도」, 「위험상태 발생 시 재해의 발생가능성」 및 「재해의 중대성」에 의한 3요소 등)의 내용을 상세하게 명확히 한다.

예를 들면, 위험성을 3가지 요소로 정의한 경우 위험성 추정은 각각의 요소별로 다음 항목에 유의하여 실시한다.

가. 위험상태의 발생빈도

작업의 빈도가 아니라 유해위험요인과 작업자가 접촉하는 위험상태가 발생할 가능성을 명확히 한다.

가령 작업의 빈도로 파악한 경우, 매일 이루어지고 있는 작업에 잠재해 있는 유해위험요인은 모두 큰 위험성이라고 간주되고 작업횟수를 줄이지 않으면 위험성이 내려가지 않는 결과가 되어 버린다.

위험상태가 발생할 가능성은 작업표준, 작업절차서 등으로부터 간파해 내는 것은 곤란하므로 실제의 작업자의 의견을 참고로 할 필요가 있다.

나. 위험상태 발생 시 재해의 발생가능성

위험상태가 발생하였을 때에 그 상태가 산업재해로 연결될지 여부를 기계·설비의 안전대책 상황, 작업 상황 등을 종합적으로 감안하여 판단한다.

다. 재해의 중대성

재해의 중대성은 ① 유해위험요인의 성상(性狀), ② 부상 또는 질병을 입는 부위, ③ 부상 또는 질병의 내용을 감안하여 판단한다.

예) 물체가 낙하하여 작업자가 맞는 경우

① 유해위험요인의 성상 …… 물체의 중량(10kg, 1ton), 낙하하기 전의 높이(1m, 10m) 등

② 부상을 입는 부위 ·········· 작업자가 물체에 맞는 부위(발부리, 머리 등)
③ 부상의 내용 ···················· 타박, 골절 등

이 경우 가장 큰 재해를 상정하는 것으로 한다. 그러나 결코 「급소를 맞으면」, 「운이 나쁘면」 등으로 상정하지 말고, 어디까지나 상식의 범위 내에서 상정한다. 이것은 위험성평가의 절차인 위험성 감소의 우선도를 결정한다는 관점에서 중요하며, 객관적으로 평가하는 것을 잊어서는 안 된다.

2. 추정의 진행방법

위험성 추정은 작업내용을 상세히 알고 있는 현장감독자와 작업자를 중심으로 행하고, 필요에 따라 부서장(관리자), 전문적 지식을 가지고 있는 자를 추가하여 실시한다.

위험성 추정을 정리하는 데 있어서는 3~6명 정도가 의논하여 행하는 것이 바람직하다. 사람 수가 너무 많으면 당사자들의 의식이 약해지고 확실하게 검토하지 않는 자가 증가할 우려가 있다. 역으로 사람 수가 적으면 전체의 정보량이 적게 되는 폐해가 있다. 적당한 사람 수의 의논을 통해 위험성의 공유화(共有化), 개인의 위험감수성 향상 등에 효과적으로 결부시킬 수 있다.

위험성 추정 시 의논의 진행방법을 제시하면 다음과 같다.

① 유해위험요인별 위험성의 추정을 작업자 각자가 실시한다.
② 전원이 각각 추정한 결과를 가지고 협의한다.
③ 위험성의 요소(중대성, 가능성)별로 참여자에 따라 들쑥날쑥하지 않으

면 그대로 추정을 결정한다.

④ 위험성의 요소별로 참여자 간에 의견이 다른 것은 다음 순서로 추정을 결정한다.

㉮ 가장 큰 추정을 한 자의 생각을 확인한다.

㉯ 전원이 의논하여 ①의 생각으로 전원이 합의를 할 수 있으면 그 추정으로 결정한다.

㉰ 전원이 의논하여 ①의 생각으로 전원의 합의가 이루어지지 않는 경우, 그다음으로 큰 추정에 대하여 ㉮와 ㉯를 반복하여 추정을 결정한다.

⑤ 상기 결과를 토대로 각각의 위험성에 대하여 위험성의 크기(위험성의 우선도)를 결정한다.

⑥ 예상되는 부상 · 질병의 대상자 및 내용을 명확하게 예측한다.

⑦ 파악된 각 유해위험요인에 의해 발생할 개연성이 있는 재해의 가장 발생가능성이 높은 중대성에 근거한 위험성이 고려되어야 하지만, 발생가능성이 높지 않더라도 가장 높게 예상되는 중대성 또한 고려되어야 한다.[174)]

⑧ 과거에 실제로 발생한 부상 · 질병의 중대성이 아니라, 최악의 상황을 상정한 가장 심각한 부상 · 질병의 중대성을 추정한다.[175)]

⑨ 부상 · 질병의 중대성은 부상 · 질병의 종류에 관계없이 공통의 척도를 사용하는 것이 바람직하므로, 기본적으로 부상 · 질병에 의한 휴업

174) ISO 12100 : 2010 5.5.2.2.

175) 중대성의 예측에 있어서는, 추상적인 검토가 아니라 최대한 어떤 부상 · 질병이 어떤 작업자에게 발생할지를 구체적으로 예측한 후에 그 중대성을 추정한다.

일수 등[176]을 척도로 사용한다.

⑩ 직접 작업을 하는 자만이 아니라 작업공정상 해당 작업장소의 주변에 있는 작업자 등도 검토 대상에 포함한다.

⑪ 유해성이 입증되어 있지 않아도 일정한 근거가 있는 경우에는, 그 근거에 입각하여 유해성이 있는 것으로 가정하고 추정하도록 한다.[177]

그리고 복수의 사람이 추정을 한 때에 발생하는 차이는 각자의 위험 감수성의 다름에 의한 것 외에 다음과 같은 경우도 있으므로, 이에 대해 각각 다음과 같이 적절히 대처한다.

① 추정기준이 명확하지 않다 ……………… 기준의 내용을 구체적인 수치로 표시하거나 참여자 간에 차이가 최대한 적게 될 수 있는 기준으로 개선한다.

② 추정기준이 이해되지 않고 있다 ······· 기준의 내용에 대해 교육을 실시한다.

③ 유해위험요인의 파악이 불충분하다 ··· 「유해위험요인 특정표」를 사용하여 유해위험요인 파악을 적절히 행한다.

176) 「휴업일수 등」의 「등」에는 후유장해의 등급, 사망이 포함된다.

177) 질병의 중대성 추정에 있어서는, 유해성이 입증되어 있지 않고 MSDS 등이 첨부되어 있지 않은 화학물질 등을 사용하는 경우에는 관련 정보를 공급자, 전문기관 등에 요구하고, 그 결과 일정한 유해성이 지적되어 있는 경우는 입수한 정보에 기초하여 유해성을 추정하는 것이 바람직하다.

3. 위험성 감소를 위한 우선도 설정방법

위험성 감소를 위한 우선도 설정방법을 미리 설정해 둔다. 그 방법은 구체적으로 다음과 같은 것이 있다.

① 위험성 수준(크기)이 높은 것부터 위험성 감소조치의 검토(수립) 대상으로 한다.

② 위험성 점수가 높은 것부터 위험성 감소조치의 검토(수립) 대상으로 한다(위험성 요소를 수치화하여 위험성 추정을 하는 경우).

위에서 제시한 방법을 기본으로 하여 설정된 우선도를 〈표 44〉와 같이 「위험성 감소조치의 진행방법」에 반영한다.

표 44 위험성 수준 구분 및 우선도 설정표(예)

위험성 수준	위험성 수준의 내용	우선도	위험성 감소조치의 진행방법
Ⅳ	안전보건상 중대한 문제가 있음	고	• 위험성 감소조치를 즉시 실시함 • 위험성 감소조치를 실시할 때까지 작업을 중지함 • 충분한 경영자원을 투입함
Ⅲ	안전보건상 문제가 있음	중	• 위험성 감소조치를 신속하게 실시함 • 위험성 감소조치를 실시할 때까지 작업을 중지하는 것이 바람직함 • 우선적으로 경영자원을 투입함
Ⅱ	안전보건상 다소의 문제가 있음		• 위험성 감소조치를 계획적으로 실시함 • 위험성 감소조치를 실시할 때까지 적절하게 관리함 • 충분히 검토하고 경영자원을 투입함
Ⅰ	안전보건상의 문제는 거의 없음	저	• 필요에 따라 위험성 감소조치를 실시함

III 위험성 감소의 우선도 설정과 감소조치의 검토(수립)·실시

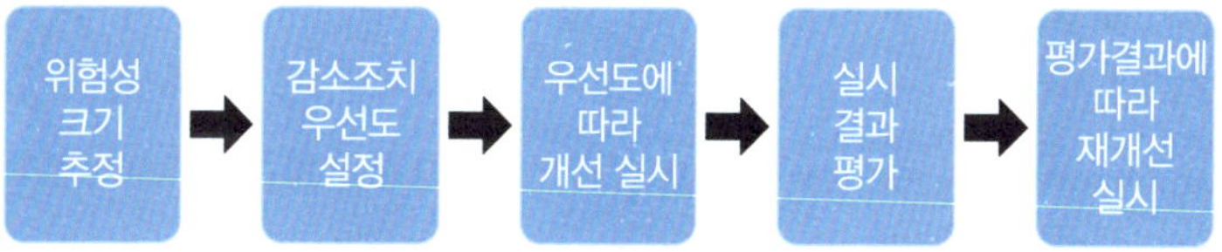

그림 20 위험성 감소조치의 흐름

1. 위험성 감소의 우선도 설정

앞에서 설명한 「위험성 감소를 위한 우선도 설정방법」에 따라 위험성 감소를 위한 우선도를 설정한다. 위험성 감소를 위한 우선도의 설정은 위험성 추정을 실시한 감독자 및 작업자의 의견을 참고로 한다.

그리고 예산, 생산활동의 제약 등 때문에 이 설정방법과 괴리가 발생하는 것도 생각할 수 있다. 이 경우 관리자는 설정방법대로 실시할 수 없는 이유와 당면 감소조치 등을 기록해 두는 한편, 이를 작업자에게 설명하고 이해를 얻어 두는 것이 중요하다.

또한 복수의 작업장에서의 동일한 유해위험요인을 비교한 결과, 위험성 감소의 우선도의 설정에 현저한 차이가 있는 경우에는 조정할 수 있도록 해 두는 것도 중요하다.

2. 위험성 감소조치의 검토

가. 개요

위험성을 추정한 결과, 작업 또는 기계・설비의 위험성이 높게 평가되는 경우에는 무언가의 개선조치를 실시하여 위험성을 낮출 필요성이 있다. 이 경우 위험성 수준에 부합하는 위험성 감소조치를 검토하여 결정・수립하는 것이 중요하다. 일반적으로 재해의 중대성은 기계・설비의 안전화 등 하드한(Hard) 대책이 요구되고, 재해의 발생가능성은 작업방법(절차)의 개선 등 소프트한(Soft) 대책이 요구된다. 위험성 감소조치를 안전부문과 보건부문으로 구분하여 개략적으로 제시하면 다음과 같다.

① 안전부문의 위험성을 제거하거나 저감하는 조치

i) 기계・설비의 안전화

ii) 물리적 위험성이 적은 물질로의 대체

iii) 안전장치의 설치 또는 개량

iv) 위험작업의 자동화, 생력화(省力化) 또는 산업용 로봇의 도입

v) 공장 내부, 기계・설비의 레이아웃(배치)의 변경

vi) 작업방법, 작업절차의 개선

vii) 안전보호구의 올바른 선정 및 착용

② 보건부문의 위험성을 제거하거나 저감하는 조치

i) 유해물질의 사용금지 또는 유해성이 적은 물질로의 대체

ii) 유해물질 발산의 밀폐화

iii) 자동화, 원격조작 또는 노출시간의 단축

iv) 국소배기장치, 전체환기장치 등 억제장치의 설치

v) 작업방법, 작업절차의 개선

vi) 위생보호구의 올바른 선정 및 착용

위험성을 낮추기 위하여 위험성 감소조치를 실시하여도 여전히 위험성이 충분히 떨어지지 않는 경우 등에는, 재차 기계·설비와 같은 하드한(Hard) 부분(본질적·공학적 대책)에 초점을 맞추어 새로운 감소조치를 강구하여 그 조치에 따라 소기의 위험성 수준으로 내려갈 때까지 감소조치의 (반복적인) 검토가 필요하게 된다.

유해위험작업에 대해 위험성 감소조치가 필요한 경우, 감소조치의 우선도에 따라 개선조치를 실시하게 된다. 위험성이 높은 순으로 감소조치 대상을 채택하고 감소조치를 실시해 나간다.

나. 위험성 감소조치 검토의 우선순위

위험성 감소조치는 법령에 규정된 사항이 있는 경우에는 이것을 반드시 실시하는 한편, 아래 〈그림 21〉에 제시된 ①~④의 순위로 검토하고 실시해 가는 것이 중요하다. 즉, 위험성 감소조치의 구체적 내용은 법령에 규정된 실시 사항이 있는 경우에는 그것을 먼저 반드시 실시해야 하고, 그다음으로 ① 본질적(근원적) 대책(조치), ② 공학적 대책(조치), ③ 관리적 대책(조치), ④ 개인보호구 사용의 순서로 검토하여 이행하여야 한다. ①의 감소조치의 유효성이 가장 높고, ④는 그 반대로서 최후수단이라고 할 수 있다.

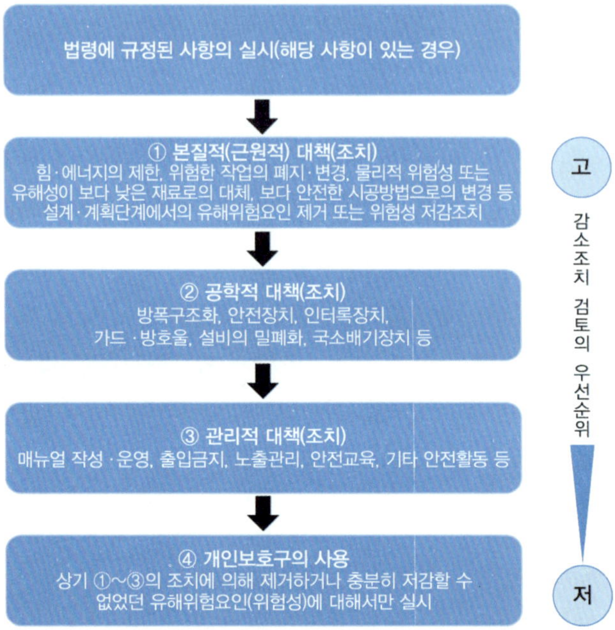

그림 21 위험성 감소조치 검토의 우선순위

이 경우 ④의 조치로 ①~③의 조치를 대체해서는 안 된다. 그리고 위험성 감소에 요하는 부담(비용 등)이 위험성 감소에 의한 산업재해 방지 효과보다 훨씬 커 양자에 현저한 불균형이 있고 조치를 하는 것이 현저히 합리성을 결여한다고 생각될 경우를 제외하고는, 가능한 한 보다 높은 우선순위의 위험성 감소조치를 실시하여야 한다. 다시 말해서, 감소되는 위험성 효과와 비교하여 비용 등이 훨씬 많이 소요되는 등 양자에 현저한 불균형을 발생시키는 경우라도 사망, 심각한 후유장해를 초래할 가능성이 높은 경우 등 대책의 실시에 현저하게 합리성이 결여되어 있다고 말할 수 없는 경우에는 감소조치를 실시해야 한다.

이와 같은 위험성 감소조치의 계층적 실현방법은 국제안전규격에서 강조하는 사항이다. 다시 말해서, 국제안전규격에서는 안전보건을 실현하는 데에는 우선순위(Hierarchy of controls)가 있어 설계·계획 단계에서 안전보건을 확보하는 본질적 대책이 가장 중요하고 개인보호구의 사용으로 안전보건을 확보하는 것은 순번으로서는 최후라고 하는 안전보건 대책의 계층적 실현방법을 주장하고 있다. 예를 들면, ISO 45001(2018)의 8.1.2에서도 제거, 대체, 공학적인 대책, 관리적인 대책, 개인보호구의 우선순위에 입각하여 위험성 감소를 실시해야 하는 것으로 되어 있다(〈표 45〉 참조). 위험성을 합리적으로 실행 가능한 한 낮은(ALARP) 수준으로 감소시키는 데 성공하기 위해서는 여러 대책을 조합하는 것이 일반적이다.[178]

표 45 위험성 감소조치의 우선순위[179]

ISO 45001 : 2018(8.1.2)		ISO 45001 : 2018 Annex(A.8.1.2)
순위	항목	
a	제거	• 유해위험요인 제거, 위험한 화학물질 사용 중단, 새로운 작업장 계획 시 인간공학적 접근법 적용, 단조로운 일 또는 부정적인 스트레스를 주는 일 제거, 지게차를 작업구역에서 제거
b	대체	• 위험한 것을 덜 위험한 것으로 대체, 산업안전보건 리스크를 근원에서 대처, 기술 진보에 순응, 또는 시스템 에너지의 감소(예 : 용제도료를 수성도료로 대체, 미끄러운 바닥재료를 변경, 장비의 전압요건을 낮춤)

178) ISO 45001 : 2018 A.8.1.2.

179) ISO 45001 : 2018 8.1.2 ; ISO 45001 : 2018 A.8.1.2.

c	공학적 대책 작업의 재조직	• 공학적 대책, 작업재조직의 일방 또는 둘 다 : 사람을 유해위험요인으로부터 분리, 집단적인 보호조치의 실시[예 : 격리, 기계·설비의 방호조치(가드, 안전장치), 환기시스템], 기계화, 소음저감(예 : 방음덮개 설치), 난간 설치에 의한 고소로부터의 추락 방지, 혼자서 작업하는 것 또는 건강에 좋지 않은 작업시간과 작업량을 피하기 위한 작업을 재조직하는 것[180]
d	교육훈련을 포함한 관리적 대책	• 따돌림 및 괴롭힘을 방지하기 위한 교육훈련 실시, 수급인의 작업과의 안전보건 조정 실시, 신규 교육훈련 실시, 지게차 운전면허 관리, 보복에 대한 두려움 없이 사고, 부적합을 보고하는 방법에 관한 지침 제공, 취업자의 작업형태 변경(예 : 교대제), 위험한 상태에 있는 것으로 확인된 취업자들에 대한 건강 또는 검진 프로그램 관리(예 : 청각, 손 또는 팔의 진동, 호흡기질환, 피부질환 또는 노출), 취업자들에게 적절한 지시(출입통제 프로세스)[181]
e	개인보호구 사용	• 의복을 포함한 적절한 개인보호구 제공, 개인보호구 사용 및 관리에 대한 지시(예 : 안전화, 보호안경, 방음보호구, 장갑)

「본질적 대책」은 힘·에너지의 제한, 위험한 작업의 폐지·변경, 물리적 위험성 또는 건강장해성이 보다 낮은 재료로의 대체, 보다 안전한 반

180) 인터록도 공학적 대책에 해당한다(OHSAS 18002 : 2008, Occupational health and safety management systems - Guidelines for the implementation of OHSAS 18001 : 2007, 4.3.1.6).

181) 안전표지, 위험구역 표시, 광발광(Photoluminescene) 표시, 보도(步道) 표시, 경고 사이렌/경보등, 알람, 안전작업절차, 설비점검, 접근통제, 작업의 안전시스템, 태깅(Tagging), 작업허가 등도 관리적 대책에 해당한다(OHSAS 18002 : 2008 4.3.1.6).

응과정으로의 변경, 보다 안전한 시공방법으로의 변경 등 설계·계획의 단계에서 위험성을 제거·저감하는 조치를 말한다. 이 대책은 「설계·제조에 의한 위험성의 감소방법」이라고도 불린다. 이것은 설계·제조의 단계에서 본질적으로 유해위험요인이 존재하지 않도록 하거나 유해위험요인을 제거하는 대책 또는 처음부터 유해위험요인의 위험성의 정도(크기)가 낮아지도록(사람에게 위해를 주지 않을 정도로) 설계·제조하는 방법을 말한다. 이것이 위험성 감소조치의 검토(수립) 단계에서 가장 먼저 고려하여야 할 대책이다.

그런데 반드시 본질적 대책이 항상 원활하게 적용될 수 있는 것은 아니다. 기계·설비의 기능, 작업의 특성 등 때문에 아무리 해도 유해위험요인 또는 위험성이 남는 것이 보통이다. 이러한 경우에는 위험성 감소대책의 2번째 단계로서 「공학적 대책」을 실시한다. 「공학적 대책」은 본질적 대책에 의해 유해위험요인을 제거하거나 위험성을 충분히 저감하는 것이 합리적으로 가능하지 않은 경우에 가드, 인터록, 안전장치, 국소배기장치 설치 등의 조치를 실시하는 것이다.[182] 기계·설비의 위험한 부분에 사람이 접촉하지 않도록 하거나(격리의 안전), 수리, 보전, 지도 등의 이유 때문에 기계·설비의 위험한 부분에 접근할 수밖에 없는 경우에는 위험한 부분이 자동적으로 작동하지 않도록 하는 것(정지의 안전)이 대표적인 방법이다. 즉, 「공학적 대책」은 유해위험요인이 존재하는 상태에서 사람이 유해위험요인에 접근할 수 없도록 하거나 유해위험요인을 정지시키는 등의 방법으로 재해의 발생을 방지하고자 하는 대책이다.

「본질적 대책」과 「공학적 대책」을 실시하더라도 위험성이 충분히 내려

182) ISO 12100 : 2010 3.21.

가지 않는 경우가 있을 수 있다. 그리고 수리, 보전, 지도 등 때문에 전원 등을 차단하는 것이 불가능한 경우도 있다. 이러한 경우, "여기에는 이러한 유해위험요인이 존재하고 이러한 위험성이 존재한다."고 하는 경고 또는 라벨링을 하거나 위험성 감소를 위한 매뉴얼을 만들고 작업자에게 안전교육을 하는 것 등이 「관리적 대책」이다. 즉, 「관리적 대책」은 「본질적 대책」 및 「공학적 대책」으로 제거하거나 충분히 저감할 수 없는 위험성(유해위험요인)에 대하여 매뉴얼 정비, 출입금지조치, 노출관리, 2인1조제, 교육훈련, 건강관리 등 주로 작업자를 관리하는 것에 의한 대책을 실시하는 것이다. 그리고 사람이 유해위험요인에 접촉(노출)되었을 때에 기능하는 경보 운용, 비상정지스위치 운용도 포함된다. 「관리적 대책」이 유효하게 위험성 감소효과를 발휘할지는 사람의 행동, 즉 관리감독과 작업자의 주의(실행)에 의존한다.

한편, 「관리적 대책」은 「본질적 대책」 또는 「공학적 대책」을 채택하였더라도 부가적인 조치로 채택하는 것이 바람직할 수 있다. 즉, 위험성 감소조치로 취하는 대책들(후술하는 개인보호구의 사용을 포함한다.)이 반드시 상호 배타적이거나 양자택일적인 것은 아니다.[183] 유해위험요인을 제거할 수 없으면, 위험성에 대처하기 위해 위험성 감소조치의 조합(예 : 공학적 대책+관리적 대책)이 필요한 경우가 많다.[184]

「개인보호구 사용」은 위의 3가지 대책에 의하여 제거되지 않은 유해위험요인이나 충분히 감소되지 않은 위험성에 대하여 안전모, 안전대, 호흡용보호구, 보호의 등의 사용을 의무지우는 것이다. 이 대책에 의해 위의 3가지의 대책의 대체를 도모해서는 안 된다.[185] 즉, 「개인보호구의 사용」

183) ISO 31000 : 2018 6.5.2.

184) ISO 45002 : 2023 8.1.2.

은 기본적으로 최후의 수단이라 할 수 있다. 한편, 「개인보호구의 사용」은 「관리적 대책」과 마찬가지로 상위의 대책을 채택하였더라도 부가적인 조치로 채택하는 것이 바람직할 수 있다.

「관리적 대책」과 「개인보호구 사용」은 전술한 바와 같이 사람의 행동에 의존하므로 불안정한 대책이라고 할 수 있다. 이들 대책은 철저한 관리감독과 작업자의 높은 주의(확행)가 뒷받침되어야 실제 위험성 감소로 이어질 수 있으므로, 위험성 감소조치로 「관리적 대책」 또는 「개인보호구 사용」을 채택하게 되면 이것이 확실히 실행되도록 지속적으로 관리해 나가는 것이 매우 중요하다. 그렇지 않으면 위험성이 언제든지 허용 불가능한 수준으로 올라갈 수 있기 때문이다.

우리나라는 법치국가이고, 따라서 모든 기업은 당연히 국내의 법령을 준수하여야 한다. 위험성평가를 할 때에도 모든 기업은 이를 위해서는 자사(自社)의 기업활동(사업)과 관련하여 사업장 안전보건법령, 특히 산업안전보건법령의 어느 부분이 적용(해당)될 수 있는지를 조사하여야 한다. 나중에 알지 못하였다고 말하여도 법령 위반에서 벗어날 수 없다. 따라서 사업장 안전보건법령의 어떤 조항이 해당 활동, 시설, 기계·설비 등에 적용되는지를 조사하고 종업원이 이를 알 수 있도록 검토·정리할 필요가 있다.

사업장 안전보건법령은 항상 준수하지 않으면 안 된다. 최소한 1년 1회 정도는 정기적으로 법령이 준수되고 있는지를 확인하고, 만약 법적 기준에서 일탈하고 있는 경우에는 즉시 시정(개선)하여야 한다. 따라서 위험성 감소조치를 강구하여야 하는 단계에서 해당 감소조치와 관련하여 법령에 규정된 사항이 있는 경우에는 감소조치에 이를 우선적으로 반영하여야 할 것이다.

185) 日本厚生労働省, 危険性又は有害性の調査等に関する指針(公示 第1号), 2006.3.10 참조.

3. 위험성 감소조치의 검토 · 결정 시 유의사항

가. 위험성 감소조치의 검토단계의 유의사항

① 위험성 감소조치의 검토에 있어서는, 안전보건상 효과가 있을 것으로 생각되는 방안을 가능한 한 복수로 내놓는다. 즉, 현장의 작업자가 실시할 수 있는 방안, 비용을 너무 들이지 않고 실시할 수 있는 방안, 많은 비용을 필요로 하는 방안 등 복수로 함께 내는 것이 중요하다. 그리고 현장의 작업자의 의견 등도 중요한 정보이다.

② 각 감소조치 방안에 대하여 그 조치를 이행할 경우에 감소되는 위험성의 정도를 예측한다(위험성 감소조치의 예측).

③ 위험성 감소조치의 예측에 있어서, 유해위험요인을 없애거나 사람이 유해위험요인과 접촉하지 않도록 하는 등의 본질적 대책, 공학적 대책 이외의 대책은 사람의 행동에 의존한 대책이고, 사람이 그 대책을 실시하지 않는 경우에는 어떠한 효과도 가져오지 못하기 때문에, 이러한 대책(특히, 개인보호구 사용 대책)에 대해서는 가급적 위험성을 낮추지 않는 식으로 추정하는 것이 바람직하다.[186]

④ 소음 등의 유해인자에 대한 위험성 감소는 소음원을 둘러싸는 등 어느 정도 비용 측면의 대응을 하지 않으면 개선이 곤란하다는 점을 감안하여야 한다.

⑤ 감소조치의 실시로 새로운 유해위험요인이 발생하는 것은 아닌지, 감소조치가 단순히 유해위험요인 또는 위험성의 이전(위험한 작업의 실

186) 매뉴얼 작성 등의 관리적 대책, 개인보호구 사용 대책은 이의 관리정도를 사전에 정확하게 판단하는 것이 곤란하므로, 이러한 대책(특히, 개인보호구 사용 대책)에 대해 위험성의 등급을 종전보다 낮추어 추정하는 것은 부정확할 가능성이 상존하기 때문이다.

시를 하청사에 도급 주거나 다음 공정으로 넘기는 등)으로 처리되고 있지 않은지도 검토할 필요가 있다.

⑥ 감소조치의 실시가 작업성, 생산성, 품질 등에 어떠한 영향을 미치는지, 작업자나 스태프와 상담하는 것도 중요하다.

나. 위험성 감소조치의 결정단계의 유의사항

감소조치의 결정에 있어서는, 감소조치의 실시에 수반되는 예산집행에 권한이 있는 관리자를 책임자로 위치지우고, 다음과 같은 사항에 유의한다.

① 실시하는 조치가 법령, 사업장에서 정한 안전보건에 관한 규정 등에 적합한 것인지의 확인

② 실시하는 조치의 우선순위 부여

③ 실시하는 조치가 실현 가능한 것인지(기술적 · 경제적 문제 등)

④ 실시하는 조치의 비용[예산의 견적, 비용의 염출(捻出) 등]

⑤ 실시하는 조치의 기한

⑥ 실시하는 조치가 품질, 생산성에 미치는 영향

사망, 후유장해 또는 심각한 질병을 초래할 우려가 있는 위험성에 대하여 적절한 위험성 감소조치를 실시하기까지 시간을 요하는 경우에는, 그때까지 위험성을 방치하지 말고 실시 가능한 잠정적 조치를 곧바로 강구하여 실시할 필요가 있다.

또한 한 개의 위험성에 대하여 한 개의 감소조치로 한정하지 않고 복수를 조합하여 실시하거나 순차적으로 실시하는 경우도 있다.

한편, 위험성 감소조치는 법령, 행정지침, 가이드라인 등에 정해져 있는 대책과 동등 이상으로 결정하는 것이 바람직하다. 또한 고령자, 한국어 소통에 어려움이 있는 외국인근로자, 경험이 짧은 근로자 등 안전보건상의 취약자에 대해서는 위험성 감소를 위해 특별히 배려하여야 한다.

4. 위험성 감소조치의 실시와 실시 후의 효과 확인

위험성평가에서 실시할 감소조치가 결정되면, 실시 담당자는 감소조치 실시를 위한 계획(스케줄, 역할분담 등)을 구체적으로 정하고 그 계획에 따라 실시한다. 감소조치 실시 후에는, 확인(파악)된 해당 유해위험요인에 대하여 재차 위험성 추정, 위험성 결정을 하여, 위험성 감소의 효과를 확인하는 동시에 작업성, 생산성, 품질에 미치는 영향을 확인한다.

위험성 감소조치 실시 후에도 위험성 수준이 허용할 수 없는(허용 불가능) 수준인 경우에는, 한 번 더 위험성 감소조치를 수립하여 개선을 도모할 필요가 있다. 또한 감소조치 실시 후에 새로운 유해위험요인이 발생하고 있지 않은지를 확인하는 것도 중요하다. 새로운 유해위험요인이 발생한 경우에는 그 위험성을 추정하고, 만약 허용 가능하지 않은 위험성인 경우에는 새롭게 발생한 유해위험요인에 대해서도 위험성 감소조치를 수립하여 이행하여야 한다.

5. 위험성 감소조치의 수립 · 실행의 유의사항

위험성 감소조치의 수립 · 실행을 할 때 유의하여야 할 사항은 다음과 같다.

가. 감소조치의 수립단계의 유의사항

① 법령에 규정된 사항이 있는 경우에는 그것을 반드시 실시한다.
② 위험성 감소조치를 수립할 때는 현장감독자를 중심으로 관리자와 함께 검토 · 수립한다.
③ 법령, 사업장규정 등의 기준에 적합한지를 확인한다.
④ 새로운 유해위험요인의 발생 유무를 검토한다. 새로운 유해위험요인이 발생하는 경우에는 그 새로운 유해위험요인을 포함하여 감소조치의 효과를 검토한다.
⑤ 유해위험요인 또는 위험성의 이전 유무를 검토한다.
⑥ 아이디어를 함께 내고, 실현가능한 방법을 충분히 검토하여 조치계획(대책)을 세운다.
⑦ 감소조치 실시 후의 효과(위험성 수준)를 예측한다.
⑧ 의도적으로 위험성 크기를 내리지 않는다(실시하는 감소조치가 어떤 위험성 요소에 효과가 있는지를 확인한다.).
⑨ 위험성 감소효과를 예측할 때, 위험한 작업의 폐지 · 변경, 공학적 대책(조치) 이외의 사람에 의존하는 대책(조치)에서는 위험성 수준을 가급적 내리지 않는 것이 바람직하다.
⑩ 권한 있는 관리자가 현장감독자, 작업자 등과 상담하여 위험성 감소조치를 결정한다.
⑪ 사용자가 실시할 수 있는 어떠한 위험성 감소조치를 취하더라도 적절한 위험성 감소를 달성할 수 없다고 판단되는 경우에는, 당해 작업 또는 기계 · 설비 등의 사용을 중지하고 별도의 근본적인 대책을 강구한다.

나. 감소조치의 실행단계 및 실행 후의 유의사항

⑫ 위험성의 내용, 감소조치의 실시 상황 및 잔류위험성의 상황 등을 확인할 수 있도록 서식을 작성하고 기록한다.

⑬ 적절한 조치를 바로 실시할 수 없는 것에 대해서는 해당 부서의 관리자의 승인을 받아 잠정적(단기적) 조치를 즉시 실시한다. 관리자는 적절한 조치를 바로 실시할 수 없는 이유, 잠정적 조치의 내용을 작업자에게 충분히 설명하고 이해를 얻어 둔다.

⑭ 감소조치 실시 후에도 위험성 추정과 우선도 설정을 하고, 위험성 감소의 효과를 확인한다. 이 경우, 작업자의 의견도 청취하여 효과를 확인하는 것이 바람직하다.

⑮ 계획(당해) 연도에 개선사항이 종료되지 않는 경우에는, 그 이유를 기록하고 다음 연도의 계획에 반영한다.

⑯ 현재 상황에서 위험성을 더 이상 감소시키기 어려운 것은 위험성을 계속 관리해 나가기 위해 위험성 관리대장(〈부록 Ⅶ〉 참조)에 잔류위험성으로 기록하고 다양한 방법으로 주지(周知)시킨다.

참고 7 위험성 감소효과 예측의 접근방법(예)

위험성 감소효과를 예측할 때, 위험한 작업을 폐지하거나 위험성을 적게 하는 본질적 대책을 실시하거나, 또는 작업자가 유해위험요인에 접촉할 수 없도록 가드를 설치하거나 인터록을 설치하는 등의 공학적 대책을 실시하는 것 이외의 사람에 의존하는 대책을 실시하는 경우에는 가급적 위험성 수준(크기)을 내리지 않는 것이 바람직하다.

예를 들어, 보호구 사용, 안전교육 실시, 위험표지 · 주의표시 설치 등의 대책의 효과는 작업자의 행동에 좌우되는 것으로서, 사람이 그 대책을 실행하지 않으면 어떠한 효과도 기대할 수 없는 등 위험성 감소효과가 불확실하므로, 위험성평가 실시 기록에서 (사람에 의존하는) 대책 실시 전의 위험성 수준을 그대로 두고, 다음번의 개선(본질적·공학적 개선)으로 연결되도록 하는 것이다.

실제 현장에서는 본질적 대책, 공학적 대책과 같은 항구적인 설비적 대책의 실시가 곤란하거나, 실시까지는 시간을 요하거나, 때로는 설비적 대책 실시 후에도 큰 위험성이 남는 등의 사태가 상정된다. 이러한 경우에는 그 위험성에 대해 관리적 대책, 개인보호구 사용 등의 사람에 의존하는 대책을 계속적으로나 잠정적(일시적)으로 또는 추가적으로 확실하게 실시하는 것이 위험성을 실질적으로 감소시키는 데 있어 중요하다.

표 46 위험성 감소조치와 조치 후의 위험성 수준(크기)의 접근방법

<table>
<tr><th colspan="2">위험성 감소조치 검토방법</th><th>조치 후의 위험성 수준</th></tr>
<tr><td>위험한 작업의 폐지·변경, 유해성 또는 물리적 위험성이 보다 낮은 재료로의 변경 등 본질적 대책 채용</td><td>유해위험요인을 제거 또는 저감 → 위험성의 제거, 재해의 중대성의 경감</td><td rowspan="2">위험성이 감소되기 때문에 위험성 수준을 낮춤</td></tr>
<tr><td>방호가드, 광선식 안전장치, 국소배기장치의 설치 등의 공학적 대책 채용</td><td>작업자가 유해위험요인에 접촉할 수 없도록(위험상태가 발생하지 않도록) 함</td></tr>
<tr><td>매뉴얼 정비, 출입금지조치, 경보의 운용, 2인 작업의 채용, 교육훈련 등의 관리적 대책 채용</td><td>재해가 발생할 가능성을 경감함. 조치내용에 따라서는 재해의 중대성이 경감하는 경우도 있음</td><td rowspan="2">작업자의 행동에 좌우되므로 위험성 수준은 낮추지 않고 관리함</td></tr>
<tr><td>개인보호구 사용
※ 이 조치로 상기 조치의 대체를 도모해서는 안 됨</td><td>작업자가 적절하게 사용하면 재해의 중대성을 경감할 수 있음</td></tr>
</table>

Ⅳ 위험성평가 운영 시 유의사항

위험성평가의 기본적인 접근방법은 위험성의 정도를 판단하고 그 위험성을 감소하기 위한 대책을 실시하는 것이다. 위험성평가는 화학설비에 의한 재해의 방지, 기계·설비에 의한 재해의 방지를 주된 목적으로 하여 발전해 왔다. 따라서 그 대책에 있어서도 설비적 대책, 즉 하드한(Hard) 대책을 기본으로 한다. 그러나 기계·설비 및 작업에 따라서는 그런 종류의 대책을 채용하기 어렵거나 채용할 수 없는 경우가 있는바, 위험성평가를 실시할 때 유의할 필요가 있다.

위험성평가에서 특히 검토(궁리)가 필요한 경우로서는

예 1) 기계 · 설비의 소유자가 원청 사업주, 도급인 사업주 등인 경우로서, 스스로 설비 등의 개선을 할 수 없는 경우

예 2) 수리작업, 설비공사 등 (계획적) 비정상작업, 유기(有期)공사에 관련된 업무 등으로서 개선을 하고 나면 작업이 없어지는 경우

등이 있다.

예 1)에 대해서는, 실제의 위험성평가 결과에 따라 개선하여야 할 구체적 내용에 대해 원청 사업주 또는 도급인 사업주 등에게 정보를 제공하고, 이 정보에 근거하여 원청 사업주 또는 도급인 사업주 등이 실시하는 조치의 상황에 관한 정보를 확인한다. 또 스스로 실시할 수 있는 위험성 감소조치에 대해서는 별도로 실시할 필요가 있다.

최근 기계·설비의 소유자 책임이 무겁게 물어지고 있어 원청 사업주

또는 도급인 사업주 등 소유자가 재해 발생 시에 "기계 · 설비에 관한 부적합이 재해의 원인이다."라는 내용으로 지적받는 것을 피하기 위해서는, 소유자가 기계 · 설비에 관련된 위험성 감소조치의 실시에 적극적으로 대응할 필요가 있다. 다시 말해서, 기계 · 설비의 소유자가 당해 기계 · 설비에 대해 일정한 예방조치를 하지 않은 경우에는, 문제가 되는 자가 당해 소유자의 근로자가 아니더라도 안전보건상의 책임이 물어질 수 있다.

예 2)에 대해서는, 구체적인 위험성평가 진행방법을 정해 놓는 한편, 당해 방법에 의한 실시 결과를 축적해 놓음으로써 다음번의 동종 작업에 관련된 업무가 발생한 경우에는 전회(前回)의 위험성평가의 실시 결과에 관련된 기록을 토대로 한 적절한 작업계획의 작성이 이루어질 수 있게 된다.

그리고 이들 경우 외에, 작업 중에는 설비적인 대책이 곤란한 작업도 있다.

① 기계 · 설비가 스스로 이동하는 것(예컨대, 자동반송차에 기인하는 재해 등)
② 안전의 확보가 운전자(오퍼레이터)의 조작에 의존하는 것(예컨대, 자동차에 의한 제3자 재해, 지게차에 의한 다른 작업자의 재해, 운전수가 있는 크레인에 의한 줄걸이 작업자의 재해 등)
③ 사람 자신이 유해위험요인이 되는 것(예컨대, 복도 등의 모퉁이에서 사람끼리의 충돌, 고객대응 등의 업무에서 고객에 의한 폭력행위 등)

이들 중에서 설비적인 대책을 생각할 수 있는 것은 지게차에 의한 재해이다. 지게차의 작업영역을 일반 작업자로부터 격리하거나 지게차의 전용통행로를 확보할 수 있으면 유효한 대책이 될 수 있다. 그러나 그 실현이 어려운 경우에는 이른바 소프트한(Soft) 대책(안전보건교육, 주의환기를 위한 게시, 작업절차의 준수, 안전거리의 확보, 경고용 램프의 설치 등)으로 대응할 수밖에 없다. 특히 다른 작업자에게 재해를 입히는 등 가해자가 될 수도 있는 위험성을 안고 있는 경우도 있으므로, 관계자에게 철저히 주지시켜 다른 사람의 안전에 세심한 주의를 기울일 필요성을 충분히 이해시켜 두는 것이 중요하다.

[칼럼] 알맹이 빠진 위험성평가 정책[187)]

정부는 최근 위험성평가를 산업안전의 대표정책으로 내세웠다. 올바른 방향이고 포인트는 잘 잡았다. 다만 위험성평가를 외형적으로 확대하는 데에만 급급했지 내실화하는 데는 관심이 없는 것은 아쉬운 대목이다. 행정예고된 '사업장 위험성평가에 관한 지침' 개정안은 '보여주기식' 일색이다. 일부러 핵심적 내용을 없애려고 작정(?)한 것 같은 느낌을 지울 수 없다. 마치 선무당이 사람 잡는다는 속담을 현실에서 증명이라도 하려는 듯이.

위험성평가에서 빈도(가능성)와 강도(중대성)의 추정은 필수적인 절차다. 이것을 빼면 더 이상 위험성평가라고 할 수 없다. 그리고 위험성 추정에 대한 기준을 제시하지 않겠다는 것은 자의적인 위험성평가를 방치하거나 조장하겠다는 것이나 다름없다. 이는 공부 못하는 자녀에게 공부를 잘하도록 지도해 성적을 끌어올릴 생각은 하지 않고 자녀의 학습역량을 의심하고 지레 포기하게 하는 것이나 마찬가지다. 자녀도 부모의 체념에 편승하여 학습하는 것을 자포자기할 것이다. 이런 부모의 태도에 자녀는 당장은 좋아할지 모르지만, 성인이 되어선 일찌감치 못난 자식 취급하고 방치한 부모를 원망하지

---

187) 정진우, 에너지경제, 2023.4.25.

않을까.

이번 행정예고안의 또 다른 큰 문제점은 위험성평가에 대한 잘못된 신호를 준다는 점이다. 현재 대기업에선 위험성평가가 부실하다는 문제의식 정도는 다 가지고 있다. 그런데 행정예고안은 이런 생각마저 사라지게 할 수 있다.

정부가 지금 해야 할 일은 위험성평가가 제대로 작동되도록 구체적인 방법 · 기준과 작업별 모범사례를 개발해 배포하는 등 위험성평가의 인프라를 대폭 확충하고 강화하는 것이다. 이런 노력을 열심히 해도 모자랄 판에 위험성평가 기준을 대폭 완화하겠다니, 도무지 납득할 수 없다. 행정예고안에서 강조하는 노동자 참여의 실효성에도 많은 문제가 있다. 노동자 참여가 마치 목적인 것처럼 획일적으로 강조되고 있기 때문이다. 정보 수집과 유해위험요인 파악방법, 위험성 추정방법 등에 대한 세부 기준이 제시되지 않으면 노동자 참여가 형식으로 흐르면서 현장감독자와 전문가의 참여를 되레 위축시킬 수 있다.

위험성평가를 작업(공사) 개시 후 1개월 이내에 하라는 것도 위험성 평가의 본질과 정면으로 배치된다. 위험성평가는 작업(공사) 개시 전에 실시하는 것이 무엇보다 중요한데 공사가 시작되고 나서 실시할 경우 효과는 반감될 수밖에 없다.

정부가 제도개편을 하면서 이런 기본적인 사항마저 제대로 못 짚은 것은 국제기준과 외국법제에 대한 기본적인 조사도 하지 않았다는 것을 방증한다. 노동계뿐만 아니라 경영계도 반대하는 퇴행적인 제도개편을 밀어붙이려는 저의가 뭔지 자못 궁금할 뿐이다.

위험성평가 정책의 허점은 이뿐만이 아니다. 안전보건공단은 현재도 부실하다는 평가를 받고 있는 위험성평가 인정 비율의 목표를 뜬금없이 예년보다 2배 가량 높게 잡았다. 사업을 내실화하는 것에는 관심 없고 단순히 물량을 확대하는 것에 급급한다는 비판을 피하기 어려울 것이다.

산재예방 행정이 덩치는 거구가 됐지만 전문성은 예전보다도 못하다는 세평이 자자하다. 모름지기 산업안전과 같은 전문성이 요구되는 문제에서 정책이 효과를 거두기 위해선 전문성이 무엇보다 중요하다. 선의에 찬 우행은 악행으로 통한다. 아무리 의도가 좋아도 전문성으로 뒷받침되지 않으면 의도와 정반대의 결과를 가져올 수 있다. 사실 의도가 선한지도 매우 의심스럽지만.

정부는 최근 많은 산업안전 대책을 쏟아내고 있지만 대부분이 의욕만 앞세운 설익은 대책 일색이다. 그 바람에 산업현장은 큰 혼란에 빠져 있다. 어설픈 정책의 피해는 고스란히 노동자에게 돌아간다. 노동자는 정책의 실험대상이 아니다. 정교하고 신중한 접근이야말로 정책의 미덕임을 새삼 강조하고 싶다. 일찍이 공자는 "잘못하고도 고치지 않는 것, 이것이 진짜 잘못이다"고 갈파했다. 현명한 사람은 자기의 잘못을 인정하고 고치지만, 미련한 사람은 변명하고 합리화함으로써 두 번 잘못을 저지른다. 정부가 어느 길을 택할지 두고 볼 일이다.

제 9 장 기록 · 관리 및 검토 · 수정

I 작성 · 보관이 필요한 기록의 범위

사업주는 사업장 위험성평가에 관하여 다음 사항을 기록하여야 한다. 기록은 위험성평가 자체와 더불어 실효성 있는 위험성평가를 위해 필수 불가결한 부분이다.

① 평가를 실시한 작업
② 위험성평가를 위해 사전조사한 안전보건정보
③ 파악한 유해위험요인
④ 추정한 위험성
⑤ 설정한 위험성 감소조치의 우선도
⑥ 위험성 결정의 내용
⑦ 실시한 위험성 감소조치 및 잔류위험성의 내용

위험성평가의 도입 · 추진에 의하여 지금까지 현재화(顯在化)되어 있던 위험뿐만 아니라 잠재적인 위험까지 폭넓게 파악할 수 있게 된다. 이렇게 파악된 위험성은 기록으로 남겨 두는 것이 반드시 필요하다. 이와 같이 위험성을 관리하는 것, 환언하면 기업에서 스스로 찾아낸 위험성을 관계자 간에 공유하고 이를 작업장의 안전보건수준 향상으로 연결시키는 부분까지 확실히 실시하기 위해서는, 즉 위험성 관리를 확실하게 하기 위해서는 「기록」이 중요한 수단이 된다.

한편, 위험성 감소조치 중에서 적절한 조치를 하는 것이 당장 곤란하여 잠정적 조치를 하는 경우 등에는 기록을 확실히 남긴 후에 계속해서 적절한 조치의 실시를 강구할 필요가 있다. 그리고 기록하는 것에 의해, 위험성으로 파악되고 있었는지 여부를 나중에 확인하는 것도 가능하게 된다.

위 ⑦의 위험성 감소조치에는 당해 조치를 실시한 후에 예상되는 위험성을 추정하는 것도 포함된다. 그리고 위험성 감소조치를 실시한 후에 남아 있는 위험성(잔류위험성)과 이에 대해 관리해 나갈 내용을 기록해 둘 필요가 있다.

위의 ①~⑦의 사항을 기록하는 데 있어서는, 위험성평가를 실시한 날짜 및 위험성평가 실시에 참여한 자를 명기하는 것이 필요하다.

Ⅱ 기록의 종류

위험성평가 실시 결과는 다음과 같이 정리하여 두면 이용하기 쉽다.

① 위험성평가 기입표(개인 기입용) :

각자가 일정한 작업을 대상으로 산업재해에 이르는 프로세스를 기재하고 이것에 대한 위험성 추정을 하여 위험성 수준을 판단하기 위한 기입표이다(〈부록 Ⅱ〉 참조).

② 위험성평가 기입표(그룹 작업용) :

공통으로 제시된 산업재해에 이르는 프로세스에 대하여 복수의 멤버가 위험성 추정 결과를 상호 발표하고, 그룹 토의를 통하여 그룹 단위에서 위험성 추정을 하여 위험성 수준을 판단하기 위한 기입표이다(〈부록 Ⅲ〉 참조).

③ 위험성평가 실시표 :

실시된 위험성평가의 추정을 i) 현상(현재의 상태), ii) 조치를 실시한 경우의 예측, iii) 조치 실시 후의 3단계로 구분하여 나타내는 방식으로 진행 상황을 일람(一覽)으로 관리하는 표이다(〈부록 Ⅳ~Ⅵ〉 참조).

④ 위험성 관리대장 :

해당 작업장에서의 위험성평가의 전체 상황을 파악하기 위하여 위험성 감소조치의 실시 상황, 잔류위험성의 수준(크기) 및 그 내용·대책 등이 기재된 대장이다(〈부록 Ⅶ〉 참조).

이것의 이용방법으로는 다음과 같은 것을 생각할 수 있다.

i) 위험성평가에서 제시된 모든 항목을 관리한다.

ii) 허용 불가능한 수준의 위험성은 반드시 등록하고 계속적으로 확실하게 관리한다.

위험성 관리대장에 대한 상세한 설명은 이하 Ⅳ에서 하기로 한다.

III 작성한 기록의 관리 · 활용

기록의 관리에 관한 유의사항으로서는 관계자라면 언제라도 누구라도 필요한 때에 바로 찾아 볼 수 있도록 보관해 둘 필요가 있다. 이와 함께 위험성평가 실시 상황을 산업안전보건위원회 등에 부의(附議)하는 것이 필요하다.

그리고 관계부서의 위험성평가 결과는 관계 근로자에게 주지하여 둘 필요가 있고, 나아가 위험성평가의 기록을 신규 채용자에 대한 교육, 배치전환을 실시한 근로자에 대한 교육자료로서 활용하는 것도 산업재해 예방에 효과적이다.

IV 위험성 관리

위험성평가 실시를 통해 위험성 파악, 파악된 위험성의 감소조치의 검토 · 실시, 잔류위험성에의 대응 등 일련의 대응과정을 명확히 해 두는 등 「위험성을 관리한다」는 관점이 필요하다.

또한 위험성을 파악한 이후 대응(감소)조치의 실시까지 어떠한 상태로 관리되고 있는가에 대하여 항상 「가시화(可視化)」되어 있는 것이 중요하다. 여기에서는 앞에서 설명한 「기록」에 추가하여 관리에 관한 유의사항에 대하여 설명한다.

1. 관리내용

위험성평가를 실제로 운용하는 데 있어, 기록 외에 위험성의 관리라는 관점에서 고려할 사항으로서 다음과 같은 것이 있다.

가. 위험성평가 관리대장의 작성

앞에서 설명한 「기록」에 대한 작성례를 기반으로 우선도가 높은 위험성에 대해서는 보다 상세한 내용을 알 수 있도록 관리대장으로 정리해 두는 것이 바람직하다.

내용은 〈부록 Ⅶ〉의 위험성 관리대장 예시와 같이 다음의 내용 등을 토대로 위험성평가 실시의 흐름에 따라 작성한다.

① 위험성 파악 단계 : 위험성 파악 단계에서는 다음 사항에 유의한다.

i) 위험성평가의 대상이 된 작업장, 작업명 등을 명확히 해 두는 것이 중요하다.

ii) 유해위험요인을 특정한 「산업재해에 이르는 프로세스」를 기재한다. 기재에 있어서는, 장래적으로 대장을 활용할 때 그 당시의 상황을 누구라도 이해할 수 있도록 구체적으로 기재해 두는 것이 필요하다.

② 위험성 감소조치 단계 : 위험성 감소조치 및 감소조치의 실시 상황에 대해서는 다음 사항에 유의한다.

i) 실시하는 감소조치의 내용·성격이 항구적 대책인가, 잠정적 대책인가를 명확히 할 필요가 있다. 대책이 잠정적인 경우는 항구적 대책의 실시 예정일을 정함과 아울러, 잠정적 대책의 유효성

을 정기적으로 관리하고 진행 상황을 확인하는 것도 중요하다.

ii) 위험성 감소조치의 실시 상황에 대해서도 조치의 실시가 확실하게 이루어질 때까지 진행 상황을 관리하는 것이 필요하다. 또한 위험성 수준에 따라 조치의 실시 완료 예정일 등을 정하고 위험성이 높은 것이 신속하게 조치되고 있는지 등의 관리를 해가는 것도 큰 위험성의 제거 또는 저감에 유효하다.

③ 잔류위험성

• 관리대장에서는 감소조치 실시 후에 위험성 수준(크기)이 어디까지 감소되었는지, 어떤 수준(크기)의 위험성이 남아 있는지를 명확히 하고, 제거 또는 충분히 저감되지 않은 위험성의 내용 및 주지 상황·방법도 기재해 둘 필요가 있다.

④ 차기 안전보건목표, 안전보건계획에의 반영

• 실시 시기가 차기 이후가 되는 감소조치는 차기의 목표·계획에 반영하도록 위험성 관리대장에 기재함과 아울러, 작업장 안전회의, 산업안전보건위원회 등에서 심의하고 의사록으로 남긴다.

⑤ 추진사무국의 역할

i) 추진사무국은 각 부문의 관리대장을 통합정리함과 함께 우선도가 높은 위험성이 사업장에 현재화(顯在化)되어 있는지 등에 대하여 전체적으로 확인한다. 필요가 있으면 각 부문의 추진책임자를 모은 회의 등을 개최한다. 이것을 통해 사업장에서 무엇이 대책을 실시여야 하는 위험성인지를 선별할 수 있다.

ii) 감소조치의 수립, 실시에 있어서 예정대로 진행되고 있는지, 만약 미달성되고 있는 경우는 원인과 대책 유무의 확인, 또 실시한 조치에 대해서는 그 효과의 확인, 실태의 파악, 사업장 전체의 진행의 확인 등도 필요하다.

나. 가시화(可視化)

위험성평가를 실시하는 과정에서, 「이 위험성은 어느 정도인가」, 「이 위험성에 대해서는 조치가 실시되고 있는가」 등 위험성이 어떤 상태에 있는지를 항상 볼 수 있으면 누구나 안심할 수 있다. 여기에서 가시화(可視化)라는 관점이 중요하게 된다.

가시화의 구체적인 사례로는 다음과 같은 방법이 제시될 수 있다.

① 위험성 추정 결과에 따른 위험성 감소를 위한 우선도 구분 표시를 한다.
- 우선도가 높은 순으로 적, 황, 청 등의 색깔별에 의한 지도(map)화(구역, 작업별 등)을 실시한다.

② 현장의 기계 · 설비 또는 구역에 ①에 따라 색깔로 구별한 표시 등을 부착 등의 방법으로 현장에 표시한다.

③ 감소조치 방안을 실시하여 위험성이 감소된 경우는 색깔별 표시를 해당 수준의 색깔로 변경하고 감소된 것이 보이도록 한다.

이상의 방법을 통해 최종적인 목적인 위험성 감소의 상황을 볼 수 있게 되고, 성과 및 미달성 개소의 명시(구분)가 가능하게 된다.

위험성 관리대장이 작업장 또는 부서별로 계기실, 조작실, 휴게실 등에 문서로 상비(常備)되어 있거나, 사내 LAN 등으로 언제라도, 누구라도 볼 수 있도록 되어 있는 것이 바람직하다.

다. 잠정적 대책의 관리

위험성 감소조치 중에서는 예산상, 기술상 등의 문제 때문에 바로 항구적인 위험성 감소조치를 실시할 수 없는 경우도 있을 수 있다. 이 경우에는 당분간 일시적으로(잠정적으로) 위험성을 회피하기 위하여 관리적 대책, 개인보호구 사용 등 사람의 행동[관리감독과 작업자의 주의(실행)]에 의존하는 대응(조치)과 같은 (잠정적) 대책을 실시할 필요가 있다.

잠정적 대책은 항구적 대책을 실시할 때까지 일시적으로 위험성을 회피하기 위한 것으로, 사람의 준수를 전제하는 것이기 때문에 계속적·안정적인 효과는 기대하기 어렵다. 따라서 항구적 대책이 실시될 때까지는 사람의 준수를 유지하기 위하여 확실하게 관리할 필요가 있다. 또한 잠정적 대책을 실시하고 있는 동안에는 정기적으로 그 실시 상황을 확인하는 것도 필요하다.

2. 관리 시 유의사항

위험성평가의 관리에 있어 유의하여야 할 사항은 다음과 같다.

① 검토 및 개선은 수시 실천한다.

- 위험성평가 활동은 위험예지활동과는 달리 반드시 매일 실시할 필요는 없다. 그러나 유해위험요인 파악, 위험성 추정, 위험성 감소조치의 수립·실시에서 현장의 작업자의 협력, 참여, 실행을 수반한다. 따라서 소집단활동을 활용하거나 개선(안전)제안활동 등 사업장의 자율안전활동과 연계하는 것도 효과적이라고 생각된다.

② 위험성에 대한 자의적 처리를 하지 않고 확실한 추진을 도모한다.

- 위험성에 대한 대응조치(감소조치)가 제대로 마련되어 있지 않은데도 무리하게 위험성이 감소된 것처럼 자의적으로 처리하는 경향이 있으므로 적절한 대응이 필요하다. 관리하여야 할 위험성이 많이 있는 것을 좋지 않은 것이라고 생각해서는 안 된다. 관리하여야 할 위험성을 정확하게 파악하고 이것에 확실하게 대처해 가는 것이 중요하다.

참고 8 위험성 감소방법에 대한 잘못된 시각

모든 위험성에 대해 그 크기(수준)를 허용 가능한 수준으로 반드시 즉시 감소시켜야 하는 것으로 생각하는 사람들이 적지 않다. 그러나 위험성 감소조치의 내용, 사업장 상황 등에 따라서는 본질적 대책, 공학적 대책을 통해 위험성의 크기를 시간을 두고 낮추는 것으로 하고 당분간은(잠정적으로는) 관리적 대책 등을 중심으로 위험성을 감소하는 방법도 가능한 선택지로 인정되어야 한다. 위험성 감소에 일정한 시간이 요구될 수 있는 점을 고려하지 않고 위험성 수준을 반드시 신속하게 낮춰야 한다고 하면, 현실에서는 위험성 감소조치가 관리적 대책과 개인보호구 사용 위주로 채택되는 등 형식화될 가능성이 매우 크다. 즉, 위험성을 무조건적으로 단기간에 낮춰야 하는 것으로 접근하는 것은 기업 등 조직으로 하여금 본질적 대책과 공학적 대책의 채택을 기피하게 함으로써 부실한 위험성 감소조치를 조장할 위험이 있다.

③ 정기적으로 감소조치의 유효성을 재검토한다.

- 위험성평가를 통해 종전에는 최선이었던 감소조치가 기술진보 등에 따라 더욱 유효한 감소조치를 새롭게 취할 수 있게 되거나 공

학적 대책에서 본질적 대책으로 강화하는 것이 가능하게 되는 경우가 있다. 또한 당시는 잠정적 대책 외에는 불가능하였지만, 그 후 항구적 대책이 가능하게 되는 경우도 있을 수 있다. 따라서 위험성을 관리대장 등으로 관리하고, 본질적 대책을 실시하지 않고 있는 것, 잔류위험성에 대해서는 정기적으로 재검토[188)]하는 것이 중요하다.

④ 잔류위험성을 관리한다.

• 허용 가능한 위험성의 경우 그 잔류위험성은 사업장 위험성평가 관리의 기준에 따라 허용 가능하다고 판단된 것이지만, 그렇다고 위험성이 아예 없는 것은 아니므로 그 수준 및 내용을 명확히 하고, 위험성 감소대책이 되돌아가지 않도록 적절한 위험성 관리를 지속적으로 하는 것이 필요하다. 그리고 잔류위험성에 대한 대응 내용을 확실히 종업원에게 주지하고 그 위험성이 재해로 연결되지 않도록 하여야 한다. 그리고 신규 작업자 등에 대한 대응이 확실히 이루어지기 위해서도, 잔류위험성을 기록으로 보관하는 것, 교육커리큘럼에 포함하는 것, 작업절차서 등에 기재를 하는 것도 중요하다.

188) 이를 「정기 위험성평가」라고 부르기도 한다. 「정기 위험성평가」는 이미 실시한 위험성평가를 재검토(Review)하는 방식으로도 이루어질 수 있다. 정기 위험성평가를 제로베이스에서 위험성평가를 재차 실시하는 방식으로만 생각하는 경우가 있는데, 이는 올바른 생각이 아닐 뿐만 아니라 위험성평가의 형식적 실시를 조장할 수 있다.

참고 9 잔류위험성의 개념

잔류위험성은 ISO 31000(2009), ISO/IEC Guide 51(2014), ISO Guide 73(2009)에서 「위험성 감소조치 후에 남은 위험성」이라고 정의되어 있다.[189] 일본의 후생노동성 지침(기계의 포괄적인 안전기준에 관한 지침)에서도 「보호대책을 강구한 후에 남은 위험성」이라고 정의되어 있다. 그리고 잔류위험성은 「보유위험성」(Retained risk)이라고도 알려져 있다.

사업장에서 보유하고 있는 위험성을 감소시킬 목적으로 실시하는 위험성평가에서는 사업장의 능력, 실태 등을 고려하여 위험성 관리 기준의 하나로서 「허용 가능한 위험성 수준(크기)」이라는 것을 자율적으로 설정하게 된다. 이 수준은 위험성평가를 실시하는 데 있어서 「이 정도의 위험성은 허용한다」 또는 「위험성을 여기까지 감소시킨다」고 하는 수준으로서 일반적으로 위험성이 가장 낮은 수준으로 나타내어진다(예컨대, 위험성 수준을 Ⅰ~Ⅳ로 분류하고 있는 경우는 위험성 수준 Ⅰ이 이에 해당한다.). 이상의 점을 고려할 때 위험성평가에서 적극적으로 대처하여야 하는 잔류위험성은 「허용 가능한 위험성 수준을 초과한 잔류위험성」이라고 말해진다.

사업장에 있어 「허용 가능한 위험성 수준(크기)」은 안전한지 여부의 판단기준이 되는 것으로서 중요한 기준이라고 할 수 있다. 단, 이 기준의 의미·내용은 절대적인 기준이 있는 것은 아니고 사회의 가치관, 업무환경, 비용 대 효과의 적합성 등에 의해 변화하는 것이다.

위험성 감소조치 실시 후의 잔류위험성이 「허용 가능한 위험성」보다 작으면 위험성은 남아 있지만 이 정도이면 허용되는 것이고, 그것보다 크면 허용되지 않는 것이 된다. 따라서 잔류위험성이 「허용 가능한 위험성」보다 작게 되면, 잔류위험성을 위험성 관리대장 등에 기록하고 주지하는 것으로 일단 종료가 된다. 이 경우 실시한 안전대책이 되돌아가지 않도록 적절한 위험성 관리를 계속하는 것은 필요하다. 반면, 잔류위험성이 「허용 가능한 위험성」보다 큰 경우에는 추가의 위험성 감소조치를 본질적 대책, 공학적 대책을 중심으로 실시하여 실시 후의 잔류위험성이 「허용 가능한 위험성」

보다 작게 될 때까지 대책을 실시하게 된다.

잔류위험성의 수준이 가장 높은 수준에 해당하는 경우에는 원칙적으로 위험성 감소조치가 취해질 때까지는 작업을 중지할 필요가 있다. 그러나 기술적 이유 등 때문에 당해 작업을 도저히 중단할 수 없는 경우에는, 사업주의 판단하에 관리적 조치 등의 실현 가능한 잠정적 조치를 확실히 행하는 것을 전제로 하여 특례적으로 작업을 계속하는 경우도 생각할 수 있다. 다만, 이 경우 사업주는 원칙적으로는 하게 해서는 안 되는 위험한 작업을 작업자에게 하도록 하고 있다는 점을 자각하고 가능한 한 빨리 이 상태를 해소하도록 노력해야 한다.

이상과 같이 잔류위험성은 「위험성 감소조치 후에 남은 위험성」, 「보유위험성」 또는 「허용 가능한 위험성 수준을 초과한 잔류위험성」과 같이 사용되는 맥락에 따라 다소 다른 의미로 사용되고 있다. 따라서 잔류위험성의 개념은 그 사용되는 맥락도 함께 고려하여야만 정확하게 이해될 수 있다.

「허용 가능한 위험성 수준 이하의 잔류위험성」은 엄격히 이야기하면 협의의 위험성평가로 대처하는 것이 아니라, 사업장의 전체적인 안전보건관리(위험성 관리) 속에서 각 사업장의 필요에 따라 대처하는 것이다.

189) ISO 31000 : 2009 2.27 ; ISO/IEC Guide 51 : 2014(3rd ed.) 3.8 ; ISO Guide 73 : 2009 3.8.1.6. 참고로 ISO 31000 : 2018(2nd ed.)에는 잔류위험성에 대한 용어정의가 없다.

V 검토 및 수정

사업장의 위험성평가는 1회 실시로 끝나는 것이 아니다. 개별 유해위험요인에 대해서는 위험성평가에 종료가 있을 수 있지만, 사업장 차원의 위험성평가에는 사실 종료 개념이 없다. 작업공정, 작업방법, 위험성평가 실시 방법 등에 변경이 있는 경우는 물론, 새로운 정보가 입수되었거나 새로운 유해위험요인이 발견되는 경우와 위험성 감소조치를 변경할 필요가 있는 경우 등에는 위험성평가에 대한 검토를 거쳐 수정이 필요하다.

그리고 적어도 1년 1회 정도는 종전에 실시한 위험성평가의 진행방법이 적절하였는지, 개선이 필요한지 여부를 검토(정기평가)할 필요가 있다. 검토 및 수정의 내용으로서는, 효율적이고 실시하기 쉬운 방법·절차로의 수정 외에 위험성 추정방법, 각종 판단기준의 수정 등이 있을 수 있다.

제10장 위험성평가에 대한 올바른 이해를 위하여

I 위험성평가 실시의 강제성

1. 산업안전보건법

현행 산업안전보건법에서 위험성평가 조문(제36조) 위반 자체에 대해서는 형벌 또는 과태료 등의 벌칙이 규정되어 있지 않다. 그렇다고 위험성평가는 단지 선언적인 규정에 불과한 것일까. 그렇지 않다.

> 제36조(위험성평가의 실시) ① 사업주는 건설물, 기계·기구·설비, 원재료, 가스, 증기, 분진, 근로자의 작업행동 또는 그 밖의 업무로 인한 유해·위험 요인을 찾아내어 부상 및 질병으로 이어질 수 있는 위험성의 크기가 허용 가능한 범위인지를 평가하여야 하고, 그 결과에 따라 이 법과 이 법에 따른 명령에 따른 조치를 하여야 하며, 근로자에 대한 위험 또는 건강장해를 방지하기 위하여 필요한 경우에는 추가적인 조치를 하여야 한다.
> ② 사업주는 제1항에 따른 평가 시 고용노동부장관이 정하여 고시하는 바에 따라 해당 작업장의 근로자를 참여시켜야 한다.
> ③ 사업주는 제1항에 따른 평가의 결과와 조치사항을 고용노동부령으로 정하는 바에 따라 기록하여 보존하여야 한다.
> ④ 제1항에 따른 평가의 방법, 절차 및 시기, 그 밖에 필요한 사항은 고용노동부장관이 정하여 고시한다.

산업안전보건법은 제2장 제1절 안전보건관리체제에서 사업주로 하여금 안전보건관리체제를 구성하는 자들에게 해당 직무를 수행하도록 할 의무를 부과하고, 이를 위반한 경우에는 처벌의 일종인 과태료를 부과하도록 하고 있다. 그런데 안전보건관리체제를 구성원인 안전보건관리책임자(법 제15조), 관리감독자(제16조), 안전관리자(제17조), 보건관리자(제18조), 안전보건관리담당자(제19조), 안전보건총괄책임자(제62조) 등의 직무에 위험성평가 실시에 관한 사항이 모두 포함되어 있다. 결국, 사업주가 위험성평가를 실시하지 않으면 안전보건관리체제 관계규정 위반으로 과태료가 부과될 수 있는 것이다. 위험성평가를 실시하지 않은 것은 물론, 위험성평가를 실시하였다고 볼 수 없을 정도로 위험성평가의 기본적인 절차·방법 등을 따르지 않았다면, 안전보건관리체제 관계규정 위반으로 처벌될 수 있는 것이다.

그리고 산업안전보건법에서는 사업주에게 근로자와 안전보건관계자를 대상으로 안전보건교육과 직무교육이 각각 의무화되어 있고 교육내용도 법정화되어 있다. 그리고 이를 위반한 경우에는 과태료를 부과하도록 되어 있다. 그런데 이들의 교육내용에 산업안전보건법이 필수적으로 포함되어 있는 만큼, 해당 교육 시 산업안전보건법에 명시적으로 규정되어 있는 위험성평가에 대해서도 어떤 형태로든 교육이 이루어져야 한다. 특히, 안전관리자와 보건관리자의 직무교육에는 교육내용에 위험성평가에 관한 사항을 반영하도록 명시적으로까지 규정하고 있다(산업안전보건법 시행규칙 별표 5 참조). 결국, 근로자 안전보건교육 및 안전보건관계자 직무교육 시 위험성평가에 관한 사항을 교육하지 않았거나 교육하였다고 볼 수 없으면 과태료가 부과될 수 있는 것이다.

또한 산업안전보건법에서는 안전보건관리에 관한 사내규정인 안전보건관리규정 작성을 의무화하고 있고(제25조), 이를 위반한 경우에 대해서도 과태료를 부과하도록 하고 있다. 그런데 위험성평가에 관한 사항은 이 안전보건관리규정의 필수적 기재사항으로 규정되어 있다(산업안전보건법 시행규칙 별표 3 참조). 따라서 안전보건관리규정에 위험성평가에 관한 규정이 포함되어 있지 않거나 포함되어 있다고 볼 수 없으면 과태료 부과대상이 될 수 있다.

한편, 산업안전보건법에서는 도급인이 의무적으로 실시하여야 할 산업재해 예방조치의 하나로, 도급인인 사업주와 수급인인 사업주 전원으로 구성되는 「안전보건에 관한 협의체」에서 위험성평가의 실시에 관한 사항을 반드시 협의하도록 규정하고 있고(산업안전보건법 시행규칙 제79조 제2항), 이를 위반한 경우에는 형사처벌의 대상으로 하고 있다. 이 규정은 위험성평가의 실시를 전제로 하고 있는 만큼, 도급인과 수급인은 도급업무와 관련하여 어떤 형태로든 해당 작업장에서 위험성평가를 의무적으로 실시하여야 하는 것으로 해석된다.

요컨대, 사업장 위험성평가는 산업안전보건법에서 매우 비중 있게 규정되어 있고, 그 중요성에 따라 그 실시가 법적으로 사실상 강제화되어 있다는 사실에 유념할 필요가 있다.[190]

---

190) 산업안전보건법상의 위험성평가의 강제성 여부에 대해 고용노동부 본부는 이상하리만치(무책임하다는 생각이 들 정도로) 입장을 밝히지 않고 있지만, 일부 지방고용노동관서에서와 특별감독 시에는 위험성평가 미실시에 대해 안전보건관리체제 위반을 근거로 과태료를 부과하고 있다. 이에 따라 위험성평가의 강제성을 둘러싸고 현장에서는 많은 (불필요한) 혼란이 발생하고 있다.

참고 10 안전보건관리체제에 대한 자의적 해석[191)]

2017년 1월 고용노동부 본부에서는 안전보건관리체제 위반과 관련하여 처벌을 삼가라는 내용의 지침안전보건관계자 업무 미수행에 따른 과태료 부과 시 유의사항 알림, 2017. 7. 1)을 지방관서에 시달하였다[산재예방정책과장(김부희) 전결]. 처벌을 하지 말아야 하는 이유와 내용으로 다음과 같은 논리가 제시되었다. "안전보건관계자의 법정 업무 중 개별 1~2개 업무가 수행되지 않은 경우, 반드시 전반적인 업무수행실태를 확인하여 사업주가 해당 안전보건관계자에게 업무를 수행하도록 권한을 부여하거나 업무 여건을 조성하였는지 판단한 후, 사업주가 업무수행 권한을 부여하지 않았거나 전반적인 권한을 부여하였다 하더라도 안전보건관리 외 타 업무 부과가 현저히 많아 정상적인 안전·보건업무 수행이 불가능하다고 판단되는 경우에만 과태료를 부과하고, 특히 위험성평가 미실시의 경우 위험성평가 조항(법 제41조의2) 자체에 처벌규정이 없으므로 안전보건관계자에 의한 위험성평가의 미수행만을 이유로 과태료를 부과해서는 안 된다."

산업안전보건법에서는 안전보건관리책임자, 안전보건총괄책임자, 관리감독자, 안전관리자, 보건관리자 등 안전보건관계자에 대한 각각의 법정 직무가 정해져 있고, 사업주가 이들로 하여금 해당 직무를 수행하도록 하지 않은 경우에는 과태료를 부과하도록 명시하고 있다. 그런데 본 지침에서는 1~2개 업무가 수행되지 않았음에도 사업주가 안전보건관계자에게 업무수행권한을 부여하고 다른 업무를 현저하게 부과하지 않았다면 처벌해서는 안 된다고 하고 있다. 이는 사업주의 안전보건관계자에 대한 의무에는 업무수행권한 부여 등 직무수행여건 조성뿐만 아니라 안전보건관계자의 해당 직무에 대한 지도감독 등의 의무까지 있다는 것을 제대로 이해하지 못한 것에 따른 매우 잘못된 논리라고 할 수 있다. 즉, 사업주가 안전보건관계자에

191) 정진우, 산업안전보건법정책의 문제점과 개선방안 – 행정규칙과 행정지침을 중심으로 –, 한국산업보건학회지 제28권 제1호, 한국산업보건학회, 2018, 21쪽.

게 업무수행권한을 부여하고 다른 업무를 지나치게 많이 주지 않았지만 해당 업무에 대해 지도감독이나 기타 예방조치를 하지 않는 경우에 대해 법위반으로 보지 않겠다는 것에 다름 아니다. 이런 논리대로라면, 사업주가 안전보건관계자에게 업무수행권한 부여 후 이들의 업무수행을 방치하였더라도, 이런 경우에 대해 책임을 물을 수 없게 된다. 이렇게 되면 사업장의 안전보건관계자의 직무수행이 부실해질 것은 불을 보듯 훤하다. 이러한 논리가 산업안전보건법상 안전보건관리체의 취지와 내용에 전혀 부합하지 않는다는 것은 말할 나위가 없다.

그리고 산업안전보건법에서 위험성평가 조문(제41조의2)[192] 자체에 대해서는 처벌이 수반되어 있지 않지만, 모든 안전보건관계자의 직무에 위험성평가가 명시적으로 포함되어 있는 이상, 사업주가 안전보건관계자에게 위험성평가를 실시하도록 직무수행여건을 조성하지 않았거나 지도감독 등을 하지 않았다면 비록 하나의 업무 미수행이라 하더라도 당연히 과태료 부과대상이 된다고 보는 것이 타당한 법해석이다. 따라서 위험성평가 미수행만을 이유로 과태료를 부과해서는 안 된다는 주장은 법리에 전혀 맞지 않는 해석이라고 말하지 않을 수 없다.

안전보건관계자의 직무에 포함되어 있는 업무는 하나하나가 중요한 업무이기 때문에 법령에 규정되어 있다고 보아야 할 것이다. 따라서 1~2개 업무를 하지 않은 것에 대해서도 처벌을 하여야 한다는 것이 산업안전보건법의 취지이자 논리임에 틀림없다. 그런데 고용노동부의 지침에 따르면, 1~2개의 업무 미실시는 위법하지 않고 3~4개의 업무 미실시는 위법하다는 것인데, 이러한 해석은 어디에서도 그 근거를 찾을 수 없는 불합리한 논리라 하지 않을 수 없다.

요컨대, 본 지침은 행정권이 산업안전보건법의 취지와 내용의 근간을 무너뜨리는 위법적인 법해석을 한 전형적인 예라고 할 수 있다.[193]

192) 현행 제36조.

2. 중대재해처벌법

중대재해 처벌 등에 관한 법률(중대재해처벌법) 제4조 제1항 제1호 및 같은 법 시행령 제4조 제3호에 따라 사업 또는 사업장을 실질적으로 지배·운영·관리하는 자(법 제4조) 또는 시설, 장비, 장소 등에 대하여 실질적으로 지배·운영·관리하는 책임이 있는 자(법 제5조)는 사업 또는 사업장의 특성에 따른 유해·위험요인을 확인하여 개선하는 업무절차를 마련하고, 해당 업무절차에 따라 유해·위험요인의 확인 및 개선이 이루어지는지를 반기 1회 이상 점검한 후 필요한 조치를 하여야 한다.

중대재해처벌법 시행령 제4조 제3호의 요구사항은 유해·위험요인 확인·개선 업무절차 마련, 반기 1회 이상 해당 업무절차에 따른 유해·위험요인 확인·개선 여부 점검, 점검결과에 따른 필요한 조치로 압축할 수 있다. 이를 위반하여 중대산업재해에 이르게 한 경우에는 처벌 대상이 된다(법 제6조 및 제7조).

중대재해처벌법령상의 안전보건조치의무 위반만으로는 처벌 대상이 되지 않지만, 이를 위반하여 중대산업재해에 이르게 한 경우에는 처벌 대상이 되기 때문에, 중대재해처벌법 시행령 제4조 제3호에 따른 「유해·위험요인 확인·개선 업무절차 마련, 반기 1회 이상 점검 및 필요한 조치」는

193) 현재 이 지침은 지방고용노동관서에서 반드시 지켜지고 있는 것은 아니다. 일부 지방고용노동관서에서는 안전보건관계자를 통한 위험성평가 미수행 시 과태료를 부과하고 있는 경우도 있다. 특히 특별감독 시에는 위험성평가 미수행에 대해 과태료를 부과하는 경우가 적지 않다. 문제는 고용노동부 본부에서 위험성평가 미실시에 대해 어떤 제재도 할 수 없는 것으로 잘못 알고 있어 이 지침을 공식적으로 폐기하지 않고 있다는 점이다. 현행법을 통해 위험성평가를 쉽게 활성화할 수 있는 방법이 있는데도 이를 활용하기는커녕 행정기관 스스로 법에 어긋나는 해석을 하면서 직무를 유기하고 있는 셈이다. 고용노동부의 전문성 부족과 진정성 결여의 민낯을 그대로 드러내는 사례라고 할 수 있다.

강제화되어 있다고 할 수 있다.

한편, 산업안전보건법상 위험성평가는 유해·위험요인 확인(Hazard Identification), 위험성 감소(Risk reduction) 외에 위험성 추정(Risk estimation), 위험성 결정(Risk evaluation)으로 구성되어 있는바,[194] 중대재해처벌법 제4조 제1항 제1호 및 같은 법 시행령 제4조 제3호에서 규정하고 있는 「유해·위험요인 확인·개선 업무절차 마련, 반기 1회 이상 점검 및 필요한 조치」는 위험성평가의 「일부분」에 지나지 않는 것으로서, 이것만으로는 위험성평가라고 할 수 없다. 「위험성 추정」과 「위험성 결정」이 누락되어 있고, 유해·위험요인 「확인」은 엄격히 보면 유해·위험요인 「파악」이라고 보기 어렵기 때문이다. 게다가 중대재해처벌법령은 유해·위험요인의 확인·개선 자체가 아니라 유해·위험요인의 확인·개선 업무절차 마련, 반기별 이행점검 및 점검결과에 따른 필요한 조치를 규정하고 있을 뿐이다. 즉, 관련 절차서 작성 및 이의 이행점검 등을 요구하고 있는 것이지 유해·위험요인의 확인·개선(실행)을 요구하고 있는 것이 아니다. 따라서 중대재해처벌법은 위험성평가를 규정하고 있다고 할 수 없고 위험성평가의 「일부 요소」와 그것의 사후관리를 규정하고 있는 데 지나지 않는다고 보아야 할 것이다.

참고로, 중대재해처벌법 시행령 제4조 제3호 본문에 의한 유해·위험요인 확인·개선 업무절차에 따른 유해·위험요인 확인·개선 점검이 같

194) 「산업안전보건법」상 위험성 평가에 위험성 추정이 포함되어 있느냐가 논란이 될 수 있는데, 사업장 위험성평가에 관한 지침(고시)에서 위험성 추정에 대한 상세기준이 누락되어 있어 위험성 추정이 형해화될 우려가 크긴 하지만, 위험성 추정 자체가 완전히 빠져 있는 것은 아니다. 동 고시 제9조 제2항 제1호에 따라 사업주는 「위험성의 수준을 판단」하는 기준을 확정해야 하는바, 이는 「위험성 추정」 기준을 확정해야 한다는 의미이기 때문이다.

은 조 같은 호 단서 규정에 따라 산업안전보건법상의 위험성평가 절차 마련 및 그 절차에 따른 실시(또는 실시하도록 하여 실시 결과를 보고 받는 것)로 일부 갈음되지만,[195] 산업안전보건법상의 위험성평가는 그 특성상 수시평가, 도급작업에 대한 위험성평가 실시주체방법 등과 관련하여 수사기관에 의해 자의적으로 해석될 수 있는 가능성이 매우 많은 점에 유의할 필요가 있다. 즉, 단서 규정에 의해 산업안전보건법상의 위험성평가 절차에 따르게 되면, 위험성평가 실시에 있어 정부의 지침 등에 설명되어 있는 세부적인 내용에 대해서까지 그대로 따라야 하는 위험이 수반되고 또 실제 그렇게(자의적으로) 해석·집행되고 있는 점에 유의할 필요가 있다. 따라서 유해·위험요인 누락 여부, 수시평가 실시 여부, 다양한 방식의 도급작업에 대한 위험성평가의 구체적인 실시방법 등에 대해 많은 시비에 휘말리지 않기 위해서는 「단서」 규정에 따른 「산업안전보건법상의 위험성평가」가 아닌 「본문」 규정에 따른 「유해·위험요인 확인·개선 업무절차 마련, 반기 1회 이상 점검 및 필요한 조치」를 이행하는 것이 현명한 선택이다. 유해·위험요인 확인·개선 업무절차 마련, 반기 1회 이상 점검 및 필요한 조치는 그 자체만으로는 어려운 일이 아니기 때문이다. 물론 이 경우 산업안전보건법상의 위험성평가를 중대재해처벌법 제4조 제3호 본문에서 규정하고 있는 의무 이행의 일부분으로 활용(대응)할 수 있고 또 그렇게 하는 것이 효율적이다.

195) 중대재해처벌법 시행령 제3호 단서에서 갈음해 주고 있는 것은 유해·위험요인 확인 및 개선에 대한 「점검」으로 한정되어 있는 사실에 유의할 필요가 있다.

Ⅱ 일반 위험성평가와 특정 위험성평가

위험성평가에 적용될 수 있는 기법으로는 다양한 기법이 있다. IEC 31010(2019) Annex Table A.3(아래 표 47)에는 위험성평가(Risk assessment) 프로세스,[196] 즉 유해위험요인 파악(Hazard identification), 위험성 분석(Risk analysis)[197] 및 위험성 결정(Risk evaluation)에 여러 기법(41가지. 망라적인 것은 아니다.)이 어떻게 적용될 수 있는지(적용될 수 있는 정도)를 제시하고 있다. [표 45]에서 알 수 있는 것처럼, 각 기법은 위험성평가 과정의 전체를 커버하고 있는 것도 있지만, 대부분은 일부만을 커버하고 있다.

예를 들면, 보우 타이(Bow tie analysis) 기법, 원인–결과 분석(Cause-consequence analysis : CCA) 기법은 위험성평가 전 과정을 커버하지만, 체크리스트(Checklist) 기법은 유해위험요인 파악만을 커버하고, 강도/빈도 매트릭스(Consequence/likelihood matrix) 기법(매트릭스법)[198]은 위험성 추정과 위험성 결정만을 커버하며, 위험과 운전 분석(Hazard and operability studies : HAZOP) 기법은 유해위험요인 파악과 강도

196) ISO/IEC Guide 51, ISO 31000, ISO 31010 등 국제규격과 선진외국의 위험성평가 규정에 따르면, 위험성평가는 유해위험요인 파악, 위험성 분석(추정) 및 위험성 결정을 가리키고 위험성 감소는 포함하지 않는다. 위험성 감소는 위험성 관리(Risk management)의 영역이다.

197) 최상위 국제규격에 해당하는 ISO/IEC Guide 51에서는 유해위험요인 파악(Hazard identification)과 위험성 추정(Risk estimation)을 합하여 위험성 분석(Risk analysis)이라고 명명하고 있다(3.10).

198) 강도/빈도 매트릭스 기법은 간단히 매트릭스법이라고도 하며, 위험성 분석(추정)에서 가장 많이 사용되고 있는 기법이다.

추정만을 커버한다.

따라서 [표 45]에 제시된 기법들을 모두 위험성평가 기법이라고 명명하는 것은 타당하지 않고 위험성평가 과정 전체 또는 일부분에 적용할 수 있는 기법이라고 불러야 할 것이다.[199)]

산업안전보건법 시행규칙(제50조 제1항 제2호)에서 「공정 위험성평가 기법」이라고 소개되어 있는 기법들(HAZOP, checklist, what-if, FTA, ETA, CCA 등)은 국제기준에서 말하는 엄밀한 의미의 위험성평가 기법이라고 할 수는 없고, 위험성평가의 일부분에 해당하는 「유해위험요인 분석(Hazard analysis)」[200)] 기법이라고 보아야 한다.[201), 202)] 즉, 유해위험요인 분석은 위험성평가와 동일한 것이 아니다.

전술한 대로 작업위험분석[JSA(Job safety analysis), JHA(Job hazard analysis)]도 유해위험요인 분석 기법이라고는 할 수 있을지 모르지만 원래 의미의 위험성평가 기법이라고는 볼 수 없다.[203)]

---

199) 2023년 5월 22일 개정된 사업장 위험성평가 지침(고용노동부 고시)에서 빈도 · 강도법, 체크리스트, 위험성 수준 3단계(저 · 중 · 고) 판단법, 핵심요인 기술(One Point Sheet)법, 「산업안전보건법 시행규칙」 제50조 제1항 제2호 각목의 방법(소위 「공정 위험성평가 기법」) 등을 「위험성평가 방법」으로 규정한 것은 위험성평가를 잘못 이해한 것이라고 할 수 있다.

200) 공정 설비에 대한 hazard analysis는 「process hazard analysis(PHA)」 또는 「process hazard evaluation」이라고 한다. PHA를 세계에서 가장 먼저 산업안전보건법에 의무화한 미국에서도 PHA를 위험성평가(Risk assessment)라고 명명하지 않는다.

201) 유해위험요인 분석에서 예비적인 위험성 수준은 제공되지만, 정확한 예측(검증) 및 위험성 허용 여부(위험성 결정)는 위험성평가에 의해 정해진다(Wikipedia, Hazard analysis).

202) 공정 위험성평가(유해위험요인 분석) 기법의 각 단계와 위험성평가 프로세스의 각 단계가 정확하게 조응하는 것은 아니다.

203) 원래(좁은) 의미의 JSA(JHA)에 위험성평가 프로세스를 추가한 JSA(JHA)를 사용할 수도 있는바, 이런 경우에 한해 JSA(JHA)를 위험성평가 기법이라고 부를 수 있을 것이다.

표 47 기법들의 위험성평가 프로세스에의 적용 가능성[204)]

Tools and techniques	Risk assessment process					Sub-clause
	Risk identi-fication	Risk analysis			Risk evalu-ation	
		Conse-quence	Likeli-hood	Level of risk		
ALARP, ALARA and SFAIRP	NA	NA	NA	NA	SA	B.8.2
Bayesian analysis	NA	NA	SA	NA	NA	B.5.2
Bayesian networks	NA	NA	SA	NA	SA	B.5.3
Bow tie analysis	A	SA	A	A	A	B.4.2
Brainstorming	SA	A	NA	NA	NA	B.1.2
Business impact analysis	A	SA	NA	NA	NA	B.5.4
Causal mapping	A	A	NA	NA	NA	B.6.1
Cause-consequence analysis	A	SA	SA	A	A	B.5.5
Checklists, classifications and taxonomies	SA	NA	NA	NA	NA	B.2.2
Cindynic approach	SA	NA	NA	NA	NA	B.3.2
Consequence/Likelihood matrix	NA	A	A	SA	A	B.10.3
Cost/benefit analysis	NA	SA	NA	NA	SA	B.9.2
Cross impact analysis	NA	NA	SA	NA	NA	B.6.2
Decision tree analysis	NA	SA	SA	A	A	B.9.3
Delphi technique	SA	NA	NA	NA	NA	B.1.3
Event tree analysis	NA	SA	A	A	A	B.5.6
Failure modes and effects analysis	SA	SA	NA	NA	NA	B.2.3
Failure modes and effects and criticality analysis	SA	SA	SA	SA	SA	B.2.3
Fault tree analysis	A	NA	SA	A	A	B.5.7
F-N diagrams	A	SA	SA	A	SA	B.8.3
Game theory	A	SA	NA	NA	SA	B.9.4
Hazard and operability studies(HAZOP)	SA	A	NA	NA	NA	B.2.4
Hazard analysis and critical control points(HACCP)	SA	SA	NA	NA	SA	B.4.3

204) IEC 31010 : 2019(2nd ed.) Annex A Table A.3.

Human reliability analysis	SA	SA	SA	SA	A	B.5.8
Ishikawa(fishbone)	SA	A	NA	NA	NA	B.3.3
Layer protection analysis(LOPA)	A	SA	A	A	NA	B.4.4
Markov analysis	A	A	SA	NA	NA	B.5.9
Monte Carlo simulation	NA	A	A	A	SA	B.5.10
Multi-criteria analysis(MCA)	A	NA	NA	NA	SA	B.9.5
Nominal group technique	SA	A	A	NA	NA	B.1.4
Pareto charts	NA	A	A	A	SA	B.8.4
Privacy impact analysis/data privacy impact assessment(PIA/DPIA)	A	SA	A	A	SA	B.5.11
Reliability centred maintenance	A	A	A	A	SA	B.8.5
Risk indices	NA	SA	SA	A	SA	B.8.6
S-curves	NA	A	A	SA	SA	B.10.4
Scenario analysis	SA	SA	A	A	A	B.2.5
Structured or semi-structured interviews	SA	NA	NA	NA	NA	B.1.5
Structured "What if?"(SWIFT)	SA	SA	A	A	A	B.2.6
Surveys	SA	NA	NA	NA	NA	B.1.6
Toxicological risk assessment	SA	SA	SA	SA	SA	B.7.1
Value at risk(VaR)	NA	A	A	SA	SA	B.7.2

※ A : applicable, SA : strongly applicable, NA : not applicable.

화학물질의 제조 및 처리에 관한 위험성과 같은 복잡한 상황의 경우는 특정 방법론이 유용할 수 있다[나비넥타이 분석(Bowtie), 위험과 운전 분석(HAZOP), 고장모드 영향 분석(FMEA)]. 미끄러짐, 걸려 넘어짐과 같은 복잡하지 않은 상황의 경우는 간단한 방법이 보다 적절할 수 있다.[205)]

중요한 점은, 어떤 하나의 위험성평가 기법을 사용하든 여러 기법을 조합하여 사용하든, 산업안전보건법 제36조에 따른 위험성평가의 절차・방법[유해위험요인 확인(Hazard identification) – 위험성 추정(Risk

205) ISO 45002 : 2023 6.1.2.2 c) 3).

estimation) – 위험성 결정(Risk evaluation) – 위험성 감소(Risk reduction)] 및 위험성평가의 시기 등에 기본적으로 따라야 한다는 것이고, 사업장 전체 영역(분야)에 걸쳐 재해의 발생이 합리적으로 예견 가능한 모든 유해위험요인을 포괄해야 한다는 것이다.

따라서 사업장의 일부 영역(분야)이나 일부 유해위험요인에 한정된 위험성평가를 실시하였다고 하여 또는 위험성평가 과정의 일부를 이행하였다고 하여 산업안전보건법 제36조에 따른 사업장 위험성평가(이하에서는 「일반 위험성평가」라 한다.)를 실시하였다고 주장하거나 그렇게 간주하는 것은 불합리하다고 할 수 있다.

예를 들면, 공정안전관리(PSM) 대상 설비에 대하여 HAZOP 기법(공정위험성평가 기법)[206]에 의한 위험성평가, 즉 특정 위험성평가를 실시하였다고 하여 이것만으로 해당 사업장에 대하여 일반 위험성평가를 실시하였다고 간주할 수는 없다. 사업장에는 PSM 대상설비 외에 다른 영역(작업, 기계・설비)이 얼마든지 있을 수 있고, HAZOP 기법은 설계・운전 단계에서의 화재・폭발・누출사고 예방을 위한 공정안전관리 제도(산업안전보건법 제44조 참조)의 일환으로 실시되는 방법이기 때문에, 이들 사고 외의 다른 사고의 요인(위험요인)은 포괄하지 못하고 건강장해요인(유해요인)도 누락되어 있다. 특히, 설치・해체작업, 보전작업, 트러블 대처작업 등과 같은 비정상작업에 대한 당해 작업 개시 전 위험성평가는 HAZOP 기법으로는 커버되지 않는다. 요컨대, 일반 위험성평가의 기준을 충족하기 위해서는 HAZOP 기법 외에 해당 작업, 기계・설비의 특성에 적합한 다른 위험성평가 기법도 아울러 적용하여야 할 것이다.

206) 엄밀한 의미에서는 전술한 대로 「유해위험요인 분석」 기법에 해당한다.

그리고 유해위험요인이 복잡하고 그 특성이 많이 이질적인 사업장의 경우에는, 위험성평가 프로세스에 적용 가능한 기법 중 어느 1가지만을 적용하는 것으로는 위험성평가를 적절하게 수행하는 데 부족할 수 있어 2가지 이상의 기법을 활용하는 것이 필요할 수도 있다. 이러한 점 때문에 IEC 31010(2019)에서도 1개의 사업장에서 위험성평가 프로세스에 적용 가능한 기법 중 2가지 이상이 검토될 필요가 있다고 명시적으로 언급하고 있다.[207)]

또 다른 예로, 특정 위험성평가 기법이 일반 위험성평가 과정의 유해위험요인 파악, 위험성 결정, 위험성 감소 단계만 커버하고 위험성 추정 단계는 커버하지 못한다고 하면, 이 기법만으로는 일반 위험성평가의 요건을 충족한다고 할 수 없다. JSA(Job Safety Analysis) 또는 JHA(Job Hazard Analysis)[208)]의 경우, 위험성평가 절차 중 유해위험요인 파악과 위험성 감소만을 포함하는 것으로서[209)] 위험성 추정, 위험성 결정은 포함하고 있지 않으므로, 일반 위험성평가의 요건을 충족할 수 없다. 참고로,

---

207) IEC 31010 : 2019(2nd ed.) 7.2.

208) JSA와 JHA(JSA와 JHA는 상호 호환적으로 사용되고 있다.)는 안전작업절차(Safe Job Procedure : SJP)를 작성하는 데 도움을 주기 위한 구조화된 프로세스로서, 다음 4가지 요소로 구성된다. ⅰ) 위험작업의 채택, ⅱ) 작업(Job)을 구성하는 절차들 (Steps)의 목록화, ⅲ) 각 절차의 유해위험요인 파악, ⅳ) 각 유해위험요인에 대한 예방조치(안전보건조치) 마련. 다시 말해서, JSA(JHA)는 원래 유해위험요인을 확인하고 위험성 감소조치를 정하기 위해 개발된 기법으로서 위험성평가 기법으로 개발된 것은 아니다. 다만, JSA(JHA)에 위험성평가 요소[위험성 추정(Risk estimation), 위험성 결정(Risk evaluation)]를 추가적으로 반영하여 사용할 수는 있다. 이러한 JSA(JHA)에 대해서는 그 성격과 내용의 혼선을 방지하기 위해 단순히 JSA(JHA)로 명명하기보다는 「위험성평가를 반영한 JSA(JHA)」라고 명명하는 것이 바람직하다.

209) J. E. Roughton and J. J. Mercurio, Developing an Effective Safety Culture, Butterworth-Heinemann, p. 294 이하 ; OSHA, Job Hazard Analysis, 2002, pp. 9-11.

JSA 또는 JHA는 IEC 31010(2019) Annex A Table A.3에 제시된 위험성평가 프로세스에 적용 가능한 기법(41가지)에 포함되어 있지도 않다.[210)]

일반 위험성평가의 일부를 구성한다고 보여지는 산업안전보건법상의 다른 제도(유해위험방지계획서, 근골격계부담작업 유해요인조사 등)에 대해서도 위의 설명과 동일한 논리가 적용될 수 있다. 특히, 안전보건진단명령은 실시의 취지와 주체·방법이 위험성평가의 그것과는 확연히 다르기 때문에, 이것을 부분적으로나마 위험성평가를 실시한 것으로 갈음할 수 있는 여지는 없다고 할 수 있다. 외양상 일반 위험성평가와 일부 유사하다는 것만을 이유로, 그 실시 절차·방법 및 시기 등을 비교확인하지 않은 채, 더군다나 일회적으로 실시한 것에 대해 일반 위험성평가 전체 또는 일부분에 대해 실시한 것으로 간주하는 것은 불합리하다. 일반 위험성평가로 갈음되는 것은 어디까지나 일부 절차에 한정되는 것이고, 그것도 산업안전보건법 제36조에 따른 위험성평가의 프레임에 해당하는 기본적인 절차·방법 및 시기 등의 요건을 충족하는 경우에만 갈음되는 것이라고 해석하여야 할 것이다. 그렇지 않으면, 위험성평가 제도의 취지에 맞지 않을 뿐만 아니라, 위험성평가의 파편화, 형해화를 조장하게 될 것이기 때문이다.

---

210) 공정안전보고서의 제출 · 심사 · 확인 및 이행상태평가 등에 관한 규정(고시) 제27조 제6항에서 JSA를 대표적인 (작업)위험성평가 기법으로 규정하고 있는 것은 JSA에 대한 잘못된 이해에서 비롯된 것이다.

제11장 사업장 위험성평가에 관한 법제 비교[211)]

I 위험성평가의 개념 및 위험성 감소조치와의 관계, 위험성 감소조치의 범위

1. 우리나라

우리나라 산업안전보건법은 제36조(위험성평가의 실시)에서 "사업주는 건설물, 기계・기구・설비, 원재료, 가스, 증기, 분진, 근로자의 작업행동 또는 그 밖의 업무로 인한 유해위험요인을 찾아내어 부상 및 질병으로 이어질 수 있는 위험성의 크기가 허용 가능한 범위인지를 평가하여야 하고, 그 결과에 따라 이 법과 이 법에 따른 명령에 따른 조치를 하여야 하며, 근로자에 대한 위험 또는 건강장해를 방지하기 위하여 필요한 경우에는 추가적인 조치를 하여야 한다."라고 하여 위험성평가의 개념에 유해위험요인의 파악(Hazard identification), 위험성 추정(Risk estimation), 위험성 결정(Risk evaluation) 외에 위험성 감소조치(Risk reduction)도

211) 이 부분은 주로 정진우, 사업장 위험성평가에 관한 법제의 비교법적 고찰, 한국산업보건학회지 제31권 제4호, 한국산업보건학회, 2021, 304-316쪽을 참조하였다.

포함하고 있다. 즉, 우리나라 산업안전보건법은 위험성평가의 개념에 위험성 관리(Risk management)의 범주에 해당하는 위험성 감소조치까지를 포함하면서 위험성 감소조치를 위험성평가와 별도로 규정하고 있지 않다. 따라서 위험성평가를 실시하도록 하는 의무는 위험성평가 감소조치까지를 실시하여야 하는 의무로 해석된다.

2. 일본

일본 노동안전위생법 제28조의2(사업주가 실시해야 할 조사 등)에서는 「위험성 또는 유해성 등의 조사」를 「위험성평가」라고 표현하고, 그 결과에 근거하여 노동자의 위험 또는 건강장해를 방지하기 위하여 필요한 조치를 강구하는 것은 「위험성 감소조치의 실시」라는 표현을 사용하여 양자를 구분하고 있다. 이 점에 대해서는 후생노동성의 「위험성 또는 유해성 등의 조사 등에 관한 지침 해설통달」 1(3)에서 명시적으로 설명하고 있다. 그리고 사업주에게 총괄안전위생관리자로 하여금 「위험성평가」 외에 「위험성 감소조치」를 총괄 관리하도록 하는 의무를 부과하고 있다(법 제10조 및 안전위생규칙 제3조의2).

위험성평가는 유해위험요인 파악(Hazard identification), 위험성의 추정, 우선도의 설정 및 위험성 감소조치내용의 검토 순으로 실시하는 것으로 되어 있고(위험성 또는 유해성 등의 조사 등에 관한 지침 3. 실시내용), 「위험성 감소조치」는 제외되어 있다.

위험성 감소조치는 노력의무의 형태로 법령의 규정에 근거한 조치 외에, 노동자의 위험 또는 건강장해를 방지하기 위하여 필요한 조치까지를 포함하고 있다(노동안전위생법 제28조의2 제1항 또는 제57조의3 제1항

· 제2항). 즉, 위험성 감소조치에는 법령에 명시적으로 규정된 조치뿐만 아니라 법령에 명시적으로 규정되지 않은 추가적 조치도 포함되어 있다.

3. 영국

위험성평가는 일반적으로 작업환경에 존재하거나 상업적 활동 또는 작업활동에서 발생하는 유해위험요인을 파악하는 것(Identifying)과 기존의 예방조치와 그것들의 효과를 고려하여 관련된 위험성의 정도를 평가(Evaluating)하는 것을 포함한다. 그리고 위험성평가는 안전보건관리의 중요한 요소이고, 그것의 주된 목적은 산업안전보건법(HSWAct) 및 관련규칙(Regulation)에 따른 법적 의무를 준수하기 위해 요구되는 조치를 밝혀내기(Identifying) 위한 것이다.

구체적으로는, 위험성평가는 ① 유해위험요인 파악(Identify the hazards), ② 누가 어떻게 영향을 받는지 결정(Decide who might be harmed and how), ③ 위험성 결정 및 예방조치 결정(Evaluate the risks and decide on precautions)으로 설명되거나,[212] ① 부상 또는 질병을 일으킬 수 있는 것을 확인(Identify)하는 것, ② 재해를 입을 가능성과 재해의 심각성인 위험성의 수준을 결정(Decide)하는 것으로 설명되기도 하고,[213] 또는 ① 기계류의 한계의 결정(Determine limits of machinery), ② 유해위험요인의 파악(Identify the hazards), ③ 위험성의 추정(Estimate the risks), ④ 위험성의 결정(Evaluate the risks)으로 설명되고 있다[기계류(안전)

212) HSE, Five step to risk assessment, 2012 ; RoSPA, The Five Step Guide to Risk Assessment, 2018.

213) HSE, Managing risks and risk assessment at work, 2023.

양도・제공규칙(The Supply of Machinery (Safety) Regulations) Part I – Annex I : Essential health and safety requirements relating to the design and construction of machinery)]. 그리고 유해위험요인을 제거하거나 유해위험요인과 관련된 위험성을 감소시키는 것은 위험성 감소(Risk reduction)로 설명하고 있다.

한편, 영국에서는 위험성평가 결과에 따른 위험성 감소조치를 기존의 법적 산업안전보건조치와 별도의 내용으로 규정하고 있지는 않고, 기존의 산업안전보건법령에서 명시적으로 규정하고 있는 요구사항과 금지사항(산업안전보건조치)이 위험성 감소조치의 내용을 이루고 있다. 위험성평가는 이 법적 규정을 효과적이고 정확하게 준수하기 위한 수단이라는 성격을 가지고 있다[보건안전관리규칙(Management of Health and Safety at Work Regulations, MHSWR) 제3조].

MHSWR 제3조는 「일반」 위험성평가를 규정하고 있는데, 영국에서는 MHSWR 제3조 외에 사업주(자영업자)에게 위험성평가를 요구하는 다음과 같은 많은 규칙(명령)이 있다. MHSWR 제16조, MHSWR 제19조, Control of Lead at Work Regulations, Control of Asbestos at Work Regulations, Control of Substances Hazardous to Health Regulations, Manual Handling Operations Regulations, Personal Protective Equipment at Work Regulations, Health and Safety (Display Screen Equipment) Regulations, Genetically Modified Organisms (Contained Use) Regulations, Ionising Radiations Regulations, Dangerous Substances and Explosive Atmospheres Regulations, Control of Vibrations at Work Regulations, Regulatory Reform (Fire Safety) Order, Control of Noise at Work Regulations, Control of Artificial Optical Regulations.

이들 규칙(명령)에서는 특정 유해위험요인 및 위험성에 대한 「특정」 위험성평가를 규정하고 있는바, 이들 규칙(명령)에서 정하고 있는, 위험성평가의 목적에 해당하는 위험성 감소조치의 내용은 MHSWR 제3조와 동일하게 법적 규정의 준수인 것도 있지만 그렇지 않은 것도 있다.[214)]

4. 독일

위험성평가(Gefährdungsbeurteilung)란 노동할 때의 안전과 건강을 위하여 필요한 조치를 정하기 위하여 취업자가 그들의 직업적 활동 중에 노출되는 관련된 위험성(Gefährdungen)의 체계적인 조사(Ermittlung)와 추정(Bewertung)의 과정을 의미하는 것으로 이해되고 있다.[215)] 그리고 위험성평가를 검토할 때에는 다음의 프로세스 단계들이 고려된다는 점을 유의해야 한다.[216)] ① 작업범위와 업무의 확정, ② 위험성 조사, ③ 위험성 판단, ④ 기술수준에 따른 구체적인 산업안전보건조치의 확정(이 단계에서 산업안전보건법 제4조에 따른 보호조치의 우선순위에 유의하여야 한다.), ⑤ 조치의 실행, ⑥ 조치의 영향의 검토, ⑦ 위험성평가의 기록.

산업안전보건법(ArbSchG) 제5조(1)에서 "사업주는 취업자를 위하여 그의 노동과 연관된 위험성평가를 통하여 어떠한 산업안전보건조치들이

---

214) 의무주체가 사업주와 자영업자인 규칙도 있고, 사업주로 한정되어 있는 규칙도 있으며, 책임 있는 자로 되어 있는 것[Regulatory Reform (fire Safety) Order]도 있다.

215) G. Lehder and R. Skiba, *Taschenbuch Arbeitssicherheit*, Erich Schmidt Verlag, 2011, p. 91.

216) Geschäftsstelle der Nationale Arbeitsschutzkonferenz c/o Bundesanstalt für Arbeitsschutz und Arbeitsmedizin Nöldnerstr, Leitlinie Gefährdungsbeurteilung und Dokumentation, Anhang 1, 2017, p. 10.

필요한지를 찾아내야 한다.", 그리고 동법 제6조(1)에서 "사업주는 위험성평가를 실시하고 그 결과에 따라 사업주가 정한 산업안전보건조치 및 그것의 검토 결과를 알 수 있는 서류를 갖추어야 한다."고 규정하고 있는 것에서 알 수 있듯이 위험성평가와 산업안전보건조치(위험성 감소조치)를 구별하고 있다.

한편, 개별 시행령(Verordnung)[217]인 위험물질령(GefStoffV=Gefahr-stoffverordnung)에 의하면, 사업주는 위험성평가를 실시하고 제4장에 따른 필요한 산업안전보건조치를 취해야 한다(제7조(1)). 작업장령(ArbStättV)에서는 위험성평가에 따라 기술, 산업의학 및 위생 수준에 따른 추가조치를 포함한 이 시행령의 규정에 따른 산업안전보건조치를 정해야 한다(제3조(1))고 규정하고 있다. 작업 시 중량물의 수작업에서의 안전보건령(LasthandhabV)에서는 위험성평가에 근거하여 취업자의 안전과 건강을 가능한 한 최소화할 수 있도록 적절한 산업안전보건조치를 취해야 한다(제2조(2))고 규정하고 있다. 즉, 개별 시행령에서도 위험성 감소조치에 해당하는 산업안전보건조치를 위험성평가와 명확히 구분하고 있다.

위험성평가 결과에 따라 취해야 할 산업안전보건조치, 즉 위험성 감소조치의 내용은 법적(법령에 명시적으로 규정되어 있는) 조치를 가리키는 경우도 있고 법적 조치 외의 추가적 조치까지를 가리키는 경우도 있다.

---

217) Verordnung은 법률에 따른 의무 이행을 위해 연방정부가 연방 상원의 동의를 얻어 제정하는 것이므로 우리나라의 시행령(시행규칙이 아니라)에 가깝다.

5. 소결

선진외국의 경우 실무에서는 위험성평가에 위험성 감소조치(안전보건조치)를 포함하는 것으로 표현하거나 운영하기도 하지만, 산업안전보건법령에서는 위험성평가와 위험성 감소조치는 구별하여 규정되어 있다는 것을 알 수 있다. 즉, 위험성 감소조치(안전보건조치)는 위험성평가 결과를 토대로 실시하는 것으로 위험성평가와 별개로 규정되어 있다. ISO 12100(2010)[218], ISO/IEC Guide 51(2014)[219], EU Guidance[220] 등에서도 위험성평가와 위험성 감소를 구분하여 사용하고 있다.

위험성평가 결과에 근거한 위험성 감소조치(산업안전보건조치)의 범위는 국가별로 차이가 있다. 영국은 법령에서 정한 요구사항 또는 금지사항을 준수하기 위하여 사업주가 취할 필요가 있는 법적(법령에 명시적으로 규정되어 있는) 조치로 한정되어 있는 반면에, 일본은 법령에서 정한 조치 외에 추가적인 조치까지를 그 내용으로 포함하고 있다. 독일의 경우에는 법령에서 정한 조치로 한정되어 있는 경우도 있고 법령에서 정한 조치 외의 추가적인 조치까지를 그 내용으로 포함하고 있는 경우도 있다.

우리나라 산업안전보건법상의 위험성평가 개념은 위험성평가에 대한 국제기준 또는 보편적 개념보다 넓게 정의되어 있다. 즉, 위험성 감소는 원래 위험성관리 영역에 해당하는데, 현행 산업안전보건법은 위험성 감소까지를 포함하는 것으로 되어 있다.

218) ISO 12100 : 2010, Safety of machinery - General principles for design - Risk assessment and risk reduction, 3.17, 3.18.

219) ISO/IEC Guide 51 : 2014(3rd ed.), Safety aspects - Guidelines for their inclusion in standards, 3rd ed. Geneva, 3.11, 3.13.

220) European Commission, Guidance on risk assessment at work, 1996, 1.2, 3.3.

게다가 우리나라 산업안전보건법상의 위험성 감소조치에는 법령상의 조치 외에 추가적인 조치까지를 포함하도록 되어 있어 그 범위가 매우 넓게 설정되어 있다. 이와 같이 위험성평가 개념이 매우 넓은 상태에서는 위험성평가의 실시 자체에 대해서는 벌칙을 부과할 수 있어도 부적절한(부실한) 실시에 대해서까지는 벌칙을 부과하는 것이 법리적으로나 현실적으로 곤란하다고 할 수 있다.

따라서 위험성평가의 질 관리를 위하여 위험성평가의 부적절한 실시에 대해서까지 벌칙을 부과하기 위해서는 현행 산업안전보건법(제36조)상의 위험성평가의 개념(범위)을 위험성 감소를 제외한 본래의 위험성평가 영역으로 한정하여 명확하게 규정하는 것이 필요하다.

II 설계 · 제조 단계의 위험성평가

1. 우리나라

우리나라에서는 설계 · 제조 단계의 위험성평가에 대해서는 산업안전보건법, 하위법령, 행정규칙 어디에서도 규정하지 않고 있다. 그 결과 제조자 또는 수입자에 대해서는 위험성평가에 관한 어떠한 의무도 부과되어 있지 않다. 실제로 사업장에서는 자율적 차원에서라도 설계 · 제조 단계의 위험성평가는 시도되고 있지 않는 상태이다.

2. 일본

노동안전위생법 제3조 제2항, 노동안전위생규칙 제24조의13, 기계의 포괄적인 안전기준에 관한 지침[221] 및 동 지침에 대한 해설[222]에 따라 설계·제조 단계의 위험성평가를 실시하도록 하고 있다. 위반 시 벌칙이 수반되지 않는 권고적 성격의 지침이다.

3. 영국

기계류(안전) 양도·제공규칙(Supply of Machinery (Safety) Regulations) 제7조(Supply of machinery : general obligations and prohibition) 및 제1부(Part I) – 부록(Annex) I(기계류 설계 및 시공에 관련되는 필수적 안전보건요건)에서 설계·제조 단계의 위험성평가를 필수적 안전보건요건으로 규정하고 있다. 규칙은 위반 시 처벌이 수반되는 강제적 성격을 띠고 있다.

4. 독일

제품안전법(Produktsicherheitsgesetz, ProdSG) 제3조(제품의 시장 유통의 일반 요건) 및 동법에 관련된 여러 개별 시행령에 따라 설계·제조 단계의 위험성평가가 강제화되어 있다. 관련 시행령으로는 전기운전도구령, 완구안전령, 간이압력용기령, 가스사용설비령, 개인보호구 유통

221) 厚生労働省, 機械の包括的な安全基準に関する指針(基発 第0731001号), 2007.7.31.

222) 厚生労働省,「機械の包括的な安全基準に関する指針」の解説等につい(基安安發 第0731004号), 2007.7.31.

령, 기계·설비령, 스포츠보트·수상오토바이령, 폭발안전령, 엘리베이터령, 에어로졸 포장용기령, 압력용기령 등이 있다.

5. 소결

우리나라와 달리 일본, 영국, 독일 모두 사용 단계의 위험성평가와 별개로 설계·제조 단계의 위험성평가를 법제화하고 있다. 영국, 독일은 강제적인 성격으로, 일본은 권고적인 성격으로 규정하고 있다. 이들 국가에서는 기계·설비를 시장에 출하하기 전 단계(설계·제조 단계)에서 위험성평가를 실시하여 그 결과를 사용자(User)에게 인도하고, 사용자에 해당하는 사업주는 제조자 또는 수입자로부터 받은 위험성평가 결과를 토대로 사용 단계의 위험성평가를 실시하도록 규정하고 있다. 국제안전규격인 ISO 12100(2010)에서도 기계·설비의 설계·제조자와 기계·설비의 사용자 양자에 대하여 각각의 입장에서 위험성평가 실시를 제시하고 있다.

III 위험성평가 결과의 기록

1. 우리나라

산업안전보건법 시행규칙(제37조) 및 사업장 위험성평가에 관한 지침(고시, 제14조)에서 위험성평가 대상의 유해위험요인, 위험성 결정의 내용, 위험성 결정에 따른 조치의 내용, 위험성평가를 위해 사전조사한 안전보건정보, 그 밖에 사업장에서 필요하다고 정한 사항을 기록·보존하도록 규정하고 있다. 기록의무 자체는 강제적인 성격을 가지고 있지 않다.

2. 일본

노동안전위생법령에서는 위험성평가 결과의 기록에 대해 아무런 규정을 두고 있지 않고, 위험성 또는 유해성 등의 조사 등에 관한 지침(공시)에서 이에 관한 내용을 정하고 있다. 따라서 기록의무 자체로만 보면 그 위반에 대해서는 처벌이 수반되지 않는다.

3. 영국

위험성평가 결과의 기록에 대해 사업장 보건안전관리규칙(MHSWR)과 건강장해물질 관리규칙(Control of Substances Hazardous to Health Regulations, COSHH)에서 중요한 결과 등을 중심으로 의무화하고 있다. 즉, MHSWR에서는 "5인 이상의 근로자를 사용하는 사업주는 평가의 중요한 결과와 특별히 위험한 상태에 있는 것으로 확인된 모든 근로자집단을 기록해야 한다"고 규정하고 있고[제3조(6)], COSHH에서는 5인 이상의 근로자를 사용하는 사업주에 대해 위험성평가가 실시된 후에 실행 가능한 한 빨리 위험성평가의 중요한 결과를 기록하고, 동 규칙 제7조(건강장해물질 노출의 예방 또는 통제)의 요건을 충족하기 위해 사업주가 취한 조치를 기록해야 한다고 규정하고 있다[제6조(4)].

4. 독일

산업안전보건법 제6조(문서작성)에서 위험성평가 기록에 관한 일반적인 사항을 규정하고 있다. 추가적으로 위험성평가 결과의 기록에 관한 구체적인 내용이 위험물질령(GefStoffV), 생물학적 물질령(BioStoffV), 작업장령(ArbStättV), 작업장비의 사용 시 안전보건령(BetrSichV), 소음·진동위험령(LärmVibrationsArbSchV) 등의 각 규칙에 규정되어 있다. 기록의 내용은 각 규칙에서 규율하고 있는 위험요인에 따라 다소 상이하게 규정되어 있다.

5. 소결

위험성평가 결과의 기록에 대해서는 우리나라와 일본, 영국, 독일 간에 내용상으로는 특별한 차이가 없다. 다만, 기록 규정 자체의 강제성 여부에 있어 우리나라와 일본은 강제성이 없고, 영국과 독일은 강제성을 가지고 있다. 우리나라와 일본의 경우 기록 규정 자체에 강제성은 없지만 위험성평가 실시 여부의 중요한 판단기준으로 작용한다.

IV 위험성평가의 시기

1. 우리나라

위험성평가의 시기에 대해서는 산업안전보건법령에서 규정하고 있는 내용은 없고, 사업장 위험성평가에 관한 지침(고시)에서 규정하고 있다.

동 고시 제15조(위험성평가의 실시 시기) 제1항에 따르면, 사업주는 사업이 성립된 날(사업 개시일을 말하며, 건설업의 경우 실착공일을 말한다.)로부터 1개월이 되는 날까지 위험성평가의 대상이 되는 유해위험요인에 대한 최초 위험성평가의 실시에 착수하여야 하고, 다만 1개월 미만의 기간 동안 이루어지는 작업 또는 공사의 경우에는 특별한 사정이 없는 한 작업 또는 공사 개시 후 지체 없이 최초 위험성평가를 실시하여야 한다.

그리고 다음 어느 하나에 해당하여 추가적인 유해위험요인이 생기는 경우에는 해당 유해위험요인에 대한 위험성평가(수시평가)를 실시하도록 규정하고 있다(제15조 제2항).

① 사업장 건설물의 설치 · 이전 · 변경 또는 해체
② 기계 · 기구, 설비, 원재료 등의 신규 도입 또는 변경
③ 건설물, 기계 · 기구, 설비 등의 정비 또는 보수(주기적 · 반복적 작업으로서 이미 위험성평가를 실시한 경우에는 제외)
④ 작업방법 또는 작업절차의 신규 도입 또는 변경
⑤ 중대산업사고 또는 산업재해(휴업 이상의 요양을 요하는 경우에 한정) 발생(재해 발생 작업을 재개하기 전에 실시)
⑥ 그 밖에 사업주가 필요하다고 판단한 경우

한편, 다음 사항을 고려하여 최초 위험성평가의 결과에 대한 적정성을 1년마다 정기적으로 재검토(이때 해당 기간 내 수시 위험성평가의 결과가 있는 경우 함께 적정성을 재검토)하여야 한다(제15조 제3항).

① 기계 · 기구, 설비 등의 시간 경과에 의한 성능 저하
② 근로자의 교체 등에 수반하는 안전 · 보건과 관련되는 지식 또는 경험의 변화
③ 안전 · 보건과 관련되는 새로운 지식의 습득
④ 현재 수립되어 있는 위험성 감소대책의 유효성[223] 등

2. 일본

위험성평가의 시기에 대해서는 노동안전위생규칙에서 다음 어느 하나에 해당하는 시기에 실시하도록 규정하고 있다(제24조의11).

① 건설물을 설치, 이전, 변경 또는 해체할 때
② 설비를 신규로 채용하거나 변경할 때
③ 원재료를 신규로 채용하거나 변경할 때
④ 작업방법 또는 작업절차를 신규로 채용하거나 변경할 때
⑤ 앞에서 제시하는 것 외에, 건설물, 원재료, 가스, 증기, 분진 등에 의하거나 작업행동, 기타 업무에 기인하는 위험성 또는 유해성 등에 대하여 변화가 생기거나 생길 우려가 있는 때

223) 이 부분은 "현재 수립되어 있는 위험성 감소대책이 더 이상 유효하지 않다고 의심할 만한 이유가 있는 경우"로 바꾸어 표현하는 것이 타당하다.

⑤에 대해서는, 위험성 또는 유해성 등의 조사 등에 관한 지침(공시)에서 다음과 같이 상세하게 정하고 있다(제5조(1)オ).

i) 산업재해가 발생한 경우로서 과거의 위험성평가의 내용에 문제가 있는 경우

ii) 전회(前回)의 위험성평가로부터 일정한 기간이 경과하고, 기계·설비의 경년(經年)에 의한 기능(성능) 저하, 근로자의 교체 등에 수반하는 근로자의 안전보건에 관계되는 지식·경험의 변화, 안전보건에 관련된 새로운 정보의 집적(集積) 등이 있는 경우

3. 영국

위험성평가 시기에 대해서는 위험성평가에 관한 일반 규칙이라고 할 수 있는 MHSWR과 개별 규칙에 해당하는(화학물질 위험성평가를 규정하고 있는) COSHH 등에서 규정하고 있다.

일반 규칙인 MHSWR에서는 일하는 사람이 위험성에 노출될 때 위험성평가를 실시해야 한다고 규정하고 있다(제3조(1)(2)). 위험성평가 실시 시기에 대해서는 명시적으로 규정하고 있지는 않지만 해당 작업을 개시하기 전에 실시하는 것을 전제하고 있다. 그리고 MHSWR에 따르면, "i) 위험성평가가 더 이상 타당하지 않다고 의심할 만한 이유가 있거나, ii) 위험성평가가 관련되는 문제에 중요한 변화가 있었다면 재검토(Review)되어야 하며, 재검토 결과 위험성평가에 변경이 요구되는 경우에는 해당 사업주 또는 자영업자는 변경을 하여야 한다."(제3조(3)).

개별 규칙, 예컨대 COSHH에서는 작업 개시 전에 위험성평가를 실시하도록 실시 시기를 명시적으로 규정하고 있고(제6조(1)), "i) 위험성평

가가 더 이상 유효하지 않다고 의심할 만한 이유가 있는 경우, ii) 위험성평가가 관련되는 작업에서 중요한 변화가 있었던 경우, iii) 제10조에 따라 실시되는 모니터링의 결과가 필요하다고 나타낼 경우에는, 위험성평가가 어김없이 그리고 즉시 재검토되어야 하며, 재검토 결과 위험성평가에 변경이 요구되는 경우에는 변경이 이루어져야 한다."고 규정하고 있다(제6조(3)).

요컨대, 위험성평가는 정기적으로 재검토하는 것이 권장되는바, 특히 작업의 특성이 변화하거나 유해위험요인 또는 위험성이 추가로 인정될 때는 재검토하는 것이 바람직하다.[224)]

4. 독일

산업안전보건법에서는 근로제공에 수반하는 취업자에 대해 각 업무형태별로 위험성평가를 실시해야 한다고 규정하고 있다(제5조(1)(2)). 위험성평가 실시 시기에 대해서는 명시적으로 규정하고 있지 않지만, 해당 작업을 개시하기 전에 실시하는 것을 전제하고 있다. 그리고 여러 개별 시행령에서 위험성평가 시기를 별도로 규정하고 있다. 예컨대 위험물질령(GefStoffV)에 따르면, 위험물질을 취급하는 작업을 하기 전에 위험성평가를 실시하여야 하고(제7조(1)), 위험성평가는 정기적으로 점검(재검토, Überprüfung)되어야 하고 필요에 따라 현행화되어야 하며, 중요한 변화 또는 새로운 정보가 현행화(갱신)를 필요로 하거나 산업의학적 예방조치령(ArbMedVV)에 따른 산업의학적 예방조치 결정에 근거하여 현행화가

224) R. Moore, *The Law of Health and Safety at Work 2015/16*, 24 ed., Croner, 2015, p. 169.

필요한 것으로 판명된 경우에는 위험성평가가 반드시 즉시 현행화되어야 한다(제6조(10)).

생물학적 물질령(BioStoffV)에서는, 생물학적 물질을 취급하는 작업을 하기 전에 위험성평가를 실시하여야 하고(제4조(1)), ⅰ) 노동조건의 중요한 변경 또는 새로운 정보, 예컨대 사고보고서 또는 산업의학적 예방검진에 따른 정보가 위험성평가를 필요로 하는 경우, ⅱ) 안전조치의 기능과 효과에 대한 조사(Prüfung) 결과 기존의 안전조치가 효과적이지 않다는 것이 판명된 경우에는 위험성평가를 즉시 현행화(갱신)하여야 하며, 그 외의 경우에는 최소한 2년마다 위험성평가를 점검(재검토)하고, 필요한 경우에는 현행화하여야 한다고 규정하고 있다(제4조(2)).

작업장비의 사용 시 안전보건령(BetrSichV)에 따르면, 작업장비를 사용하기 전에 위험성평가를 실시하여야 하고(제3조(1)), 위험성평가는 정기적으로 점검(재검토)되어야 하는데, 이 경우 기술수준이 고려되어야 하고, ⅰ) 작업장의 변경을 포함한 안전과 관련된 노동조건의 변화가 위험성평가를 필요로 하는 경우, ⅱ) 재해 또는 산업의학적 고려에 의해 새로운 정보, 특별한 지식이 존재하는 경우, ⅲ) 제5조(4)에 따른 안전조치의 효과 검토에 의해 정해진 안전조치가 더 이상 효과가 없거나 충분하지 않다는 것이 밝혀진 경우에는, 위험성평가를 지체 없이 현행화하여야 한다(제3조(7)).

한편, 법적 구속력을 가지고 있는 재해보험조합 재해예방규정(Berufsgenossenschaftliche Vorschriften : BGV) A1 예방의 기본원칙(Grundsätze der Prävention)에서도 사업주로 하여금 특히 안전보건에 관하여 사업장의 상황에 변화가 있는 경우에는 위험성평가를 점검(재검토)하도록 규정하고 있다(제3조(2)).

5. 소결

작업 전과 중요한 변화 시에 위험성평가를 실시하야 한다는 점에서는 우리나라와 일본, 영국, 독일 간에 큰 차이는 없다.

우리나라는 최초 위험성평가를 수시 위험성평가와 별개의 평가인 것처럼 규정하고 있지만, 선진외국에서는 최초 위험성평가를 수시 위험성평가의 범주에 포함시키고 별도로 규정하고 있지 않다.

선진외국에서는 위험성평가를 기본적으로 작업(공사)을 개시하기 전에 실시하는 것을 전제하고 있는 반면, 우리나라는 최초 위험성평가의 경우에는 사업 개시(착공) 후 1개월 이내[신규 사업(공사)] 또는 작업(공사) 개시 후[단기간 작업(공사)] 지체 없이 실시하도록 규정하고 있다.

우리나라에서는 이미 실시한 위험성평가의 결과에 대한 적정성을 1년마다 정기적으로 재검토하도록 규정하고 있지만, 선진외국에서는 위험성평가의 실시 주기를 획일적으로 규정하고 있지는 않다.

실시 시기 규정 자체에 강제성은 없는 우리나라와 일본의 경우에도 실시 시기 규정은 위험성평가 실시 여부의 중요한 판단기준으로 작용한다. 예를 들면, 수시 위험성평가를 실시할 사유가 분명히 존재함에도 어떤 형태로도 위험성평가를 실시하지 않았다면 해당 시기에 위험성평가를 실시하지 않은 것으로 간주될 것이다.

V 일반 위험성평가와 특정 위험성평가의 관계

1. 우리나라

일반 위험성평가 지침에 해당하는 사업장 위험성평가에 관한 지침(고시)에서 사업주가 다음 어느 하나에 해당하는 제도를 이행한 경우에는 그 부분에 대하여 이 고시에 따른 위험성평가를 실시한 것으로 본다고 규정하고 있다(제7조 제4항).

① 위험성평가 방법을 적용한 안전 · 보건진단(법 제47조)
② 공정안전보고서(법 제44조). 다만, 공정안전보고서의 내용 중 공정위험성 평가서가 최대 4년 범위 이내에서 정기적으로 작성된 경우에 한한다.
③ 근골격계부담작업 유해요인조사(안전보건규칙 제657조부터 제662조까지)
④ 그 밖에 법과 이 법에 따른 명령에서 정하는 위험성평가 관련 제도

2. 일본

일반 위험성평가 지침에 해당하는 위험성 또는 유해성 등의 조사 등에 관한 지침(공시)과 더불어, 특정 위험성평가 지침으로 화학물질에 의한 위험성 또는 유해성 등의 조사 등에 관한 지침(공시)이 존재한다. 화학물질에 대하여 후자의 지침에 따라 위험성평가를 실시하면 화학물질에 관한 부분에 대해서는 일반 위험성평가를 중복하여 실시할 필요가 없는 것

으로 해석되고 있다[위험성 또는 유해성 등의 조사 등에 관한 지침(공시) 1. 취지 등].

3. 영국

일반 위험성평가는 MHSWR 제3조에서 규정하고 있다.[225] MHSWR(제3조) 외의 다른 규칙 또한 그것들이 커버하는 유해위험요인과 위험성에 특유한 위험성평가에 대한 요건을 포함하고 있다. 사업주가 처음으로 작업 상황·활동을 평가하는 경우, 다른 규칙의 요건을 이행하기 위해 보다 상세한 위험성평가가 필요한 부분이 어디인지를 파악하는 데 이 위험성평가가 특별히 유용하다. MHSWR 외의 다른 규칙의 목적을 위해 실시되는 위험성평가는 MHSWR에 따른 위험성평가를 실시할 의무를 부분적으로 커버한다. 사업주가 이미 다른 규칙에 따른 위험성평가를 실시한 경우, 그는 이 위험성평가가 여전히 유효한 한 해당 부분에 대한 위험성평가를 반복할 필요는 없지만, 당해 위험성평가가 중요한 모든 위험성을 커버하도록 할 필요가 있다(MHSWR ACoP 3 : 27~28).

COSHH상의 위험성평가는 MHSWR 제3조에 의해 사업주에게 부과되어 있는 일반 위험성평가의 일부로서 실시될 수 있다. 사업장에 존재하는 건강에 유해한 물질이 근로자의 안전에 대한 위험의 원인이기도 하면, 예컨대 가연성이거나 불안정하면, 사업주는 COSHH 위험성평가를 위험물질 및 폭발분위기 규칙(Dangerous Substances and Explosive Atmospheres Regulations, DSEAR) 제5조에 의해 요구되는 위험성평가와 결합하여

225) 영국에서 위험성평가에 대한 법적 요건은 1992년 MHSWR에 처음으로 도입되었다.

실시할 수도 있다. 사업주는 모든 평가가 관련규칙을 준수하기에 적합하고 충분하도록 하여야 한다(COSHH Guidance 6 : 73).

4. 독일

일반 위험성평가는 산업안전보건법 제5조에서 규정하고 있다. 특정 위험성평가에 관해서는 개별 시행령(Verordnung)에서 정하고 있다. 특정 위험성평가에 관한 규정의 한 예에 해당하는 위험물질령(GefStoffV) 제6조(정보조사와 위험성평가) 제1항에 따르면, 산업안전보건법 제5조에 따른 작업조건 평가의 구성요소로서의 위험성평가 차원에서 사업주는 취업자가 위험물질과 함께 활동(업무)을 수행하고 있는지 또는 활동을 하는 과정에서 위험물질이 발생 또는 방출될 가능성이 있는지에 대하여 확인하여야 한다. 즉, 특정 위험성평가를 실시하면 그 부분에 대해서는 일반 위험성평가를 실시한 것으로 갈음되고 있다.

5. 소결

영국, 독일, 일본 모두 일반 위험성평가와 특정 위험성평가를 병행적으로 규정하여 운영하고 있다. 특정 유해위험요인에 대해서는 특정 위험성평가 규정 또는 지침이 우선적으로 적용되기 때문에, 특정 유해위험요인에 대해 위험성평가가 이루어진 만큼에 한해서는 일반 위험성평가를 실시한 것으로 갈음되는 관계라고 할 수 있다. 특정 위험성평가가 커버하는 범위는 일률적으로 말할 수 없고 해당되는 규정 또는 지침의 내용에 따라 판단하는 것이 타당할 것이다.

우리나라의 경우 안전보건진단, 공정위험성평가, 근골격계질환 유해요인조사 등은 위험성평가 과정의 일부분에 해당한다. 이들 모두 위험성평가 과정의 일부분이기는 하지만, 위험성평가 구성부분을 구체적으로 커버하는 범위는 각 제도에 따라 다르다. 따라서 커버의 범위를 일률적이고 단정적으로 판단하여 규정하는 것은 현실적으로 매우 곤란하다. 그리고 위 제도들의 경우 정기적으로 실시되는 것인 만큼 기계・설비의 도입, 유지보수공사 등과 같은 수시 위험성평가 대상은 커버하지 못하기 때문에 이 제도를 이행하였다고 하여 사업장 위험성평가에 관한 지침(고시)에 따른 모든 위험성평가를 수행하였다고 간주하는 것은 위험성평가의 공백을 초래할 가능성이 높다. 게다가, 건강장해의 방지를 목적으로 한 화학물질 위험성평가(Chemical Hazard Risk Management, CHARM) 기법에 관한 내용은 산업안전보건법령이나 사업장 위험성평가에 관한 지침(고시)에 아무런 근거 없이 한국산업안전보건공단 지침으로만 존재하고 있어 일반 위험성평가와 화학물질 위험성평가(건강장해 측면)의 관계가 모호한 상태이다. 건강장해의 방지를 목적으로 한 화학물질 위험성평가에 관한 지침도 사업장 위험성평가에 관한 지침(고시)과 마찬가지로 법적 근거에 기초하여 고시 형태로 제정할 필요가 있다.[226)]

226) 사업장 위험성평가에 관한 지침(고시)의 일부로 포함시키거나 별도 고시로 제정하는 것을 생각할 수 있다.

참고 11 CHARM 기법의 문제점

한국산업안전보건공단의 CHARM 기법은 화학물질의 위험성을 계산할 때 아래 그림과 같이 노출 수준(빈도)과 유해성(강도)을 곱한 값을 사용한다.

노출 수준(빈도) \ 유해성(강도)		피부나 눈 자극	한번 노출시 위험	심한 자극 및 부식	한번 노출에 매우 큰 독성
		1	2	3	4
낮음	1	1	2	3	4
있음	2	2	4	6	8
높음	3	3	6	9	12
매우 높음	4	4	8	12	16

그림 22 CHARM 기법의 위험성 계산(추정)[227]

한국산업안전보건공단의 화학물질 위험성평가 매뉴얼(2012)에서는 직업병 유소견자(D1)가 발생한 경우 노출 수준을 4등급으로, 화학물질이 CMR 물질[228](1A, 1B, 2)인 경우 유해성을 최고등급인 4등급으로 우선 적용하도록 하고 있다.[229] 이 매뉴얼에 따르면, 직업병 유소견자가 발생하거나 CMR 물질을 사용하는 경우에는 CMR 물질이 소량 사용되고 작업현장에 최선의 보건조치(예컨대, 밀폐구조의 작업환경)가 마련되고 있어도 위험성의 크기가 4 이상이 되어 어떠한 형태로든 위험성 감소조치를 해야 하는 불합리와 비현실성이 있다. 이는 화학물질 위험성평가(건강장해 측면)의 형식화를 조장하고 이에 대한 동기부여를 약화시킬 수 있다.

한편, 한국산업안전보건공단의 화학물질 위험성평가(CHARM) 자료에서는 위험성의 크기가 4인 화학물질 중 직업병 유소견자가 발생(노출 수준=4등급)하였거나 해당 화학물질이 CMR물질(유해성=4등급)인 경우에는 '허용 불가능'으로 판단하여 무조건적으로 '연간계획에 따라 개선'해야 하는 것으로 설명하고 있다.[230]

위험성 계산 결과		관리 기준	비고
위험성	위험성 수준		
1, 2	경미한 위험	근로자에게 유해성 정보 및 주기적 안전보건교육의 제공	현 상태로 계속 작업 가능
3, 4	상당한 위험	현재 설치되어 있는 환기장치의 효율성 검토 및 성능 개선 실시	현재는 위험이 없으면 작업을 계속하되, 위험감소활동 실시
6, 8, 9	중대한 위험	현행법 상 작업환경개선을 위한 조치기준에 대한 평가 실시	
12, 16	허용불가 위험	즉각적으로 종합적인 작업환경관리 수준 평가 실시(전문가 상담)	즉시 작업을 중지 또는 보건프로그램 시행

그림 23 CHARM 기법의 위험성 수준별 관리기준[231)]

CHARM 기법에서 제시된 [그림 23]에 따르면, '상당한 위험'과 '중대한 위험'의 위험성 수준에 대해 "현재는 위험이 없으면 작업을 계속하되, 위험성 감소활동 실시"라는 기재되어 있는바,[232)] 절대안전은 존재하지 않으므로 잔류위험은 있기 마련인 점, 즉 위험이 없는 경우는 있을 수 없는 점을 감안할 때, 위험성 수준이 '상당한 위험'과 '중대한 위험'인 경우 무조건적으로 위험성 감소활동을 실시해야 한다는 무리한 해석이 도출된다.

227) 한국산업안전보건공단, 화학물질 위험성평가 매뉴얼, 2012, 12쪽.

228) Carcinogenicity(발암성), Mutagenicity(생식세포 변이원성), Reproductive toxicity(생식독성).

229) 한국산업안전보건공단, 화학물질 위험성평가 매뉴얼, 2012, 11쪽.

230) 한국산업안전보건공단, 화학물질 위험성평가(CHARM), 2013, 22쪽.

231) 한국산업안전보건공단, 화학물질 위험성평가 매뉴얼, 2012, 19쪽.

232) 한국산업안전보건공단, 화학물질 위험성평가 매뉴얼, 2012, 19쪽.

VI 근로자 참여

1. 우리나라

산업안전보건법에서 사업주는 위험성평가 시 고시하는 바에 따라 해당 작업장의 근로자를 참여시켜야 한다고 규정하고 있고(제36조 제2항), 이에 근거하여 사업장 위험성평가에 관한 지침(고시)에서는 사업주에게 위험성평가를 실시할 때, ① 유해위험요인의 위험성 수준을 판단하는 기준을 마련하고, 유해위험요인별로 허용 가능한 위험성 수준을 정하거나 변경하는 경우, ② 해당 사업장의 유해위험요인을 파악하는 경우, ③ 유해위험요인의 위험성이 허용 가능한 수준인지 여부를 결정하는 경우, ④ 위험성 감소대책을 수립하여 실행하는 경우, ⑤ 위험성 감소대책 실행 여부를 확인하는 경우에 해당 작업에 종사하는 근로자를 참여시켜야 한다고 규정하고 있다(제6조).

2. 일본

노동안전위생법 제17조 및 제18조에 따라 위험성평가는 안전위원회, 위생위원회에서 근로자 측의 의견청취의 대상으로 명시적으로 규정되어 있다. 그리고 위험성 또는 유해성 등의 조사 등에 관한 지침 4. (1) 라에서는 사업주로 하여금 위험성평가 및 그 결과에 근거한 조치의 실시에 있어서는 작업내용을 상세하게 파악하고 있는 「직장(職長) 등」에게 유해위험요인의 특정, 위험성의 추정, 위험성 저감조치의 검토를 하도록 노력하도록 규정하고 있다. 여기에서 「직장 등」이란 직장 외에 반장, 조장, 계장 등의 작업 중의 근로자를 직접 지도 또는 감독하는 자이다. 그리고 직장 이외에도 작업내용을 상세하게 파악하고 있는 일반 근로자가 있는 경우에는, 당해 근로자를 참여시키는 것이 바람직하다[위험성 또는 유해성 등의 조사 등에 관한 지침 해설통달 4. (5)].

한편, 위험성 또는 유해성 등의 조사 등에 관한 지침 4. (1) 마에서는 사업주에게 기계·설비 등에 관련되는 위험성평가 및 그 결과에 근거한 조치의 실시에 있어서는 당해 기계·설비 등에 전문적인 지식을 가지고 있는 자를 참여시키도록 노력의무를 부과하고 있다. 그리고 위험성 또는 유해성 등의 조사 등에 관한 지침 해설통달 4. (7)에서는 기계·설비 등에 관련되는 위험성평가 및 그 결과에 근거한 조치의 실시에 관하여 전문적인 지식을 필요로 하는 경우 등에는 외부의 컨설턴트의 조력을 얻는 것도 무방하다고 규정하고 있다.

요컨대, 위험성평가 과정에 근로자 측과의 협의를 하는 것은 안전·위생위원회를 통해 강제화되어 있으나, 근로자들의 위험성평가 과정에의 참가는 강제화되어 있지 않고, 단지 직장 등 근로자의 참여를 권장하고 있을 뿐이다. 그리고 위험성평가 과정에 전문가의 조력도 필요할 수 있다고 강조하고 있다.

3. 영국

법령 차원에서는 위험성평가를 규정하고 있는 부분에서 위험성평가 과정에 근로자 또는 안전대표(Safety Representatives)가 참여하거나 협의하도록 하는 등의 내용을 직접적으로 표현하고 있지는 않다. 다만, 승인실행지침(Approved Code of Practice, ACoP), 가이던스(Guidance)에서

"적합하고 충분한 위험성평가를 실시할 때, 사업주는 근로자들의 안전보건에 상당히 영향을 미칠 수 있으면서 위험성평가의 결과로서 그들이 도입하려고 하는 조치에 대한 근로자 및/또는 그들의 안전대표의 의견을 물어야 한다. 이것은 안전대표 및 안전위원회 규칙(Safety Representatives and Safety Committees Regulations) 및 보건안전(근로자와 협의) 규칙[Health and Safety(Consultation with Employees) Regulations]에 따라 요구되는 법적 요건이다."고 규정하고 있을 뿐이다(COSHH ACoP 6 : 76).

한편, 협의 대상으로 위험성평가에 한정되어 있는 것은 아니지만 다음 사항이 규정되어 있다. ① 사업장에서 근로자들의 안전보건에 상당한 영향을 미치는 조치의 도입, ② 안전보건관리자 임명계획, ③ 제공하려고 하는 안전보건정보, ④ 안전보건교육 계획, ⑤ 사업장에 도입하려고 하는 기술의 안전보건 영향에 대하여 사업주는 안전대표 또는 근로자들(안전대표가 없는 사업장)로부터 의견을 구해야 한다(Safety Representatives and Safety Committees Regulations 제4A조(1), Health and Safety (Consultation with Employees) Regulations 제3조). 그리고 협의는 근로자에게 정보를 제공하는 것뿐만 아니라 그들의 의견을 듣는 것과 안전보건 의사결정 전에 그들이 말하는 것을 고려하는 것을 포함한다(COSHH Guidance 6 : 77). 그리고 강제력은 없지만 HSE의 위험성평가 가이드[233]에서 사업주가 취할 수 있는 일부 실제적인 조처에 "작업자들을 참여시키고 그들과 협의할 것"이라는 사항이 포함되어 있다.

요컨대, 영국의 경우 위험성평가 과정에서 근로자들에게 의견을 구하거나 이들과 협의를 하는 것은 강제화되어 있다고 볼 수 있으니, 근로자

233) HSE, Risk assessment – A brief guide to controlling risks in the workplace, 2014.

의 참여 자체가 강제화되어 있다고 볼 수는 없을 것이다.

4. 독일

산업안전보건법령은 위험성평가 과정에 근로자를 참여시키거나 근로자와 협의하라는 규정을 두고 있지는 않다. 일부 시행령[예 : 위험물질령(GefStoffV) 제6조(11), 생물학적 물질령(BioStoffV) 제4조(1), 작업장비의 사용 시 안전보건령(BetrSichV) 제3조(2)]에서 "위험성평가는 전문지식에 근거하여 수행되도록 해야 한다. 사업주 스스로가 필요한 지식을 갖추고 있지 못한 경우에는 전문가의 자문을 받아야 한다." 고 규정하여 위험성평가 과정에 전문가의 참여를 강조하고 있을 뿐이고 근로자의 참여 자체를 강제화하고 있지는 않다. 다만, 연방노동사회부 등 관계기관이 위험성평가 조치방법에 대해 합의한 원칙인 전술한 「위험성평가 및 문서작성 지침」은 위험성평가가 취업자 또는 취업자대표와 함께 실시되어야 한다는 점을 권장 성격으로 요구하고 있다.[234)]

산업안전보건법령은 아니지만 사업장조직법 제87조(1) 제7호에 따라 위험성평가의 실시와 문서 작성은 종업원대표위원회와의 합의에 의하여 결정하도록 되어 있다.

---

234) Geschäftsstelle der Nationale Arbeitsschutzkonferenz c/o Bundesanstalt für Arbeitsschutz und Arbeitsmedizin Nöldnerstr, Leitlinie Gefährdungsbeurteilung und Dokumentation, 2017, p. 10.

5. 소결

선진외국의 경우 위험성평가 과정에 개별 근로자를 참여시키는 것은 권장하고는 있지만 강제하고 있지는 않다. 그 이유는 유해위험요인, 공정 등에 따라서는 근로자를 일률적으로 참여하도록 하는 것이 현실적으로 불가능하거나 실효성이 없을 수 있기 때문일 것이다. 따라서 위험성평가 과정에서 개별 근로자가 참여하는 것은 고시(지침) 등에서 권장사항으로 운영하는 것이 바람직하다. 고도의 전문성이 필요한 부분이나 근로자가 작업하지 않는 설비 등의 위험성평가에 획일적으로 개별 근로자의 참여를 강제하는 것은 비현실적이기 때문이다.

다만, 개별 근로자들 또는 근로자대표의 의견을 묻거나 협의하는 것을 강제하는 것은 가능하다고 생각된다. 그러나 개별 근로자들 또는 근로자대표로부터의 의견조회 또는 이들과의 협의의 필요성이 위험성평가에 대해서만 있는 것이 아니기 때문에, 이것을 위험성평가 조항에 개별적으로 규정하는 방식보다도 다른 안전보건사항과 함께 포괄적으로 정하는 방식으로 규정하는 것이 타당할 것으로 생각된다.

우리나라의 경우, 사업장 위험성평가에 관한 지침(고시)에서 위험성 수준 판단기준 마련 및 유해위험요인별 허용 가능한 위험성 수준 획정 · 변경, 유해위험요인 파악, 위험성 결정, 위험성 감소대책 수립 · 실행, 위험성 감소대책 실행 여부 확인과정에만 해당 작업에 종사하는 근로자를 참여시켜야 한다고 규정하고 있을 뿐, 정작 근로자 참여 필요성이 가장 큰 위험성 추정 과정에는 근로자를 참여시키지 않아도 되는 것으로 규정하고 있고, 참여방법 · 범위가 막연하여 자칫 근로자의 참여가 맹목적으로 이루어질 가능성이 높은 상태이다.

VII 위험성평가 실시 위반에 대한 집행

1. 우리나라

산업안전보건법상의 위험성평가 조항 자체는 그 위반에 대해 처벌규정을 두고 있지 않지만, 안전보건관리체제의 구성요인인 안전보건관리책임자, 관리감독자, 안전보건총괄책임자, 안전관리자, 보건관리자의 직무에 위험성평가에 관한 사항을 포함하고 이들을 통해 위험성평가가 수행되지 않는 경우에 대해 과태료를 부과하는 것으로 규정돼 있다.

하지만 정부에서는 안전보건관리체제 지도감독 시 이들 안전관계자의 선임 여부에만 초점을 맞추고 안전보건관계자를 통한 직무수행에 대해서는 관심을 보이지 않는 경향을 보이고 있다. 그리고 위험성평가에 대해 산업안전보건법 제155조 제3항에 따라 사업주를 대상으로 위험성평가에 관한 사항을 보고하도록 명할 수 있음에도 불구하고 이러한 행정조치 제도를 활용하고 있지 않다. 그 결과, 위험성평가가 실시되지 않거나 부적절(부실)하게 실시되더라도 이에 대한 시정이 조직적·체계적으로 이루어지지 않고 있는 상태이다.

2. 일본

사업주가 노동안전위생법 제10조 제1항의 규정에 위반하여 ① 총괄안전위생관리자를 선임하지 않은 경우 또는 ② 총괄안전위생관리자를 선임하였다고 하더라도 그 자에게 안전관리자 또는 위생관리자를 지휘하게 하지 않거나, 동항 각호에 열거되어 있는 업무 중 하나인 위험성평가 및 위험성 감소조치를 총괄 관리하게 하지 않은 경우에는, 노동안전위생법 제120조 제1호에 의해 50만엔 이하의 벌금에 처해진다. 회사가 총괄안전위생관리자(공장장 등)를 형식적으로 선임하고 관할 노동기준감독서장에 보고하는 것만으로는 충분하지 않고, 선임 후에도 충분히 안전위생업무를 총괄 관리하도록 감독하여야 한다.

안전위원회, 위생위원회의 조사심의사항의 하나로 위험성평가 및 위험성 감소조치에 관한 사항이 포함되어 있는데, 동 위원회를 설치하지 않은 경우에는 처벌 대상이 된다(노동안전위생법 제120조 제1호). 한편, 노동안전위생법 제100조 제1항에 따라 사업주를 대상으로 위험성평가에 관한 사항을 보고하도록 명하는 제도를 활용하고 있다.

3. 영국

사업주가 안전보건에 관한 규칙(Regulation)을 위반하는 경우 HSWAct 제33조에 의해 형사처벌의 대상이 된다. 따라서 이 규칙에 따른 위험성평가 규정을 위반한 사업주는 형사처벌될 수 있다. 실제로 적절하고 충분한 위험성평가를 실시하지 않는 것은 가장 흔하게 기소되는 안전보건범죄의 하나이다.[235)]

사업주가 HSWAct 및 관련규칙상의 위험성평가 규정을 위반하는 경우, 감독관은 형사처벌 절차를 밟는 것에 추가하여 개선명령(Improvement notice)을 병과할 수도 있다.[236)] 그리고 법원은 HSWAct 제42조(1)에 따

235) R. Matthews and J. Ageros, *Health and Safety Enforcement*, 4th ed., Croydon, 2016, p. 351.

236) HSE, Enforcement Statement Policy, 2015.

라 형벌에 대신하거나 추가하여 시정명령을 내릴 수 있다.

일반 위험성평가를 규정하고 있는 MHSWR 제3조 위반 그리고 특정 유해위험요인에 대한 예방관리를 규정하고 있는 여러 개별 규칙상의 위험성평가 규정 위반으로 실제 처벌된 사례가 다수 발견된다. 특히, 위험성평가를 적절하고 충분하게 실시해야 한다는 의무를 부과하고 있는 MHSWR 제3조의 「적절하고 충분한 위험성평가에 대한 요건」 위반으로 처벌되는 사례가 압도적으로 많다.[237)]

4. 독일

전술한 「위험성평가 및 문서작성 지침」에서는 위험성평가 실시 위반에 대한 감독기관의 조치방법을 다음과 같이 규정하고 있다.

일반적으로 영업감독관은 매번 개별 사업장 감독에 있어 위험성평가 관련 문서를 요구한다. 여기에서 위험성평가가 사업장 상황에 맞게 실행되었는지 및 문서작성이 되었는지를 다음 세 가지 경우로 구별하여 확인한다.[238)]

① 사업장 위험성평가가 실시되지 않은 경우

사업주는 그의 의무와 도움을 받을 가능성에 대해 자문을 받는다. 감독관은 위험성에 대하여 충분한 안전조치가 취해지지 않았음을 인지하면,

237) HSE, Health and safety offences and penalties in local authority enforced sectors 2007/2008, 2008.

238) Geschäftsstelle der Nationale Arbeitsschutzkonferenz c/o Bundesanstalt für Arbeitsschutz und Arbeitsmedizin Nöldnerstr, Leitlinie Gefährdungsbeurteilung und Dokumentation Anhang 1, 2017, pp. 7-9.

사업주에게 일반적으로 위험성평가를 적절한 기간 내에 실시하고 문서를 제출할 것을 요구하고(산업안전보건법 제22조(3)) 사후확인이 이루어진다.

② 위험성평가가 적절하지 않게 실시된 경우

다음과 같은 경우에는 위험성평가가 적절하지 않게 실시된 것에 해당한다.

- 사업장의 위험성 상황이 명백하게 부적절하게 평가됨
- 작업장/작업의 중요한 위험성이 확인(조사)되지 않음
- 특별한 인적 그룹이 고려되지 않음
- 사업주의 조치들이 불충분하거나 부적절함
- 효과에 대한 확인(체크)이 이루어지지 않거나 완전하지 않음
- 평가가 실제적이지 않음
- 사업주의 필요한 문서들이 호소력이 없고 납득이 가지 않음

사업주는 일반적으로 위험성평가를 적절한 기간 내에 개선할 것을 문서로 요구 받는다. 경우에 따라 사후확인 또는 지시(명령)가 이루어진다.

③ 위험성평가가 적절하게 실시된 경우

다음과 같은 경우에는 위험성평가가 적절하게 실시된 것에 해당한다.

- 사업장의 위험성평가가 본질적으로 실시되었고 적절하게 추정되었음
- 사업주의 조치들이 충분하고 적절함
- 효과에 대한 확인(체크)이 이루어짐
- 평가가 실제적임
- 문서가 형식과 내용에 있어 적절하게 존재함

무작위추출로 진행된 조사에서 작은 결함만이 확인된 경우에는 구두상

의 자문으로 충분하다.

이처럼 독일은 위험성평가가 실시되지 않거나 적절하지 않게 실시된 경우, 바로 처벌하지 않고 일차적으로 시정명령을 한다. 사업주가 이것에 따르지 않는 경우에 산업안전보건법 제25조(1) 제2호 a)에 근거하여 비로소 과태료가 부과되고, 시정명령을 반복적으로 위반하는 경우에는 동법 제26조(1) 제1호에 근거하여 형사처벌 대상이 된다. 따라서 위험성평가의 미실시 또는 부적절한 실시를 이유로 과태료를 부과 받거나 형사처벌되는 일은 흔치 않다.[239)]

5. 소결

일본, 영국, 독일 모두 위험성평가가 사업장 안전관리의 중요한 수단이라는 판단하에 방식은 각기 다르지만 위험성평가 실시를 강제화하고 위반에 대해 벌칙규정을 두고 있다. 일본, 독일의 경우에는 처벌 자체를 목적으로 하지 않고 위험성평가의 실질적인 이행을 유도하기 위하여 벌칙을 배경으로 유연한 행정조치 수단에 해당하는 행정지도, 시정명령 등을 적극 활용하고 있다. 영국은 위험성평가가 법령상의 내용으로 한정적으로 되어 있는 점과 상세한 설명기준(지침)을 배경으로 위험성평가를 하지 않을 경우 즉시 처벌하는 구조를 취하고 있다. 두 가지 접근방법 중 어느 방식이 타당한지는 쉽게 판단할 수 없지만, 우리나라 위험성평가의 개념, 범위 등에 대한 규율내용과 여건 등으로 보건대, 일본, 독일의 접근방법

239) R. Pieper, *ArbSchR - Arbeitsschutzrecht*, 7. Aufl., Bund-Verlag, 2022, p. 203.

이 우리나라에 보다 적합할 것으로 판단된다. 우리나라에서의 위험성평가 미이행에 대한 구체적인 집행방안으로 다음과 같은 두 가지 방안을 제시할 수 있다.

가. 위험성평가 위반에 대해 직접 처벌하는 방안

위험성평가와 관련하여 벌칙을 부과하는 대상은 위험성평가 자체를 실시하지 않은 것과 위험성평가 결과를 기록하지 않은 것으로 대별할 수 있다. 위험성평가 결과의 기록은 위험성평가의 실시 자체에는 포함되지 않는 별도의 절차로서 기록 자체도 매우 중요한 사항이기 때문에, 그 미실시에 대해 위험성평가와 별개로 벌칙을 부과하는 것이 논리적으로 타당하다. 위험성평가 위반에 대한 벌칙으로는 위험성평가가 일반적 의무로서의 성격을 가지고 있는 점을 고려하여 형벌보다는 죄형법정주의의 부담을 덜 수 있는 과태료가 보다 합리적일 것으로 판단된다.

위험성평가 미실시에 대해 처벌하는 것은 다시 위험성평가 미실시 그 자체와 위험성평가의 부적절한 실시로 구분할 수 있는데, 후자에 대해서까지 벌칙을 부과하기 위해서는 위험성평가의 적절한 실시에 대한 기준을 구체적이고 명확하게 제시할 필요가 있다. 위험성평가의 성격상 그 실시에 대한 절대적 기준이 없고 작업의 성격, 위험성의 크기 등에 따라 다양한 방법이 있을 수 있으므로 법령에서 상세한 내용을 규정하기에는 무리가 있을 수밖에 없지만, 그렇다고 위험성평가의 부적절한 실시에 대한 벌칙 부과가 이론적으로 불가능한 것은 아니다. 상세하고 명확한 실시 기준을 법령, 고시(지침) 등을 통해 제시하는 것을 전제로 벌칙을 부과할 수 있을 것이다. 그러나 이렇게 하기에는 현실적으로 많은 한계가 있을 수 있으므로 위험성평가를 부적절하게 실시한 경우에 대해서까지 벌칙을 부과하기 위해서는, 위험성평가의 부적절성 여부에 대한 판단의 불명확성을 감안하여 벌칙을 부과하기 전에 시정기회를 주는(시정명령을 발령하는) 것이 타당하고, 이 경우에도 사전에 최대한 올바른 실시에 대한 세부기준이 제시되어야 할 것이다.

그리고 기록의 경우에도 기록하지 않은 것 자체에 대해서만 벌칙을 부과하는 방안과 부적절한 기록에 대해서까지 부과하는 방안으로 대별할 수 있다. 위험성평가 결과의 기록에도 다양한 방법이 있어 법령에서 단일 기준으로 제시하기는 어렵겠지만, 중요사항[예 : 유해위험요인, 유해위험요인에 의해 재해를 입을 수 있는 경로, 위험성을 컨트롤하기 위해 취할 조치]으로 한정하거나 예시 형식으로라도 구체적으로 제시한다면 기록하지 않은 것에 대해 벌칙을 부과하는 규정을 두는 것은 가능할 것이다. 다만, 기록의무 위반에 대해 시정기회를 주지 않고 바로 벌칙을 부과하는 경우에는 기록 대상을 명확히 규정하고 이에 대해서만 벌칙을 부과하는 것이 타당할 것이다. 또 기록을 부적절하게 한 경우에 대해서까지 벌칙을 부과하기 위해서는, 기록의 부적절성 여부에 대한 판단의 불명확성을 감안하여 벌칙을 부과하기 전에 시정기회를 주는 것이 타당하고, 올바른 기록방법에 대한 세부기준이 마련되어야 할 것이다.

특히, 우리나라 현행 산업안전보건법 제36조에는 위험성평가 개념에 위험성 감소조치까지 포함되어 있어 그 범위가 선진외국 및 국제기준과 달리 매우 넓은 상태이기 때문에, 이런 상태에서 위험성평가의 부적절한 실시, 그 결과의 부적절한 기록에 대해서까지 시정기회를 주지 않고 바로 벌칙을 부과하는 규정을 두는 것은 헌법원칙인 명확성 원칙에 위배될 소지가 크다.

한편, 벌칙을 부과하기 전에 시정명령을 두는 규정을 두더라도, 법규명령에 위험성평가의 부적절한 실시와 그 결과의 부적절한 기록에 관한 시정명령의 대상을 명확하게 규정하는 것이 필요하다. 또한 과태료 부과기준에 위험성평가와 그 결과 기록에 관한 내용 중 법 위반에 해당하는 기준을 특정하여 제시하는 것이 타당할 것으로 보인다. 다만, 산업안전보건법 제36조(위험성평가) 위반에 대해 직접적으로 벌칙규정을 둘 경우 적용대상 기업(사업장)을 한정할 필요가 있다. 현재 동 조문에는 위험성평가 실시뿐만 아니라 기록의무도 규정되어 있기 때문에 적용 대상을 별도로 한정하지 않을 경우 모든 사업장이 동 의무의 적용 대상이 되기 때문이다. 위험성이 적은 업종이나 영세소규모 사업장(5인 미만 사업장)은 위험성평가의 기록의무 대상에서는 제외하는 것이 필요하다고 본다.

나. 안전보건관계자의 직무 불이행에 대해 처벌하는 방안

현행 산업안전보건법하에서도 사업주가 위험성평가를 실시하지 않은 경우 안전보건관리체제 규정 위반으로, 위험성평가에 관한 실시 규정(매뉴얼)을 두고 있지 않은 경우 안전보건관리규정 위반으로 각각 처벌이 가능하다는 해석이 충분히 가능하다.[240] 다만, 과태료 부과기준상의 일반 기준에 위험성평가 사항을 포함하여 법정 직무 중 어느 하나라도 이행하지 않으면 과태료 부과 대상이 된다는 것을 명시적으로 규정함으로써 위험성평가를 실시하지 않은 사업장에 대한 처벌 가능 여부를 둘러싼 논란을 최소화할 필요는 있을 것이다.

한편, 위험성평가를 부적절하게 실시하거나 안전보건관리규정에 위험

240) 정진우, 산업안전보건정책의 문제점과 개선방안 - 행정규칙과 행정지침을 중심으로 -, 한국산업보건학회지 제28권 제1호, 한국산업보건학회, 2018, 21쪽.

성평가에 관한 사항을 부적절하게 규정한 경우 등 위험성평가 관련 의무 이행내용(수준)에 질적으로 문제가 있는 사업장에 대해 시정명령 제도를 두는 방법을 고려할 필요가 있다. 위험성평가 관련 의무의 질적 이행수준에 따른 기준은 독일과 같이 감독관집무규정 등에 제시하는 것이 필요하다. 시정명령 규정을 두지 않는 방안은 법령 개정이 필요하지 않고 즉시 처벌할 수 있어 위험성평가의 활성화를 유도할 수 있는 장점은 있지만, 위험성평가의 미실시에 대해서만 처벌할 수 있고, 부적절한 실시에 대해서는 처벌하기 어렵다는 단점이 있어 지속 가능한 방안이라고 보기는 어렵다.

VIII 요약 및 정책과제

우리나라는 선진외국과 달리 위험성평가의 개념이 위험성 감소조치를 포함하는 폭넓은 의미로 규정되어 있고, 제조·설계 단계의 위험성평가가 제도화되어 있지 않다. 근로자 참가의 경우 외양상으로는 강하게 규정되어 있으나 실효성에 문제가 있는 것으로 보이고, 근로자 참가만 강조하다 보니 전문가의 참여(지원)에 대해서는 그 중요성을 놓치고 있다고 판단된다. 특정 위험성평가에 대해 일률적으로 폭넓게 일반 위험성평가를 실시한 것으로 인정해 주는 관계로 일반 위험성평가, 특히 수시 위험성평가가 무력화될 가능성이 있는 점과 위험성평가 위반에 대한 집행에 있어 위험성평가의 부적합한 실시뿐만 아니라 미실시에 대해서조차 법집행에 손을 놓고 있는 점은 선진외국과 비교하여 문제가 있다고 볼 수 있다. 한편, 위험성평가의 기록과 실시 시기의 문제는 이 자체로만 보면 선진외국의 제도와 비교하여 특별히 부족한 부분은 없다고 판단된다.

선진외국의 법제와 비교할 때 문제가 있다고 진단된 부분은 선진외국의 법제를 참조하여 법령·행정규칙 개정, 해설지침 등의 보완을 통해 개선되어야 할 것이다. 특히 위험성평가 위반에 대한 집행문제는 위험성평가의 실효성을 담보하기 위한 장치로서 핵심적인 사항에 해당하는 점을 감안하여, 이하에서는 이 문제에 대한 선진외국의 법제를 요약하고, 우리나라에서의 이 문제에 대한 개선방안을 제언하고자 한다.

일본의 경우에는 위험성평가 규정 자체는 노력의무로 규정되어 있지만, 총괄안전위생관리자를 통해 위험성평가 및 그 결과에 따른 위험성 감소조치를 총괄 관리하는 의무를 부과하고 이를 위반하는 경우에는 형사처벌하도록 규정하고 있고, 안전위원회와 위생위원회의 조사심의사항의 하나로 위험성평가와 그 결과에 근거한 조치에 관한 사항을 포함하도록 하고 동 위원회를 설치하지 않은 경우에는 처벌 대상이 된다(노동안전위생법 제120조 제1호).

영국, 독일의 경우에는 규칙에 따라 약간씩 다르지만 위험성평가 실시의무 위반, 기록의무 위반 어느 하나 또는 둘 다에 대하여 벌칙을 부과하고 있고, 의무 미이행에 대해서뿐만 아니라 적절하거나 충분하게 이행하지 않은 경우에 대해서까지 벌칙 대상으로 규정하고 있다. 독일은 위험성평가 그 자체 및 기록의 미실시 또는 부적절에 대해 바로 처벌하기보다는 특별한 경우가 아니고는 처벌 전에 지도 또는 권고 절차를 거치고 있는 반면, 영국은 위험성평가 그 자체 및 기록의 미실시 또는 부적절에 대하여 바로 처벌을 하는 구조로 되어 있다. 영국이 위험성평가에 대해 강력한 법집행을 할 수 있는 것은 위험성평가 결과에 따른 조치가 법령상의 조치로 한정되어 있다는 점과 위험성평가의 실제 적용에 대한 구체적 기준을 다양한 형태로 제시하고 있는 점을 배경으로 하고 있다. 즉, 사업주가 위험성평가에 대해 적절하고 충분하게 할 수 있도록 방법·절차 등에 관한 명확한 기준을 제시하고 위험성평가 결과에 따른 조치내용 또한 명확하게 설정되어 있는 것이 위험성평가 그 자체 또는 기록의 미실시뿐만 아니라 부적절에 대해서까지 처벌할 수 있는 토대가 되고 있다.

우리나라의 경우 위험성평가의 부적절한 실시에 대해서는 위반 즉시 과태료를 부과하는 방안보다는 시정명령을 통해 시정기회를 부여하는 것이 적정할 것이다. 위험성평가의 실시 방법·절차 등에 절대적인 불변의 기준이 있는 것이 아니고 세부기준을 제시한다고 하더라도 위험성평가의 적절성 여부에 대한 명확한 판단에 한계가 있을 수밖에 없어 법집행기관과 수범자 간에 논란이 있을 가능성이 높은 점을 감안할 때, 그 위반 즉시 바로 벌칙을 부과하기에는 혼란과 무리가 있을 수 있기 때문이다. 이러한 이유 때문에 독일, 일본의 경우, 위험성평가를 강제규정으로 두고 있으면서도, 즉 그 위반을 처벌 대상으로 명확히 규정하고 있으면서도 즉시 처벌하지 않고 시정기회를 주고 있다고 판단된다.

위험성평가의 활성화와 내실화를 위해서는 위험성평가의 미실시뿐만 아니라 위험성평가의 부적절한 실시에 대해서도 벌칙 부과 대상임을 분명히 하는 것이 필요하다. 벌칙 부과 대상을 전제로 행정조치하는 것과 벌칙 부과 대상이 아닌 상태에서 행정조치하는 것에는 그 실효성에 매우 큰 차이가 있기 때문이다. 다만, 처벌과 위험성평가 실시 그 자체가 목적이 아니고 위험성평가의 실질적인 실시가 목적인 만큼, 벌칙 부과 전에 위험성평가를 제대로 실시하도록 하기 위한 시정명령 등의 행정조치가 사전적으로 이루어질 필요가 있다.

위험성평가의 미실시 또는 부적절한 실시에 대하여 즉시 처벌하지 않고 그전에 행정조치를 하는 방식으로 위험성평가 제도를 운영하는 경우에는, 기업들이 위험성평가를 실시하지 않거나 형식적으로 실시하다가 지방고용노동관서로부터 지적을 받고 난 후에 비로소 실시하거나 적절하게 실시해도 된다는 인식이 만연될 가능성도 있다. 이 같은 일이 발생하지 않도록 하기 위해서는 위험성평가의 미실시 또는 부적절한 실시를 확인(감시)・발견하는 활동이 활발하게 이루어지는 것이 전제적으로 필요하다. 이를 해결하는 방안으로는, 지방고용노동관서의 감독 외에 한국산업안전보건공단의 사업장 방문지도와 지방고용노동관서의 보고・명령 제도를 적극적으로 활용할 필요가 있다.

보론 도급작업 위험성평가

1. 개 설

수급인에 의한 도급작업은 그 내용과 형태가 다양한 만큼 위험성평가에 있어서도 획일적으로 접근해서는 안 된다. 건설공사성 도급작업처럼 이론적·경험적으로 매우 위험한 업무가 있는가 하면, 구내 환경미화, 경비, 식당 등의 업무처럼 위험성이 그렇게 크지 않은 업무도 있다. 그리고 도급인의 사업과 밀접한 연관이 있는 작업이 있는가 하면 도급인의 사업과 독립적으로 이루어지는 작업도 있다(예 : 도급인 구내에서의 신축공사, 엘리베이터 설치·해체공사, 전정공사, 외벽도색작업, 유리창 청소작업). 따라서 도급작업의 위험성평가의 실시 방법과 실시 주체에 대해서는 정교한 접근이 필요하다.

그런데 현재는 정부(고용노동부, 한국산업안전보건공단)부터가 도급작업의 위험성평가에 대해 일관되지 않고 부정확한 설명을 하고 있어, 기업(사업장)에서 수급인에 의한 도급작업에 대한 위험성평가의 실시 방법·주체를 둘러싸고 갈팡질팡하는 등 많은 혼란에 놓여 있는 상황이다.

2. 도급작업 위험성평가 실시 방법

도급인은 도급작업에 대해서는 수급인이 상주하든 간헐적으로 들어오는 형태든 원칙적으로 수급인과 위험성평가를 공동으로 실시하는 것이 바람직하다.

위험성평가의 공동 실시의 구체적인 방식은 도급작업의 실제 양태에 따라 탄력적으로 정하여 실시할 필요가 있다. 즉, 도급작업이 건설공사에 해당하는지 유무(산업안전보건법 제2조 제11호), 도급작업의 독립성(도급인의 사업과의 연관성) 정도 등을 고려하여 다음 중 적정한 방법을 택하여 실시하는 것이 바람직하다.

① 협력사와의 순수 공동(동시) 실시(좁은 의미의 공동 실시)[241)]

② 협력사의 위험성평가에 필요한 자료(위험성평가 결과 등) 제공 등 지원 · 협력

③ 협력사 위험성평가 관리감독

3. 도급작업 위험성평가 실시 주체

산업안전보건법 제2조 제11호에 의하면, "건설공사"란 다음 어느 하나에 해당하는 공사를 말한다.

---

241) 도급인과 수급인이 위험성평가를 공동으로 실시하면, 사업장 위험성평가에 관한 지침 제5조 제2항에 따라 도급인과 수급인이 위험성평가를 각각 실시해야 한다는 조건을 충족하는 것은 당연하다고 할 수 있다. 도급인과 수급인이 (같은 시간에) 공동으로 실시한다고 하여 이들이 각각 실시하는 것이 아니라고 볼 수 있는 근거가 없고, 공동으로 실시하는 것이 따로 실시하는 것보다 효과적일 것이기 때문이다.

① 건설산업기본법 제2조 제4호에 따른 건설공사 : 토목공사, 건축공사, 산업설비공사, 조경공사, 환경시설공사, 그 밖에 명칭과 관계없이 시설물을 설치 · 유지 · 보수하는 공사(시설물을 설치하기 위한 부지조성공사를 포함한다.) 및 기계설비나 그 밖의 구조물의 설치 및 해체공사 등
② 전기공사업법 제2조 제1호에 따른 전기공사
③ 정보통신공사업법 제2조 제2호에 따른 정보통신공사
④ 소방시설공사업법에 따른 소방시설공사
⑤ 문화재수리 등에 관한 법률에 따른 문화재수리공사

수급인이 도급인 구내에 들어와 유지보수공사, 설치공사, 해체공사 등을 하는 경우, 이는 일반적으로 도급인이 유지 · 보수 · 정비 등을 도급한 것에 해당하고, 도급인이 건설공사를 발주한 것에도 해당하며, 또한 수급인(근로자)이 도급인 소유 기계 · 설비 등을 사용하는 것에도 해당한다.

수급인의 도급작업이 도급인의 사업과 업무적으로 밀접한 연관성이 있으면서 수급인의 근로자와 도급인 근로자가 시간적 또는 공간적으로 혼재하여 이루어지는 경우에는, 특별한 경우가 아니면 도급인과 수급인이 위험성평가를 순수한 의미의 공동(동시) 실시 형태로 위험성평가를 실시하는 것이 효과적이고 효율적이다.

사업장 위험성평가에 관한 지침(고시) 제5조 제2항의 "도급인과 수급인은 각각 제1항에 따른 위험성평가를 실시하여야 한다."는 규정을 기계적으로 해석하여 도급인과 수급인이 위험성평가를 반드시 별도로 실시해야 하는 것으로 이해하는 것은 경직되고 잘못된 해석이다. 도급

인과 수급인이 위험성평가를 공동으로 실시하면 도급인과 수급인이 각각 위험성평가를 실시한 것이기도 하므로 고용노동부의 위험성평가 지침을 자연스럽게 충족할 수 있게 된다고 보아야 할 것이다.

사업장 위험성평가에 관한 지침(고시) 제5조(위험성평가 실시주체)

① 사업주는 스스로 사업장의 유해・위험요인을 파악하기 위해 근로자를 참여시켜 실태를 파악하고 이를 평가하여 관리 개선하는 등 위험성평가를 실시하여야 한다.

② 법 제63조에 따른 작업의 일부 또는 전부를 도급에 의하여 행하는 사업의 경우는 도급을 준 도급인(이하 "도급사업주"라 한다.)과 도급을 받은 수급인(이하 "수급사업주"라 한다.)은 각각 제1항에 따른 위험성평가를 실시하여야 한다.

③ 제2항에 따른 도급사업주는 수급사업주가 실시한 위험성평가 결과를 검토하여 도급사업주가 개선할 사항이 있는 경우 이를 개선하여야 한다.

구내 환경미화, 경비, 식당 등과 같이 도급인이 수행하는 본연의 업무와 업무적으로(시간적・공간적으로) 관련성이 적은 비공사성 업무는 도급인과 수급인이 위험성평가를 순수한 의미의 공동(동시) 실시 형태로 실시할 필요는 없다.

한편, 도급작업의 위험성평가 실시주체와 관련하여 정부(고용노동부, 한국산업안전보건공단)는 다음과 같이 설명하고 있다.

도급사업의 위험성평가 주체[242)]

[공공기관이 건설공사를 발주한 경우]

- 건설공사를 도급 받은 사업주(시공사*)가 위험성평가를 실시
  - * 시공사는 소유 및 임대한 기계 기구에 대하여도 위험성평가를 실시하여야 하며, 시공사가 건설공사의 일부를 하도급한 경우, 하도급한 공정·작업 등에 대해서는 하도급 사업주(수급인)가 해당 공정·작업 등에 대하여 위험성평가를 실시하여야 함
  - ※ 공공기관(발주자)은 시공사가 실시한 위험성평가 결과를 점검·보완

[수급인 근로자가 공공기관 소유 기계·설비 등을 사용하는 경우]

- 공공기관(도급인)은 소유한 기계·설비 등에 대하여 위험성평가를 실시하되, 해당 기계·설비를 사용하는 수급인 근로자와 함께 위험성평가 실시

[공공기관이 건물의 유지·보수·정비 등의 도급을 주는 경우]

- 공공기관은 해당 작업에 따라 공공기관 근로자가 영향을 받는지 여부를 판단하여 위험성평가 실시
- 수급인은 해당 작업을 수행하는 수급인 근로자를 위하여 위험성평가 실시

도급인 측에서 수급인에게 유지보수공사, 설치·해체공사 등(이하 「유지보수공사 등」이라 한다.)을 도급 주는 경우, 이러한 도급작업은 모두 산업안전보건법상의 건설공사에 해당되는바, 수급인을 통한 유지보수공사 등이 위 3가지 유형 중의 어느 하나에만 해당하는 것으로 구분되기보다는 3가지 모두에 해당하는 것이 일반적이라는 점에서, 정부의 이러한

242) 고용노동부/한국산업안전보건공단, 위험성평가 이행·점검 매뉴얼, 2022, 21쪽 ; 고용노동부, 2019년 위험성평가 이행·점검 매뉴얼, 2019, 3쪽.

설명은 도급작업의 현실과 부합하지 않는다.

즉, 수급인이 도급인의 구내에 들어와 유지보수공사 등을 하는 경우, 이는 유지 · 보수 · 정비 등의 도급에 해당하고(세 번째 유형), 공사가 건설공사를 발주한 것에도 해당하며(첫 번째 유형), 또한 수급인(근로자)이 도급인이 소유한 기계 · 설비 등을 사용하는 것에도 해당할 것이다(두 번째 유형). 결국 수급인의 유지보수공사 등은 위 세 가지 유형 모두에 해당하게 된다.

따라서 위 세 가지 유형을 기계적으로 분류하는 것은 많은 혼선을 초래하게 될 것이므로, 도급작업의 실제 양태에 따라 탄력적으로 판단하여 위험성평가의 실시주체를 정하는 것이 바람직하다.

I 위험성평가 실시 규정(예)

승인	사장 또는 공장장
기안	안전보건부서장

○○○주식회사 ○○공장		문서번호 :
대분류	안전보건관리규정	제정 :
소분류	위험성평가 실시 규정	개정 :

제1장 총 칙

1.1 목 적

위험성평가는 고용노동부의 「사업장 위험성평가에 관한 지침」(고시)에 따라 실시한다. 사업장 전체에서의 유해위험요인의 파악 및 이들의 위험성을 추정·결정(판단)하고 이들 위험성을 감소시키기 위하여 필요한 조치를 수립·실시함으로써 보다 건강하고 안전하게 일할 수 있는 작업환경을 실현하는 것을 목적으로 한다.

1.2 적 용

위험성평가는 본 사업장 전역에서의 모든 작업, 설비 등의 위험성을 대상으로 한다.

1.3 용어의 적용

본 규정에서 사용하는 용어의 적용은 「사업장 위험성평가에 관한 지침」에 준거하는 외에 관계법령 및 사내(社內)규정에서 정하는 바에 따른다.

제2장 실시 및 운용

2.1 실시 체제

(1) 위험성평가 관계자의 역할

실시 체제는 사업장의 전원이 참가하여 다음과 같은 역할을 하는 것으로 한다.

담 당	역 할
위험성평가 총괄관리자 (사장 또는 공장장)	• 사업장 위험성평가의 총괄 관리 – 사업장 위험성평가 실시 규정의 승인 – 사업장 위험성평가 실시 계획서의 결정 – 사업장 차원에서의 위험성 감소조치에 관한 최종결정 등 위험성평가 실시의 총괄 관리
사업장 위험성 평가 추진자 (안전보건 부서장)	• 위험성평가의 사업장 차원의 실행 관리 – 위험성평가 실시에 참고가 되는 관련 자료[재해·사고사례, 아차사고 발굴(보고)사례 등]의 수집·정리 및 주지 총괄 – 현장 위험성평가 추진자 교육, 지원, 지도 등 – 사업장 전체에서 대응이 필요한 위험성에 대한 총괄 대응 – 산업안전보건위원회 보고 등
위험성평가 책임자 (부장)	• 위험성평가의 부서 차원의 관리 – 위험성평가 실시 계획서의 심사 – 위험성평가의 부서 안전보건목표·계획에의 반영 – 부서 차원에서의 위험성 감소조치의 결정, 실시 등
위험성평가 실행책임자 (과장)	• 위험성평가의 과 차원의 실행 관리 – 위험성평가 실시 계획서의 작성 – 과 안전보건목표·계획에의 반영 – 과 차원에서의 위험성 감소조치의 결정, 실시 – 위험성 감소조치 비용의 확보 등

담 당	역 할
현장 위험성 평가 추진자 (계장, 직장, 반장 등)	• 위험성평가의 현장(계 · 직 · 반 등 단위) 차원의 실행 관리 – 위험성평가의 실시에 참고가 되는 관련자료의 수집 · 정리 및 관계자에의 연락, 주지 – 현장 위험성평가의 실시와 진행관리 – 위험성평가 관련 작업자에 대한 교육과 지도 – 관리자, 사업장 위험성평가 추진자 등과의 연락 · 조정
위험성평가 실시자 (작업자)	• 위험성평가 실시 – 아차사고 정보, 위험예지 정보 등의 제공 – 유해위험요인의 파악, 위험성 추정 · 판단의 실시(참여) – 위험성 감소조치 및 잔류위험성에의 대응조치의 준수 – 위험성 감소조치 실시 후의 정보제공 등

(2) 교육

위험성평가에 관한 교육은 별도로 정하는 안전보건교육규정에 근거하여 계획적으로 실시하는 것으로 한다.

2.2 실시 시기

(1) 정기 위험성평가

위험성평가의 실시 계획은 대상이 되는 건설물, 설비, 작업의 양 등을 고려하여 안전보건부서장이 각 사업부서장과 협의하여 1월까지 입안하고 각 사업부서장의 확인을 거쳐 사장 또는 공장장의 승인을 얻는다.

(2) 수시 위험성평가

다음과 같이 건설물, 설비, 작업방법 등에 의해 변경이 발생한 경우는 그때마다 위험성평가를 실시한다. 그 경우에는 각 부서장은 실시 결과를 안전보건부서장에게 보고한다.

- 건설물을 설치, 이전, 변경 또는 해체할 때
- 설비를 신규로 채용하거나 변경할 때

- 작업방법 또는 원재료를 신규로 채용하거나 변경할 때
- 산업재해 또는 중대 아차사고 발생 시
- 기타(다른 회사·공장에서 유사한 재해, 중대 아차사고 발생 시)

2.3 대상의 선정

건설물, 설비, 원재료, 가스, 증기, 분진 등에 의하거나 기타 업무에 기인하는 유해위험요인으로서 근로자의 업무에 관계되는 위험성이 상정되는 다음과 같은 작업 등을 대상으로 한다.

(1) 대상으로 하는 작업 등

- 과거에 산업재해가 발생한 작업
- 중대한 사고가 발생한 작업
- 중대 아차사고(아차사고 중 중대한 성질의 것)가 발생한 사례
- 근로자가 일상적으로 불안을 느끼고 있는 작업
- 과거에 사고가 있었던 기계·설비의 조작
- 조작이 복잡한 기계·설비의 조작
- 설비와 작업의 관점에서 재해 발생이 합리적으로 예견될 수 있는 것

(2) 제외하는 작업 등

- 명백히 경미한 부상 또는 질병만을 초래할 것으로 예상되는 것

2.4 정보의 입수

각 과장은 현장에서의 유해위험요인을 파악하기 위하여 필요한 다음의 정보를 수집하여 정리한다.

① 작업표준, 작업절차서, 조작설명서, 작업매뉴얼
② 사양서, 취급설명서, 물질안전보건자료(MSDS) 등 사용하는 기계·설비, 재료에 관한 정보
③ 기계·설비의 배치, 작업주변환경에 관한 정보
④ 작업환경측정 결과, 일반·특수건강진단 결과

⑤ 혼재작업에 의한 유해위험요인 등 복수의 사업주가 동일한 장소에서 실시하는 작업에 관한 정보
⑥ 재해·사고사례, 재해통계 등[자사의 다른 타 공장 및 타 회사의 재해·사고, 아차사고 발굴(보고)]
⑦ 기타 유해위험요인 파악에 참고가 될 자료

2.5 유해위험요인 파악 및 위험성 추정·결정

유해위험요인을 파악하고 그것에 의한 위험성 추정을 다음과 같이 실시한다.

(1) 유해위험요인 파악

각 현장감독자는 작업자 전원이 유해위험요인을 파악하고 각각의 유해위험요인과 작업자가 어떠한 상황에서 어떻게 접촉하는가(산업재해에 이르는 프로세스)를 명확히 하여 「위험성평가 기입표」(〈부록 Ⅱ, Ⅲ〉 참조)에 기록한다.

- 유해위험요인 파악을 위한 사고유형 설명표(〈표 34〉 참조)를 활용한다.
- 작업절차상의 단계별로 파악한다.
- 실제의 작업을 관찰하고 작업자의 의견을 가능한 한 청취한다.
- 2.4의 작업장 유해위험요인에 관한 정보를 상세하게 파악한다.
- 작업에서의 특이한 상태(작업절차와 다를 때, 설비의 정지 복구 시 등)가 되는 것을 충분히 상정한다.
- 작업자의 피로 등 유해위험요인에의 부가적 영향(연속적 단순반복작업, 야간근로 등)을 고려한다.

(2) 위험성 추정

각 현장감독자는 파악된 위험성에 대하여 작업자 전원이 뒤의 별표 「위험성 판단기준」에 따라 위험성 추정을 하고, 「위험성평가 기입표」(〈부록 Ⅱ, Ⅲ〉 참조)에 기록한다. 위험성 추정방법은 행렬(매트릭스)법 또는 가산법을 사용한다. 추정은 다음과 같은 절차에 의해 복수의 멤버(3~6명)가 실시한다.

① (개인 작업) 멤버는 각자 유해위험요인 파악 및 위험성 추정을 실시한다.

② (그룹 작업) 각자 ①의 결과를 각자 가지고 모여 위험성 추정을 한다.

③ ①의 결과가 서로 다를 경우에는 가장 큰 추정을 한 사람부터 그렇게 생각하는 이유를 의논한 후 멤버 전원이 합의할 수 있는 수치를 찾는다.

④ ③에서 합의할 수 없는 경우에는 멤버 중에서 가장 큰 추정 수치를 채택한다.

⑤ 멤버 간에 의논한 결과는 「위험성평가 실시표」(〈부록 Ⅳ~Ⅵ〉 참조)에 기록한다.

[주의사항]

- 상기 (1) 및 (2)는 계선(line)상의 부서장의 승낙하에 안전보건부서(장)와 협의하고, 필요하다고 생각하는 경우에는 위험성평가 전문가의 조언을 얻어 실시한다.
- 상기 (1) 및 (2)는 다수결이나 대표자 의견으로 결정하지 말고 멤버간의 협의에 의해 합의 형성을 한 후에 추정을 결정한다.

(3) 위험성 결정

유해위험요인별로 추정된 위험성에 대하여 그 위험성 수준이 허용 가능한지 여부를 판정한다. 위험성 수준을 4단계(Ⅰ~Ⅳ)로 구분하는 경우에는 Ⅰ을 허용 가능한 수준으로 한다. 유해위험요인에 따라서는 위험성 수준을 5단계(Ⅰ~Ⅴ)로 구분하고, 이 경우에는 Ⅱ 이하를 허용 가능한 수준으로 한다.

2.6 위험성 감소를 위한 우선도 설정 및 위험성 감소조치의 검토

위험성 감소조치는 다음과 같이 검토한다.

(1) 위험성 감소를 위한 우선도의 설정

각 과장은 위험성 수준이 높은 것부터 우선적으로 위험성 감소조치의 검토 대상으로 한다.

(2) 관계법령 및 사내규정 등의 확인

각 과장은 현장감독자와 함께 산업안전보건법령 또는 사내규정, 기타 요구사항을 충족하고 있는지를 확인하고, 미달하고 있는 경우에는 부장에게 보고한 후 신속하게 개선을 실시한다.

(3) 위험성 감소조치의 검토

각 과장은 작업자 및 현장감독자와 함께 2.5에서 추정한 위험성 중 위험성 수준이 허용 불가능한 것에 대해서는 「위험성 감소조치 검토의 우선순위」(〈그림 21〉 참조)에 따라 위험성 감소조치의 검토・수립을 하고, 위험성 감소조치와 감소조치 후의 추정(예측 또는 실제)을 「위험성평가 실시표」(〈부록 Ⅳ~Ⅵ〉 참조)에 각각 기록한다.

[주의사항]

- 새로운 위험성의 유무를 확인하고 위험성 감소조치 전의 위험성보다 커지지 않는가를 확인한다.
- 작업자의 판단, 행동 등에만 의존하는 대책에 의한 조치, 위험성 감소의 근거가 불분명한 조치 등으로 위험성을 낮추어 판단하고 있지 않는가를 확인한다.
- 작업성 · 생산성에 지장이 없는지, 품질에 문제가 없는지 등을 의견청취를 통해 작업자에게 확인한다.
- 이 단계에서는 현장에서의 노하우, 아이디어를 적극적으로 활용하도록 한다(기술면, 비용면, 운영면 등을 고려한 현실성은 다음 단계에서 검토).

2.7 위험성 감소조치의 결정(수립) 및 실시

위험성 감소조치는 다음과 같이 실시한다.

(1) 위험성 감소조치의 결정(수립)

각 과장은 다음 사항을 확인한 후에 부장의 승인을 받아 위험성 감소조치를 결정(수립)한다. 이때 2.6의 [주의사항]이 적절하게 실시되고 있는지를 확인한다.

- 실현성(기술면, 비용면, 운영면 등) 및 위험성 감소조치의 비용 대 효과
- 관계법령 및 사내규정 등의 충족
- 적절한 감소조치를 바로 실시할 수 없는 것에 대한 잠정적 대책의 실시

(2) 위험성 감소조치의 실시

각 과장은 결정(수립)된 위험성 감소조치를 계획적으로 실시하고, 실시 상황(실시 완료일 또는 실시 예정일)을 「위험성평가 실시표」(〈부록 Ⅳ~Ⅵ〉 참조)에 기록하고, 파악된 위험성의 상황관리 및 위험성 감소조치의 추진 상황을 관리하기 위하여 부장에게 보고한다.

2.8 위험성 감소조치의 효과의 확인

위험성 감소조치에 대해서 다음과 같이 그 효과를 확인한다.

(1) 위험성의 재평가

각 과장은 위험성 감소조치의 효과를 검증하기 위하여 새롭게 현장감독자와 함께 실제의 작업 상황, 작업자의 의견 등을 토대로 위험성을 재평가하여 「위험성평가 실시표」(〈부록 Ⅳ~Ⅵ〉 참조)에 기록한다.

(2) 감소조치의 철저

(1)의 결과, 과장이 당해 위험성 감소조치가 충분하지 않은 등 효과에 문제가 있다고 인정한 경우에는 현장감독자에게 조치의 재검토를 지시할 수 있다.

제3장 관 리

3.1 기록의 작성

2.8까지 실시한 위험성평가의 실시 결과는 다음과 같이 기록하고 보고한다.

(1) 위험성 관리대장의 작성

각 과장은 「위험성평가 실시표」(〈부록 Ⅳ~Ⅵ〉 참조) 중 감소조치 후의 위험성 수준이 허용 불가능한 것을 잔류위험성으로 위험성 관리대장(〈부록 7〉 참조)에 기재하고 이 잔류위험성을 적절하게 관리한다.

(2) 위험성 관리대장의 보고

각 과장은 부장에게 「위험성 관리대장」(〈부록 Ⅶ〉 참조)을 통해 위험성 평가의 실시 결과를 보고하고 승인을 받음과 아울러, 안전보건부서장에게 위험성 관리대장 사본을 제출한다. 안전보건부서장은 위험성 관리대장을 종합하여 사장 또는 공장장에게 보고하고 승인을 받는다.

(3) 잔류위험성의 주지

각 과장은 위험성 수준이 Ⅲ 이상인 잔류위험성 및 그 대책에 대해서 작업자들에게 설명함과 함께, 사업장 내에서 작업하는 관계수급인에게 주지하여 준수사항의 철저를 도모한다.

(4) 산업안전보건위원회 심의

안전보건담당과장은 종합・보고된 위험성 관리대장을 산업안전보건위원회에 보고하고 심의가 이루어질 수 있도록 한다.

3.2 기록의 관리

위험성평가 실시 결과는 안전보건 기록관리규정에 준하여 보관하고 다음과 같이 관리한다.

(1) 단위현장별 기록 관리

각 현장감독자(계장, 직장, 반장 등)는 위험성평가 기입표를 보관하고 관리한다.

(2) 과별 기록 관리

각 과장은 위험성평가 실시표 및 위험성 관리대장을 보관하고, 이를 통해 잔류위험성을 적절하게 관리한다.

(3) 사업장 전체의 기록 관리

안전보건부서장은 위험성 관리대장에 따라 사업장 전체의 상황을 파악한 후, 잔류위험성에의 대응 등의 과제에 대하여 필요에 따라 담당과장에게 정보제공을 한다.

3.3 검토 및 수정

안전보건부서장은 문서관리규정에 근거하여 연 1회의 빈도로 정기적으로 본 실시 규정을 검토하고, 개정할 때는 작업자의 의견을 반영한 후에 개정판을 각 부서에 배부하여 주지시킨다.

[별표] 위험성 판단기준

〈표 1〉「위험상태 발생빈도」 기준

빈도	평가점	내용
빈번	4점	1일에 1회 정도
가끔	2점	1주에 1회 정도
거의 없음	1점	6개월에 1회 정도

〈표 2〉「위험상태 발생 시 재해의 발생가능성」 기준

재해의 발생가능성	평가점	내용
상당히 높음	6점	• 항상 주의를 기울이고 있어도 재해를 입을 수 있음. 재해의 회피·제한가능성과는 관계가 없음 • 본질적 조치 또는 공학적 조치가 되어 있지 않음

높음	4점	• 주의를 기울이지 않으면 재해를 입음. 단, 재해의 회피 · 제한가능성이 있음[주1)] • 본질적 조치 또는 공학적 조치가 되어 있지만, 그 조치에 상당한 불비(不備)가 있음(이들 조치를 제거 · 무효화할 가능성이 있는 경우를 포함함)
낮음	2점	• 깜박하면 재해를 입음. 단, 재해의 회피 · 제한가능성이 있음[주2)] • 본질적 조치 또는 공학적 조치가 되어 있지만, 그 조치에 경미한 불비(不備)가 있음(이들 조치의 유지관리가 불충분한 경우를 포함함)
매우 낮음	1점	• 특별히 주의하지 않아도 재해를 입지 않음. 재해의 회피 · 제한가능성과는 관계가 없음 • 본질적 조치 또는 공학적 조치가 되어 있고, 적절한 유지관리가 이루어지고 있음

주1) : 재해의 회피 또는 제한이 곤란한 경우는 「상당히 높음」으로 한다.
주2) : 재해의 회피 또는 제한이 곤란한 경우는 「높음」으로 한다.

〈표 3〉「재해의 중대성」 기준

중대성	평가점	내용
치명상	10점	사망 또는 영구적 근로불능으로 연결되는 부상 · 질병(업무에 복귀 불가능), 장해가 남는 부상 · 질병
중상	6점	휴업을 수반하는 중대한 부상 또는 질병[일정시점에서는 업무에 복귀 가능(완치 가능)]
경상	3점	응급조치 이상의 치료가 필요하지만 휴업이 수반되지 않는 부상 또는 질병
미미한 재해	1점	처치(치료) 후 바로 원래의 작업을 수행할 수 있는 경미한 부상 또는 질병(업무에 전혀 지장이 없음)

위험성 점수 = 「위험상태 발생빈도」 + 「위험상태 발생 시 재해의 발생 가능성」 + 「재해의 중대성」

〈표 4〉 「위험성 수준(크기), 위험성 점수 및 위험성 감소조치의 진행방법」 기준

위험성 수준	평가점 합계	위험성 수준의 내용	위험성 감소조치의 진행방법
Ⅳ	12~20	안전보건상 중대한 문제가 있음	위험성 감소조치를 바로 실시함 위험성 감소조치를 실시할 때까지 작업을 중지함
Ⅲ	8~11	안전보건상 문제가 있음	위험성 감소조치를 신속하게 실시함
Ⅱ	5~7	안전보건상 다소의 문제가 있음	위험성 감소조치를 계획적으로 실시함
Ⅰ	3~4	안전보건상 문제가 거의 없음	필요에 따라 위험성 감소조치를 실시함

주1) : 「위험성 수준 Ⅳ」는 허용 불가능한 위험성 수준으로서 위험성 감소조치를 강구할 때까지는 작업중지가 필요하다. 그러나 기술적 문제 등 때문에 적절한 위험성 감소에 시간이 요구되는 경우에는 사업주의 판단에 따라 이를 방치하는 일 없이 실시 가능한 잠정적 조치를 즉시 실시한 후에 작업을 하는 것도 가능하다.

주2) : 「위험성 수준 Ⅰ」은 허용 가능한 수준으로서 원칙적으로 추가적인 위험성 감소조치의 실시는 불필요하다. 단, 잔류위험성을 관리하고 안전보건대책이 후퇴되거나 약화되지 않도록 지속적으로 위험성을 관리할 필요가 있다.

Ⅱ 위험성평가 기입표(개인 기입용)(예)

소속 : ＿＿＿＿＿＿ 실시자 : ＿＿＿＿＿＿

NO	작업절차	작업구분	사고(위험사건)에 이르는 프로세스*	위험성 추정				
		정상/비정상		위험상태 발생빈도	발생 가능성	중대성	위험성 점수	위험성 수준
1	절단기로 짐의 끈 절단	정상	① 힘을 과도하게 주어 절단기의 날이 부러져 눈에 맞음					
			② 절단기를 세차게 몸 쪽으로 당겨 무릎이 베임					
			③ 끈이 안 끊어져 날이 손가락 쪽으로 이동하여 손가락을 베임					

*기입요령 : 광의의 유해위험요인을 기재. 즉, 협의의 유해위험요인과 아울러 발생 우려가 있는 사고(위험사건)형태를 알기 쉽게 표현
〈「~로 인하여 ~하여(되어) ~[사고(위험사건)](필요 시 재해)가 발생한다」 식으로 기술〉.

Ⅲ 위험성평가 기입표(그룹 작업용)(예)

소속 : ______________ 실시자 : ______________

NO	작업절차	작업구분	사고(위험사건)에 이르는 프로세스*	위험성 추정			
		정상/비정상		발생 가능성	중대성	위험성 점수	위험성 수준
1	절단기로 집의 끈 절단	정상	① 힘을 과도하게 주어 절단기의 날이 부러져 눈에 맞음				
			② 절단기를 세차게 몸 쪽으로 당겨 무릎이 베임				
			③ 끈이 안 끊어져 날이 손가락 쪽으로 이동하여 손가락을 베임				

위험성 추정				
멤버	발생 가능성	중대성	위험성 점수	위험성 수준
A				
B				
C				
D				
그룹				
A				
B				
C				
D				
그룹				
A				
B				
C				
D				
그룹				

*기입요령 : 광의의 유해위험요인을 기재. 즉, 협의의 유해위험요인과 아울러 발생 우려가 있는 사고(위험사건) 형태를 알기 쉽게 표현(「~로 인하여 ~하여(되어) ~[사고(위험사건)](필요 시 재해)가 발생한다」 식으로 기술).

IV 위험성평가 실시표(예 1)

담당자	계장	과장	부장	사장(공장장)

작업 절차	작업 구분	사고(위험사건)에 이르는 프로세스*	위험성 추정 (현재)			위험성 감소조치 (실시일)	위험성 추정 (예측)			법령 유무	조치 완료일	위험성 추정 (조치후)			비고 (차후 대책 등)
	정상/비정상		발생 가능성	중대성	위험성 수준		발생 가능성	중대성	위험성 수준			발생 가능성	중대성	위험성 수준	
절단기로 짐의 끈 절단	정상	힘을 과도하게 주어 절단기의 날이 부러져 눈에 맞음				날 부분에 비산방지 테이프 부착(O월 O일)									
		절단기를 세차게 몸 쪽으로 당겨 무릎이 베임				끈 절단방법에 대한 교육 실시(O월 O일)									
		끈이 안 끊어져 날이 손가락 쪽으로 이동하여 손가락을 베임				날이 무딘 절단기를 날카로운 것으로 교체(O월 O일)									
지게차로 짐 운반	정상	지게차로 짐 반출 중 불안정한 적재를 한 결과, 짐이 무너져 분류작업을 하고 있던 작업자에게 떨어짐				짐 적재방법을 정하여 작업절차서에 명기하고 작업자에게 교육 실시(O월 O일)									
		지게차 운반작업 중 적재된 화물에 시야가 가려 분류작업 중인 작업자를 보지 못하여 접촉				후진운전 시 시계(視界)를 확인하면서 운전하도록 교육 실시(O월 O일)									
		지게차로 짐 반출 중 팔레트에의 포크 삽입이 불충분하여 진동으로 팔레트가 전방으로 움직이는 관계로 짐이 낙하하여 분류작업을 하고 있던 작업자에게 떨어짐				포크를 충분히 끼워넣고, 끈을 두르는 등 짐 무너짐 방지대책 실시(O월 O일)									

*기입요령 : 광의의 유해위험요인을 기재. 즉, 협의의 유해위험요인과 아울러 발생 우려가 있는 사고(위험사건)형태를 알기 쉽게 표현 〈「~로 인하여 ~하여(되어) ~[사고(위험사건)](필요 시 재해)가 발생한다」 식으로 기술〉.

V 위험성평가 실시표(예 2)

작업공정 · 공종 등 *1	담당자(복수기입 가능)	실시일(기간)

사장(공장장)	부장	과장	계장

작업 (기계 · 설비) *2	사고(위험사건)에 이르는 프로세스*3	기존재해 예방대책	현재 위험성 추정			위험성 감소조치	조치 실시일	조치 후 위험성 추정			대응(후속)조치		비고 (잔류위험성 대책)
			중대성	가능성	위험성 수준			중대성	가능성	위험성 수준	조치사항	조치 실시일	
프레스 작업	프레스기 조작 중 금형 위에 놓은 재료의 위치를 바꿀 때, 광선식 안전장치가 고장으로 작동하지 않아 손이 금형 사이에 끼임	양수 조작식과 광선식 안전장치	B	b	Ⅳ	작업 개시 전 점검 실시	14/5/3	B	b	Ⅳ	안전장치에 이상이 있을 때는 기계가 작동하지 않도록 함 (Fail Safe화)	14/9/1	작업절차 준수 주지 철저
	프레스기의 좌측에 있는 제품을 대차로 운반하려고 손을 얹었을 때 제품이 난삽하게 쌓여 있어 작업자에게 떨어짐	작업장의 정리정돈	C	c	Ⅱ	제품을 넣는 케이스를 설치, 정리	14/5/3	D	d	Ⅰ			
	프레스작업 시 제품운반을 하고 있던 작업자가 돌연 제품을 꺼내려고 프레스기의 옆에서 손을 넣는 바람에 프레스기에 손이 끼임	작업전에 절차서를 확인함	B	b	Ⅳ	프레스에 측면커버 설치	14/5/9	D	d	Ⅰ			

*1 : 작업장의 성격을 고려하여 작업공정 · 공종 등을 기재.

*2 : 「작업」은 작업의 성격에 따라 단위작업 또는 각 단위작업의 작업절차(요소작업)를 기재.
「기계 · 설비」는 작업이 이루어지는 것은 아니지만 재해의 잠재적 원인(유해위험요인)이 될 수 있다면 해당 기계 · 설비명을 기재.

*3 : 광의의 유해위험요인을 기재. 즉, 협의의 유해위험요인과 아울러 발생 우려가 있는 사고(위험사건)형태를 알기 쉽게 표현
〈「~로 인하여 ~하여(되어) ~[사고(위험사건)](필요 시 재해)가 발생한다」 식으로 기술〉.

VI 위험성평가 실시표(예 3)

1. 작업장(작업공정 등 기입) *1	2. 평가자(복수기입 가능)	
	3. 실시일(기간)	
	4. 보고 연월일	

사장(공장장)	부장	1과장	2과장	3과장

작업 (기계·설비)*2	사고(위험사건)에 이르는 프로세스*3	기존재해 예방대책	현재 위험성 추정				위험성 감소조치 (실시일)	조치 후 위험성 추정				대응(후속)조치		비고 (잔류위험성 대책)
			중대성	발생 가능성	빈도	위험성 수준		중대성	발생 가능성	빈도	위험성 수준	조치사항	조치 실시일	
지게차 운반 작업	지게차로 짐 반출 중 불안정한 적재를 한 결과, 짐이 무너져 분류작업을 하고 있던 작업자에게 떨어짐	유자격자를 작업에 투입	6	4	2	Ⅳ (12)	짐 적재방법을 정하여 작업절차서에 명기하고 작업자에게 교육 실시 (14/7/3)	6	1	2	Ⅲ (9)	지게차 통행 부분과 분류 작업장소를 울타리로 구분	14/9/24	운전자에 대해 통로로 확실히 통행토록 지시. 분류작업자에 대해 지정장소에서 작업토록 지시
	지게차 운반작업 중 적재된 화물에 시야가 가려 분류작업 중인 작업자를 보지 못하여 접촉	유자격자를 작업에 투입	6	4	2	Ⅳ (12)	후진운전 시 시계(視界)를 확인하면서 운전하도록 교육 실시(14/7/3)	6	4	2	Ⅳ (12)	정기적으로 지게차 안전교육 실시	14/7~	작업절차 준수 주지 철저
	지게차로 짐 반출 중 팔레트에의 포크 삽입이 불충분하여 진동으로 팔레트가 전방으로 움직이는 관계로 짐이 낙하하여 분류작업을 하고 있던 작업자에게 떨어짐	유자격자를 작업에 투입	6	4	2	Ⅳ (12)	포크를 충분히 끼워넣고, 끈을 두르는 등 짐 무너짐 방지대책 실시 (14/7/10)	6	1	2	Ⅲ (9)	안전교육 시 작업절차 등에 대해 교육 실시	14/7~	작업절차 준수 주지 철저

* 1 : 작업장의 성격을 고려하여 작업공정 · 공종 등을 기재.
* 2 : 「작업」은 작업의 성격에 따라 단위작업 또는 각 단위작업의 작업절차(요소작업)를 기재.
「기계 · 설비」는 작업이 이루어지는 것은 아니지만 재해의 잠재적 원인(유해위험요인)이 될 수 있다면 해당 기계 · 설비명을 기재.
* 3 : 광의의 유해위험요인을 기재. 즉, 협의의 유해위험요인과 아울러 발생 우려가 있는 사고(위험사건)형태를 알기 쉽게 표현
〈「~로 인하여 ~하여(되어) ~[사고(위험사건)](필요 시 재해)가 발생한다」 식으로 기술〉.

VII 위험성 관리대장(예)

부서명 : ____________

NO	작업 (기계 · 설비)*[1]	사고(위험사건)에 이르는 프로세스*[2]	위험성 수준	위험성 감소조치	조치 실시상황	조치 완료일	잔류위험성	
							수준	대책
1	포장된 짐을 푸는 작업	힘을 과도하게 주어 절단기의 날이 부러져 눈에 맞음	Ⅳ	날 부분에 비산방지 테이프 부착	즉시 구입 사용	O월 O일	Ⅰ	날이 노출되어 있는 절단기의 미사용 확인

* 1 : 「작업」은 작업의 성격에 따라 단위작업 또는 각 단위작업의 작업절차(요소작업)를 기재.
「기계 · 설비」는 작업이 이루어지는 것은 아니지만 재해의 잠재적 원인(유해위험요인)이 될 수 있다면 해당 기계 · 설비명을 기재.
* 2 : 광의의 유해위험요인을 기재. 즉, 협의의 유해위험요인과 아울러 발생 우려가 있는 사고(위험사건)형태를 알기 쉽게 표현
〈「~로 인하여 ~하여(되어) ~[사고(위험사건)](필요 시 재해)가 발생한다」 식으로 기술〉.

VIII 유해위험요인 분류기준(예)[243)]

1. 일 반

이 부록은 유해위험요인을 명확히 하고 유해위험요인을 파악하는 단계에서 위험성평가를 수행하는 사람들을 돕기 위하여 유해위험요인의 예를 제시한다.

이 부록에 제시된 유해위험요인의 목록은 전체를 망라한 것이 아니며 우선순위가 매겨져 있는 것도 아니다.

따라서 사업주는 기계·설비에 존재하는 다른 유해위험요인도 파악하고 기록하여야 한다.

2. 유해위험요인(Hazard)

〈표 1〉에는 유해위험요인이 유형별로 분류되어 있다(기계적 요인, 전기적 요인 등). 유해위험요인의 유형에 대한 보다 상세한 정보를 제공하기 위하여 유해위험요인은 그 근원(Origin)과 그것의 잠재적 결과에 해당하는 두 가지로 구분되어 있다.[244)] 즉, 유해위험요인을 광의의 의미로 사용하고 있다.

---

243) ISO 12100 : 2010 Annex B(informative) 참조.

244) 전술한 바와 같이 ISO 12100(2010)은 3. Terms and definitions(용어 및 정의)에서 hazard를 다음과 같이 정의하고 있다(3.6). "유해위험요인이란 재해의 잠재적인 근원"으로서 "유해위험요인의 근원(기계적 유해위험요인, 전기적 유해위험요인 등)을 나타내기 위해 사용되거나 그것의 잠재적 재해 유형(예 : 감전, 절단, 중독, 화재 등)을 나타내기 위해 사용될 수도 있다."

파악된 유해위험요인을 기술하는 데 필요한 상세 정도에 따라 〈표 1〉에서 제시된 열을 하나 또는 그 이상을 사용한다. 상황에 따라서는, 근원과 잠재적 결과가 특별히 동일한 유해위험요인 구역에 있고 감소조치의 관점에서 같이 분류될 수 있을 때는 이 중 한 가지만 사용해도 무방하다. 근원과 잠재적 결과 중 어떤 것을 사용할 것인지는 적절한 위험성 감소조치를 선택함에 있어 이 둘 중 어느 것이 보다 유용한지에 달려있다.

그러나 모든 유해위험요인은 이들과 관련된 위험성이 다른 유해위험요인과 관련된 위험성 감소조치로 인해 충분히 감소된 것으로 보일 경우에도 기록되어야 한다. 그렇지 않으면, 다른 유해위험요인의 완화 때문에 위험성이 충분히 감소된 기록되지 않은 유해위험요인이 소홀히 될 수 있다.

유해위험요인을 기술하기 위해 〈표 1〉에 제시된 두 가지(근원, 잠재적 결과) 모두를 사용하는 경우, 근원과 잠재적 결과는 서로 단선적으로 연결되는 것으로 이해되어서는 안 된다. 가장 효과적인 방식으로 유해위험요인을 기술하기 위하여 적절한 단어가 선택되고 조합되어야 한다.

예를 들면 :

- 이동 요소에 의한 충돌
- 기계·설비 또는 기계·설비부품의 불안정성에 의한 충돌
- 결함조건에서 작동되는 전기장비부품에 의한 전격 또는 감전
- 부품의 스탬핑(Stamping)에 기인한 소음에 장시간 노출로 인한 영구적인 청력손실
- 독성물질 흡입에 의한 호흡기질환
- 불안전한 자세와 반복작업에 의한 근골격계질환
- 고온에서 물질과 접촉에 의한 화상
- 독성물질 접촉(피부 노출)에 의한 피부염

표 1 유해위험요인(1)

구분	유형 또는 그룹	유해위험요인의 예	
		근원(Origin)[1)]	잠재적 결과 (Potential consequences)[2)]
1	물리적 (Mecanical) 유해위험 요인	• 가속, 감속(운동에너지) • 뾰족한 부분 • 고정된 부분에 이동요소의 접근 • 절단(절삭) 부분 • 탄성요소 • 낙하물 • 중력(저장에너지) • 고소(高所) • 고압 • 기계·설비 이동성 • 이동요소 • 회전요소 • 거칠고 미끄러운 표면 • 날카로운 가장자리 • 안정성 • 진공	• 전복·치임 • 비래(飛來) • 압착 • 절단 또는 분리 • 끌려 들어감 또는 걸림 • 말림 • 마찰 또는 마모 • 충격 • 분사 • 전단 • 미끄러짐, 걸려 넘어짐, 추락 • 찔림 또는 관통 • 질식
2	전기적 유해위험 요인	• 아크 • 전자기 현상 • 정전기 현상 • 충전부 • 고전압하에서 충전부와의 불충분한 거리 • 과부하 • 결함조건에서 전기가 통하게 된 부분 • 단락 회로 • 열 복사	• 화상 • 화학적 영향 • 의료용 보철물에 영향 • 감전 • 낙하, 비래 • 화재 • 용융 입자의 분출 • 전격(전기충격)
3	열적 유해위험 요인	• 폭발 • 화염 • 고온 또는 저온의 물체나 재료 • 열원으로부터의 복사	• 화상(burn) • 탈수 • 불쾌감 • 동상 • 열원의 복사로 인한 부상 • 데임(scald)

4	소음 유해위험 요인	• 공동(Cavitation) 현상 • 배기시스템 • 고속의 가스 누출 • 제조공정(스탬핑, 절단 등) • 가동 부분 • 표면 긁힘 • 불균형 회전 부분 • 휙휙 소리 • 마모된 부품	• 불쾌감 • 기절 • 균형감각 상실 • 영구적인 청력 손실 • 스트레스 • 이명(耳鳴) • 피로 • 기타 음성통신 또는 음향 신호의 간섭 결과(예 : 기계적, 전기적)
5	진동 유해위험 요인	• 공동 현상 • 가동 부분의 비정렬 • 이동 장비 • 표면 긁힘 • 불균형 회전 부분 • 진동 장비 • 마모된 부품	• 불쾌감 • 요통 • 신경 장애 • 관절 장애 • 척추 손상 • 혈관 질환
6	방사선 유해위험 요인	• 전리(이온화)방사선 • 저주파 전자기 • 복사선(적외선, 가시광선, 자외선) • 무선주파수 방사선	• 화상 • 눈 및 피부 손상 • 생식능력에 영향 • 돌연변이 • 두통, 불면증 등
7	재료/물질 유해위험 요인	• 에어로졸 • 생물학적 및 미생물적(바이러스 또는 박테리아) 시료 • 가연성 물질 • 먼지 • 폭약 • 섬유 • 인화성 물질 • 유체 • 흄 • 가스 • 미스트 • 산화제	• 호흡 곤란, 질식 • 암 • 부식 • 생식능력에 영향 • 폭발 • 화재 • 감염 • 돌연변이 • 중독 • 과민성

8	인간공학적 유해위험 요인	• 접근 • 표시기 및 시각 디스플레이 장치의 디자인 또는 위치 • 제어장치의 디자인, 위치 또는 식별표시(identification) • 힘든 작업(effort) • 깜박임, 눈부심, 그림자, 섬광(Stroboscopic effect) • 국소 전광(電光) • 정신적 과부하/우울 • 자세 • 반복작업 • 가시성(visibility)	• 불쾌감 • 피로 • 근골격계질환 • 스트레스 • 기타 휴먼에러의 결과 (예 : 기계적, 전기적)
9	기계 · 설비 사용환경과 관련된 유해위험 요인	• 먼지와 안개 • 전자기(electromagnetic) 방해 • 전광(電光) • 습도 • 오염 • 눈 • 온도 • 물 • 바람 • 산소 부족	• 화상 • 경미한 질병 • 미끄러짐, 넘어짐 • 질식 • 기타 기계·설비 또는 기계·설비부품의 위험원(Sources of the hazards)에 의한 영향의 결과로 발생하는 것
10	유해위험 요인의 조합	• 예 : 반복작업+힘든 작업+고온환경	• 예 : 탈수, 의식상실, 열사병

주) 1. 유해위험요인의 근원은 여러 가지 잠재적 결과를 초래할 수 있다.
2. 유해위험요인 각 유형 또는 그룹의 일부 잠재적 결과는 여러 유해위험요인의 근원과 관련될 수 있다.

〈표 2〉는 〈표 1〉의 부분집합(subset)이며 전형적인 유해위험요인에 대한 몇 가지의 예를 제시하고 있다. 각각의 근원은 중요 잠재적 결과와 관련이 있다. 잠재적 결과의 순서는 우선순위와는 관련이 없다.

표 2 유해위험요인(2)

• 근원
- 절삭부

• 잠재적 결과
- 베임
- 잘림

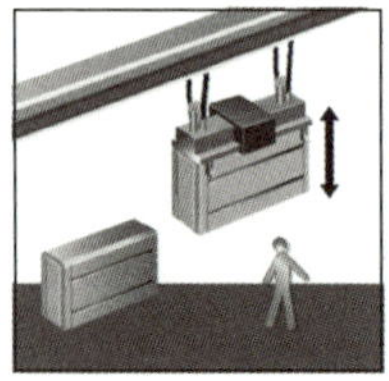

• 근원
- 추락물

• 잠재적 결과
- 충돌
- 충격

• 근원
- 이동 요소

• 잠재적 결과
- 충돌
- 충격
- 절단

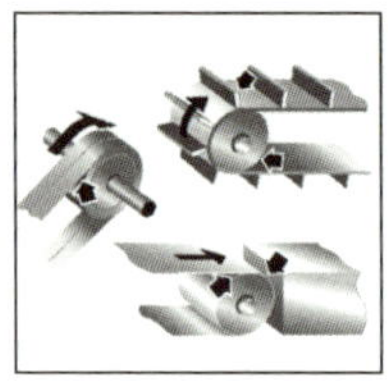

• 근원
- 이동 요소

• 잠재적 결과
- 말려 들어감
- 마찰, 마모
- 충격

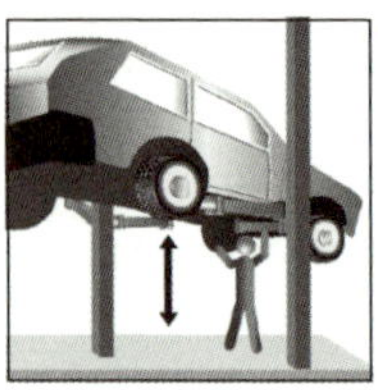

• 근원
- 중력, 안정성

• 잠재적 결과
- 충돌
- 걸림

• 근원
- 이동 요소의 고정된 부분으로의 접근

• 잠재적 결과
- 압착
- 충격

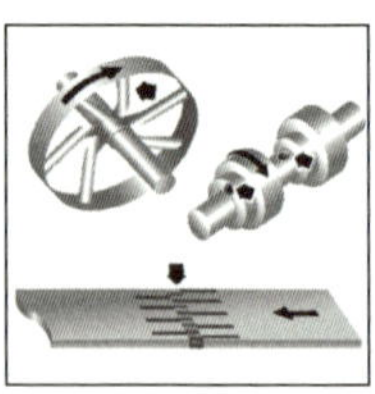

• 근원
- 회전 또는 이동 요소

• 잠재적 결과
- 절단
- 얽힘

• 근원
- 이동 요소

• 잠재적 결과
- 충돌
- 마찰, 마모
- 충격
- 절단

• 근원
- 충전부

• 잠재적 결과
- 감전
- 화상(burn)
- 관통
- 데임(scald)

• 근원
- 고온 또는 저온의 물체 또는 재료

• 잠재적 결과
- 화상

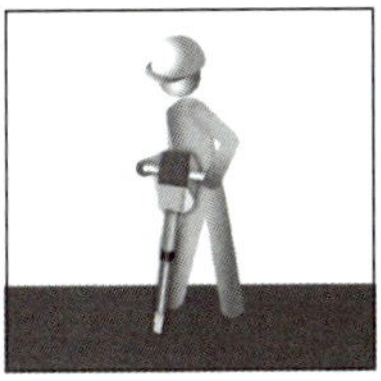

• 근원
- 진동 장비

• 잠재적 결과
- 골관절장애
- 혈관장애

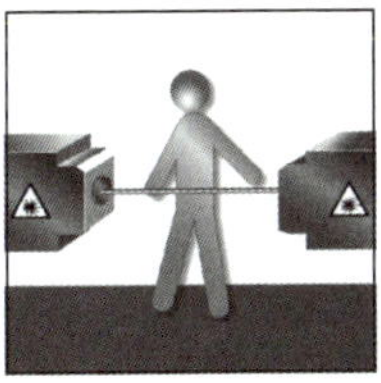

• 레이저 광선

• 잠재적 결과
- 화상
- 눈 및 피부 손상

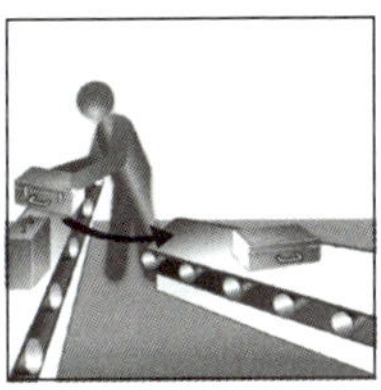

• 근원
- 자세

• 잠재적 결과
- 불편
- 피로
- 근골격계질환

• 근원
- 제어장치의 소재 (Location)

• 잠재적 결과
- 휴먼에러의 결과로 발생하는 것
- 스트레스

• 근원
- 시끄러운 제조공정

• 잠재적 결과
- 피로
- 청력 손실
- 기절
- 스트레스

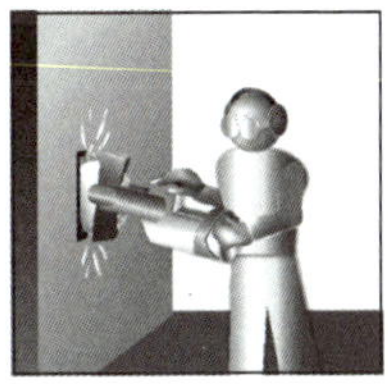

• 근원
- 분진(배출)

• 잠재적 결과
- 호흡 곤란
- 폭발
- 시력상실

• 근원
- 흄

• 잠재적 결과
- 호흡 곤란
- 자극
- 중독

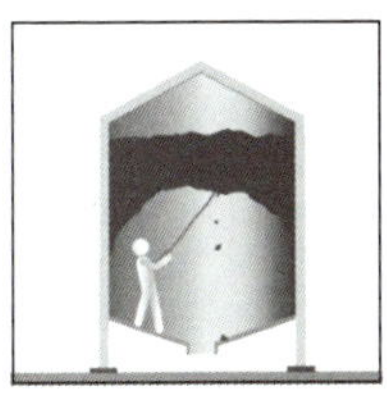

• 근원
- 중력(대량의 고형물)

• 잠재적 결과
- 붕괴, 낙하
- 압착
- 쿵 떨어짐/내려앉음
- 질식
- 움직이지 못함/막힘

IX 우리나라의 사업장 위험성평가 제도에 관하여[245)]

1. 서 론

산업재해를 충분히 예방하기 위해서는 법령 준수만으로는 한계가 있다는 인식이 보편화되고 있다. 그리고 오늘날 기업은 근로자의 안전과 건강 확보를 위해 노력하는 것이 사회적 책임(Corporate Social Responsibility, CSR)이 되고 있다. 이 요청에 부응하기 위해서는 가능한 한 사업장에서의 안전보건 수준을 최대한으로 제고할 수 있는 방법으로 안전보건관리를 할 필요가 있다. 국제적으로 이것을 실현하기 위한 유력한 방법으로 위험성평가(Risk assessment)가 자리매김하고 있다.

위험성평가의 개념은 구미(歐美)에서 30년 이상 전부터 점차 명확히 되어 왔고, 원자력발전, 화학플랜트・화학물질, 기계설계 분야에서 사용되어 왔다. 사업장 안전보건 분야에서 처음으로 「포괄적인」 위험성평가의 실시 의무를 명시한 것은 1989년 EU가 채택한 「안전보건 기본지침」(사업장에서의 근로자의 안전과 건강을 촉진하는 조치의 도입에 관한 이사회 지침, 89/391/EEC)이다. EU 회원국은 이 지침을 1996년까지 자국의 법령에 도입하였고, 위험성평가 실시 방법에 대해서는 1996년 유럽위원회가 발행한 「사업장 위험성평가 지침(Guidance on risk assessment at work)」을 참고로 각국의 실정에 맞는 방법이 추진되고 있다.[246)]

우리나라에서도 사업장의 안전보건수준 향상을 위한 새로운 기법인 사

245) 이 부분은 주로 정진우, 우리나라의 사업장 위험성평가 제도 실시에 관한 연구, 한국안전학회지 제29권 제3호, 한국안전학회, 2014, 121-128쪽의 내용을 보완하여 작성된 것이다.

246) European Commission, "Guidance on Risk Assessment at Work", 1996.

업장 안전보건관리시스템(Occupational Safety and Health Management System, 이하 「OSHMS」이라 한다.)이 주목되고 나서부터 그 핵심으로서 위험성평가에 대한 관심이 높아져 왔고, 일부 사업장에서는 위험성평가를 실시하고 있는 중이다. 그러나 사업장에서의 위험성평가 실시 방법에 관한 참고자료가 적고, 실시 방법에 대해서 갈피를 못 잡고 있는 사업장도 많이 발견되고 있으며, 실제로 위험성평가를 도입하고 있는 기업들의 실시 방법은 각양각색인 것이 엄연한 실정이다.

사업장 위험성평가에 관한 외국의 지침으로는, EU(유럽위원회)의 「사업장 위험성평가 지침(Guidance on risk assessment at work, 1996)」을 비롯하여 ISO, OHSAS(Project group), BSI(British Standard Institution), ANSI(American National Standard Institution) 등에서도 일찍이 지침을 개발한 바 있고, 개별 국가 차원에서는 영국의 「위험성평가 기준에 관한 지침(A guide to risk assessment requirements, 2011)」, 독일의 「위험성평가 및 기록에 관한 지침(Leitlinie Gefährdungsbeurteilung und Dokumentation, 2008)」, 일본의 「위험성 또는 유해성 등의 조사 등에 관한 지침(2006)」 등이 개발되어 있다.[247] 이들 지침에는 위험성평가 실시 방법·절차가 공통적으로 제시되어 있지만, 다소간의 차이가 존재하고 부분적으로 난해한 면도 있다.

고용노동부에서는 이러한 상황을 고려하여 2012년 9월 사업장 위험성평가의 실시 방법·절차에 관한 모델을 개발하여 고용노동부 고시(사업장 위험성평가에 관한 지침)[248]로 제정하고, 2013년 1월 본 고시에

247) J. W. Jung, "Comparative Occupational Safety and Health Act", Korean Academic Information Co., p. 109, 2012.

248) Ministry of Employment and Labor, "Guidance on Risk Assessment at Work", 2012.

대한 해설지침(사업장 위험성평가 실시에 관한 해설지침서)[249]을 개발하였다.

이 글에서는 고용노동부의 「사업장 위험성평가에 관한 지침」(고시)과 「해설지침」(지침과 해설지침을 통칭하여, 이하 「지침」이라 한다.)의 내용을 분석적으로 고찰하는 한편, 현재 우리나라 사업장에서 위험성평가를 도입하는 과정에서 유의할 사항과 향후 나타날 수 있는 문제를 해결하기 위한 과제를 제시하고자 한다.

2. 지침 제정배경과 위험성평가 도입목적 · 효과

가. 지침 제정의 배경

사업장 위험성평가와 관련하여, 국제적으로는 OSHMS가 ISO 9000, ISO 14000에 이은 3번째의 관리시스템으로서 주목되고 있는데, 위험성평가는 이 OSHMS 중에서 핵심적 내용을 이루고 있다. 우리나라에서도 한국산업안전보건공단, 민간기관 등에서 OSHMS를 개발하여 인증 제도를 운영하고 있고, OSHMS의 한 부분으로 위험성평가 실시를 장려하여 옴으로써 위험성평가를 실시하려는 기업이 꾸준히 증가하여 왔다.

그러나 우리나라의 사업장에서 본 지침 제정 당시까지는 위험성평가를 실시하고 있는 사업장은 일부 선진적인 기업에 한정되어 있었고, 실시 방법에 있어서도 표준적인 위험성평가 기법에서 벗어난 방법을 적용하고 있는 등 적지 않은 시행착오를 겪고 있었던 상황이다. 또한 위험성평가를 실시를 위한 기본전제 없이 형식적으로 실시되고 있는 사업장도 상당수

249) Ministry of Employment and Labor, "An Explanatory Guideline on Risk Assessment at Work", 2013.

발견되고 있었다.

따라서 위험성평가를 도입하려는 사업장이 위험성평가를 용이하게, 효과적으로 그리고 올바른 방법으로 도입할 수 있도록 위험성평가에 대한 표준적인 모델(이하 「표준모델」이라 한다.)을 포함한 지침을 개발할 필요성이 매우 컸다고 말할 수 있다.

이러한 상황에서 개발된 본 지침은, ① 위험성평가에 대한 일반적인 기준을 정부 차원에서 처음으로 제시하였고, ② 국제적인 위험성평가 체계와 합치하는 것으로 하였으며, ③ 위험성평가 선행기업에서 나타난 문제점을 해결한 노하우와 위험성평가의 도입을 고려하고 있는 사업장이 실제로 활용할 수 있는 현실적인 기법을 포함하고 있는 등 많은 점에서 우리나라 위험성평가의 표준화와 활성화에 기여할 수 있을 것으로 평가된다.

나. 기업의 위험성평가 도입목적

사업장을 대상으로 본 지침이 제정된 것은, 기업에서 다음과 같은 문제를 해결할 목적으로 위험성평가를 도입하고 있거나 도입할 필요성을 느끼고 있는 상황에서, 사업장의 위험성평가 실시에 관하여 국제기준에 부합하면서 표준적인 기준을 제시할 필요가 있었기 때문이다.

① 대기업을 포함한 많은 기업들은 산업안전보건법령의 준수만으로는 산업재해의 감소에 한계가 있다고 보고, 이 한계를 극복하기 위한 새로운 방법을 모색하고 있었다. 그리고 이전에 발생한 산업재해로부터 배우는 것만으로는 재해를 감소시키는 것이 어려워지고 있다.

② 작업자의 빈번한 직장이동 및 작업자의 다양화(파견근로자, 단시간근

로자, 외국인근로자 등의 증가), 유해위험작업의 외주화 등에 의해 근로자에 대한 안전보건교육이 충분히 이루어지지 못함에 따라 재해의 발생가능성이 높아지고 있다는 우려를 가지고 있다.

③ 설비의 대형화, 고속화, IT화 등이 진행됨에 따라 현장의 경험만으로 안전에 대응하는 것이 곤란해지고 있다. 또한 숙련근로자의 퇴직 등에 의해 사업장의 안전 노하우의 승계가 어려운 상황에 있다.

다. 기업의 위험성평가 도입효과

현 시점에서는 기업에서 위험성평가를 도입하는 최종적인 목표인 산업재해 감소를 실증하는 것까지 이르렀다고는 말할 수 없지만, 위험성평가를 도입함으로써 사업장 안전보건활동이 과학적・체계적으로 실시될 수 있고, 우선순위에 따른 위험성 감소조치가 이루어질 수 있으며, 현장 전체적으로 안전보건에 대한 인식이 제고될 수 있다.

기업에서 본 지침 제정에 따라 위험성평가를 도입하여 운영할 경우, 구체적인 효과로서는 다음과 같은 사항이 있을 것으로 분석된다.

① 유해위험요인(Hazard)을 사전에 빠짐없이 발견할 수 있게 됨에 따라 사후조치인 동종 재해의 재발방지로는 대처할 수 없는 산업재해 예방대책을 미연에 강구하는 것이 가능하다.

② 위험성에 대한 정량평가와 대책의 우선순위 부여가 가능해짐으로써 대책의 필요 여부, 우선순위 부여에 대해 관계자의 납득을 얻는 것이 용이해지고 조정(調整) 속도가 빨라짐에 따라 위험성 대책 수립 · 실행이 원활하게 이루어질 수 있다. 대책에 요구되는 비용 대 효과 측면에서도 유효하다.

③ 우선순위가 낮아 당장 설비적 대책이 가능하지 않은 케이스에 대해서도 작업상 및 기계 · 설비에 대해 중점적으로 관리해야 할 사항이 명확하게 되고 관리가 수월하게 이루어질 수 있다.

④ 사업장의 전원이 위험성평가 과정에 참여하는 것을 통해 사업장의 위험성에 대한 인식을 관리자, 현장감독자를 포함하여 사업장 전체에서 공유할 수 있고, 사업장 구성원 모두의 위험에 대한 감수성이 향상될 수 있다.

⑤ 위험성을 추정하거나 위험성 감소대책을 수립할 때 산업안전보건법령을 고려하게 되므로, 사업장의 법적 기준에 대한 이해도와 준수도가 현격히 제고될 수 있다.

⑥ 위험성평가 진행 상황과 그 결과를 기록 · 보존함으로써 위험성을 관리하는 노하우가 체계적이고 지속적으로 승계될 수 있다.

3. 위험성평가 표준모델

가. 위험성평가 표준모델의 개요

지침에서 제시된 표준모델을 토대로 사업장에서 위험성평가를 처음으로 도입하여 본격적으로 실시하기 전에 준비해야 할 사항(절차)을 개략적으로 제시하면, 다음과 같이 정리할 수 있다.

도입절차 1 : 위험성평가 도입의 검토

도입절차 2 : 최고경영자의 위험성평가 도입결정과 선언 및 도입계획의 작성

도입절차 3 : 위험성평가 추진조직(계선, 스태프)의 구축

도입절차 4 : 위험성평가 실시 규정(운영매뉴얼)의 작성

도입절차 5 : 위험성평가에 관한 교육훈련의 실시

도입절차 6 : 위험성평가 실시를 위한 관련 정보의 입수

지침에서 규정하고 있는 사업장 위험성평가의 기본적인 실시 절차를 흐름도로 알기 쉽게 정리하면, 개략적으로 다음과 같이 나타낼 수 있다.

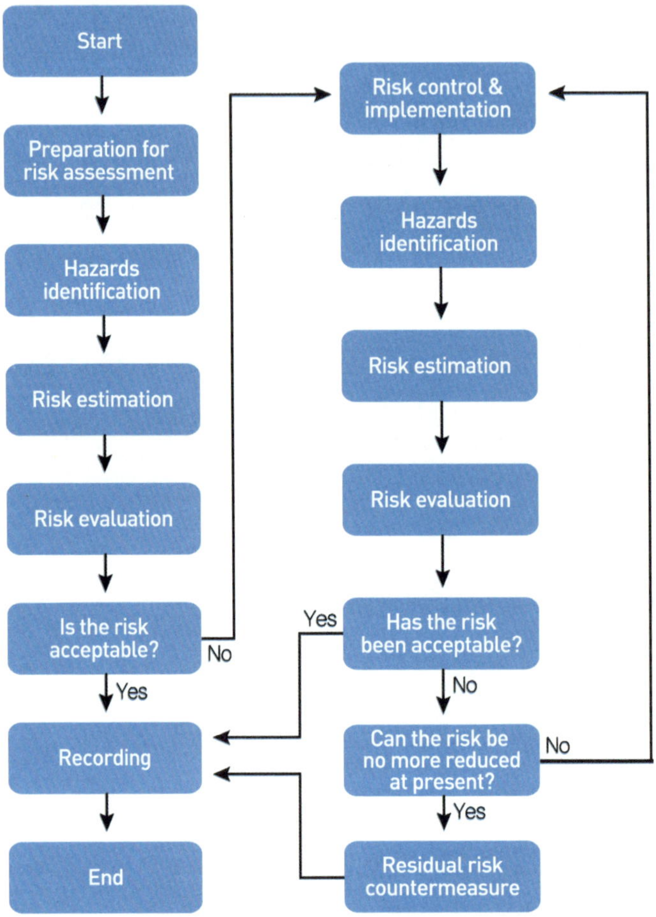

그림 24 Flowchart of risk assessment

나. 위험성평가 표준모델의 특징

표준모델은 위험성평가에 대한 국제적인 접근방식과 합치하면서 우리나라의 현상에 적합한 것으로 하고, 위험성평가를 도입·운영하는 기업에 실제적인 도움이 될 수 있도록 하기 위해 다음과 같은 점을 배려하고 있는 것으로 분석된다.

(1) 우리나라 사업장의 현상을 전제

우리나라의 사업장에서는 대기업을 중심으로 위험예지활동, TBM(Tool Box Meeting), 아차사고 발굴(보고)활동 등 현장에서의 안전보건활동이 일정한 효과를 거두고 있는데, 표준모델은 위험성평가가 이들 활동과 관련을 갖도록 함으로써 시너지효과를 거두는 것을 염두에 두고 있다. 또한 산업현장에 종래부터 보급되어 있는 작업절차서 등에도 위험성평가를 반영하는 것을 지향하고 있다.

현실의 사업장에서는 위험성평가를 실시한 경우에 허용 가능한 위험성 이하로 되지 않고 불가피하게 위험성이 남는 경우가 있는데, 이런 경우의 대처방법을 설명하는 등 해외규격에는 기술되어 있지 않지만, 실제로 위험성평가를 실시할 때에 의문이 들 수 있는 점에 대해서도 설명을 하고 있다.

(2) 위험성 감소대책에 대한 기술

위험성평가에 대한 국제적인 정의에서는 위험성 감소대책을 포함하지 않는 것이 일반적이다. 그러나 협의의 위험성평가와 위험성 감소대책은 하나의 순환(cycle)을 이루는 일련의 절차로서 불가분의 관계에 있고, 위험성평가의 도입 목적은 안전한 사업장을 구축하는 것이며, 위험성 감소대책 없이는 위험성평가의 목적을 달성할 수 없다는 점을 고려하여, 지침에서는 위험성평가에 위험성평가 감소대책을 포함하고 있다. 또한 이 점을 감안하여 산업안전보건법 개정안에서는 위험성평가 개념에 위험성 감소대책이 포함되는 것으로 조작적 정의를 하고 있다(산업안전보건법 제36조 참조).

(3) 사업장 위험성평가 도입절차 제시

위험성평가를 실시하기 위해서는 이를 도입하기 위한 준비가 반드시 필요하다. 실시 규정(운영매뉴얼)의 작성, 교육훈련의 실시, 관련되는 안전보건 정보 등의 준비가 이루어져야 비로소 사업장에서 위험성평가를 실시하는 것이 가능하게 된다.

지침은 사업장에서 위험성평가를 효율적이고 확실하게 실시하는 방법은 어떠해야 하는지(도입 시 접근방법)에 대하여, 그리고 위험성평가 도입시점에서 준비해야 할 사항 등에 대해서도 설명하고 있다.

(4) 용어 정의

위험성평가에 관하여 국제규격에서 사용하고 있는 용어에는 알기 어려운 것이 적지 않다. 난해한 용어를 사용할 경우 사업장에서 거부반응이 나타날 수 있는 점을 고려하여, 알기 어려운 용어에 대하여 가급적 평이한 용어를 사용하는 것으로 하였고, 가급적 오해를 초래하지 않는 용어를 선택하였다. 예를 들면, harm에 대해서는 부상 또는 질병으로, hazard에 대해서는 유해위험요인으로, risk에 대해서는 위험성으로 하는 등 그간에 안전보건 분야에서 널리 활용되어 온 개념을 가급적 사용하는 배려를 하고 있다.

4. 위험성평가 적용 시의 유의사항

위험성평가는 안전보건에 대한 국제적인 접근방법의 일부인 점을 고려하여, 위험성평가를 사업장에 올바르게 정착시키기 위해서는 안전보건에 대한 국제적인 접근방법으로 도입·운영하는 것이 필요하다. 앞으로 안전보건에 대한 종래의 접근방법의 개선을 포함한 사업장 안전보건활동의 변화가 필요하다고 생각된다. 기업에서 사업장에 위험성평가를 적용할 때에는 우리나라의 안전보건 상황을 고려하면서 다음과 같은 사항에 유의할 필요가 있다.

가. 인간은 실수를 하는 존재라는 전제

구미에서는 재해가 위험도에 따라 발생하는 것이라는 생각이 강하고 설비적(근원적) 안전대책이 기본인 데 반해, 우리나라에서는 재해는 노력으로 없애는 것이 가능하다는 생각이 강하고 사람에게 의존하는 안전대책이 주종을 이루는 경우가 많다.

위험성평가를 효과적으로 실시하기 위해서는 산업재해에 대한 종래의 기본적 입장을 구미형으로 전환시켜 나갈 필요가 있다. 즉, 작업자에 대한 기본적인 인식에 있어, 주의를 하면 실수를 범하지 않는다는 인식에서 인간은 실수를 하는 존재라는 인식으로의 전환이 필요하다. 이는 산업재해의 문제를 기본적으로 인간의 문제(지도, 교육훈련)로 파악하여 온 접근방법을 바꾸어, 위험성평가를 토대로 하여 먼저 하드웨어를 중심으로 안전한 작업환경을 구축하고, 그다음에 현장의 안전보건활동이 존재한다고 하는 인식으로 바꾸는 것이다.

나. 위험성평가 판단기준의 사전 설정

위험성평가를 실시하게 되면 불명확한 점, 의문이 드는 점을 많이 만나게 된다. 예를 들면, 허용 가능 이하의 낮은 위험성은 방치해도 좋은 것인지, 위험성이 낮더라도 재해가 발생할 가능성이 있는 경우 일정한 조치를 취해야 하는 것은 아닌지 등 여러 가지 문제에 부딪힌다. 또한 사람에 따라 위험성의 추정 결과는 상이할 수 있는데 그런 경우 어떻게 해야 하는지, 위험성 감소에 적지 않은 효과가 있지만 많은 비용이 소요될 경우 당해 위험성 감소조치를 선택하여야 하는지 등등.

이들 문제를 모두 예상하여 사전에 모든 해결책을 강구해 놓을 수는 없겠지만, 가급적 예상되는 문제에 대한 판단기준을 미리 마련하여 사업장의 위험성평가 실시 규정 등에 최대한 반영함으로써 이들 문제에 대한 해결방안을 미리 결정해 놓는 것이 바람직하다. 그리고 바로 해결할 수 없는 문제에 봉착할 경우에도 거기에서 중단하지 말고 향후의 문제로 기록하고 장래에 해결하는 방향을 정해 놓는 것이 바람직하다.

다. 다른 안전보건활동과의 관계의 명확화

지금까지 적지 않은 사업장에서 안전보건활동이 나름대로 활발히 계속되어 왔고, 이것이 일상활동으로서 정착하여 일정한 효과를 거두고 있다. 위험성평가는 현재의 안전보건활동을 부정하는 것이 아니고, 또 위험성평가를 실시한다고 하여 현재의 활동을 중지하라는 것도 아니다.

현재의 안전보건활동과 위험성평가를 양립시키고 상승적으로 효과를 올리는 방법을 생각하며 그 관계를 명확히 할 필요가 있다. 예를 들면, 위험예지활동 중에 위험성평가 기법을 반영하거나 아차사고 정보를 위험성평가의 유해위험요인에 반영함으로써, 지금까지 진행되지 않았던 사업장 위험에 대한 설비적 대책이 착실하게 진행되고, 현장의 위험성평가에 대한 이해가 신속하게 이루어질 수 있다.

라. 최고경영자의 이해와 의지

위험성평가는 안전보건수준의 향상에 유효한 수단으로 널리 평가되고 있는데, 이것이 실제로 유효한 것으로 되게 하려면 위험성평가 실시에 대한 최고경영자의 이해와 리더십이 불가결하다. 최고경영자는 위험성을 추정·결정한 후 위험성 감소조치를 필요로 하는 유해위험요인에 대해 기본적으로 설비적 대책을 중심으로 위험성을 감소시키는 것이 필요하고, 위험성 감소조치에는 상당한 노력과 비용이 필요하다는 것을 이해하고 이를 수용하려는 의지가 필요하다.

마. 사업장의 실시체제의 명확화

매뉴얼을 설정하고 이것을 준수하는 구조를 만들어 실시해 나가는 구미와 일본 등의 매뉴얼 문화는 아직 우리나라의 풍토에 충분히 정착되어 있지 않다. 위험성평가는 확실히 안전매뉴얼 문화를 우리나라 사업장에 도입하는 계기가 될 수 있는데, 특히 안전매뉴얼대로 실시되고 있는지를 확인하기 위한 확인(follow up)구조는 위험성평가에서도 중요한 위치를 차지하고 있다.

위험성평가는 1회 실시하면 완료되는 것이 아니고 계속적인 활동이다. 위험성평가를 누가 언제 실시하며 위험성 감소대책의 실시를 누가 어떻게 실시하고 관리할 것인지 등에 대하여 사내 규정으로 미리 명확히 정해 놓을 필요가 있다. 또한 규정대로 실시되는지에 대한 확인구조에 대해서도 명확히 해 둘 필요가 있다.

5. 위험성평가의 발전과제

위험성평가가 EU 각국, 일본 등 선진국을 중심으로 국제적인 차원에서 보편적인 안전관리기법으로 자리 잡고 있지만, 위험성평가가 우리나라 사업장에 정착되기 위해서는 EU, 일본 등과의 안전풍토의 차이, 사고방식의 차이, 안전보건활동의 차이, 법체계의 차이 등 때문에 극복되어야 할 문제가 적지 않다고 생각된다. 위험성평가의 활성화와 내실화를 위하여 향후 해결하거나 발전시켜 나갈 필요가 있는 과제를 다음과 같이 제언한다.

가. 기계 · 설비의 근원적 안전성 향상

우리나라의 사고에 의한 사망재해는 약 45%가 기계 · 설비를 기인물로 하여 발생하고 있고,[250] 기계 · 설비에 관계되는 위험성에 대해서는 기계 · 설비 자체의 안전성(근원적 안전성)을 제고하는 것이 산업재해 예방정책의 가장 중요한 과제라 할 수 있다. 사업장에서 위험성평가를 실시하는 경우, 기계 · 설비를 근원적으로 개조하지 않으면 위험성을 감소시킬 수가 없어 현실적으로는 위험성 감소대책이 불가능한 문제에 봉착하는 경우가 종종 발생한다. 그러나 우리나라는 기계 · 설비의 근원적 안전성에 대한 관심이 구미, 일본 등 선진국과 비교하여 상대적으로 낮다고 생

250) Ministry of Employment and Labor, "Analysis of the Present State of Industrial Accident", pp. 244-255, 2012.

각된다.

EU에서는 일찍이(1989) 「기계 · 설비지침(Machinery Directive, 89/392/EEC)」[251]을 제정하여 회원국이 시장에 유통시키는 기계 · 설비의 안전보건에 관한 필수요구사항(Essential health and safety requirements)을 의무화하고 있고, 이 필수요구사항의 하나로 기계 · 설비를 설계 · 제조하는 때에 위험성평가를 실시하는 것이 강제화되어 있으며(부속서 I 제1조),[252] 일본에서도 2001년에 설계 · 제조 단계에서의 안전성 확보를 위해 제조 · 수입자로 하여금 제조 · 설계 단계에서 위험성평가를 실시하도록 하는 지침(기계의 포괄적인 안전기준에 관한 지침)[253]을 제정하여 운용하고 있다. 그러나 우리나라에서는 아직 위험성평가에 대한 인식 자체가 미흡하고, 그마저도 위험성평가가 사용사업주에 의해 사용 단계에서만 실시되어야 하는 것으로 잘못 인식되어 있다.

우리나라에서도 장래에 EU, 일본 등과 마찬가지로 많은 사업장에서 제조 · 수입 시 위험성평가가 실시되도록 할 필요가 있다. 그렇지 않을 경우, 기계 · 설비를 근원적으로 개조하지 않으면 위험성을 감소시킬 수 없는 중대한 위험성이 그대로 남게 되어 사용 단계에서의 위험성평가가 의미 없는 활동으로 될 우려가 있다.

국제적으로도 기계 · 설비의 설계 · 제조 단계에서의 위험성평가를 그 내용으로 포함하고 있는 규격(Standard) 또는 기술보고서(Technical Report)는 기계 · 설비에 관한 안전설계의 기본규격으로 ISO 12100(2010),

251) The European Union, "The Machinery Directive 89/392/EEC", 1989.
252) The European Union, "Directive 2006/42/EC on Machinery", Annex I, 2006.
253) Japanese Ministry of Health, Labour and Welfare, "Guide on General Safety Standard of Machinery", 2001.

ISO/TR 14121-2(기계류의 안전성 - 위험성평가)[254] 등이 제정되어 있다. 우리나라에서도 기계・설비의 설계・제조 단계에서의 안전성 확보를 위한 위험성평가 지침이 어떠한 형태로든 조속히 제정될 필요가 있다.

나. 위험성평가 기법의 구체화

위험성평가 제도의 특성상 위험성평가의 세부적인 방법과 절차 등은 기업(사업장)의 구체적인 상황을 감안할 필요가 있기 때문에 세부적인 내용까지를 정부의 지침으로 명확하게 규정하는 데에는 한계가 있고, 또 구체적으로 한정하는 것이 바람직하지도 않을 것이다. 그러나 위험성평가 단계(절차)별로 불명확하고 추상적인 부분에 대하여 상세지침, 매뉴얼, 모델 등의 형식으로 그 실시 방법을 가급적 구체화하여 제시할 필요가 있다. 예를 들면, 위험성 추정(Risk estimation) 단계에서는 재해의 중대성(심각성)과 발생가능성에 대한 추정이 부적절하게 이루어지지 않도록 추정의 실시 방법을 구체적으로 제시하여야 하고, 위험성 결정(Risk evaluation) 단계에서는 위험성 허용/불허용 기준을 어떻게 설정하고 불허용 위험성에 대해서는 어떻게 위험성 감소조치를 할 것인지에 대한 방법을 구체적으로 제시할 필요가 있다.

다. 비정상작업의 중시

EU 기계・설비지침의 부속서 I (제2조)에서는 기계・설비의 설계・제조에 관한 안전보건 필수요구사항의 일반 원칙의 하나로 다음과 같은 내용을 규정하고 있다.[255] "기계・설비에 유해위험요인이 존재하면, 위험성

254) ISO/TR 14121-2 : 2012(2nd ed.).

평가를 포함한 안전보건조치 의무는 해당 기계·설비가 정상상태뿐만 아니라 예견 가능한 비정상적(abnormal) 상태하에서 사용될 때에도 적용된다."

ISO 45001(2018)에서도 6.1.2.1 b)에서 "유해위험요인 파악 프로세스는 정상적(routine) 및 비정상적(non-routine) 활동 및 상황을 고려하여야 한다."고 규정하고 있다.[256)]

그간의 사고발생 실태를 경험적으로 보아도 사고는 정상작업보다도 비정상작업에서 보다 많이 발생한다는 것은 주지의 사실이다. 그러나 우리나라의 대기업을 포함한 많은 기업에서는 비정상작업을 대상으로 위험성평가를 실시할 필요성에 대한 인식이 매우 부족하고, 실제로 위험성평가에서 비정상작업을 누락시키는 경우가 적지 않다.

따라서 국제적 동향과 우리나라의 현실을 고려하여 비정상상태에 초점을 맞춘 위험성평가 상세지침과 매뉴얼, 모델 등이 개발·보급될 필요가 있다.

라. 업무상질병 및 소규모사업장 등의 위험성평가 기법 개발

국내에서 실시되고 있는 많은 사업장에서의 위험성평가의 내용을 보면, 업무상 사고부분에 치우쳐 있고, 화학물질 등에 의한 업무상 질병에 대한 위험성평가에 대해서는 인식 자체가 미흡하여 이에 대한 위험성평가가 누락되는 경향이 있다. 현 지침에서 화학물질 등에 의한 업무상 질병에 대한 위험성평가를 배제하고 있는 것은 아니지만, 화학물질 등에 의

255) The European Union, "Directive 2006/42/EC on Machinery", Annex I, 2006.
256) ISO 45001 : 2018 6.1.2.1 b).

한 업무상 질병에 대한 위험성평가 기법이 보다 구체적으로 설명된 상세 지침, 매뉴얼 또는 모델 등이 개발되어 사업장에서 쉽게 활용되도록 할 필요가 있다. 예컨대, 화학물질, 작업관련 근골격계질환, 직무스트레스 등의 유해위험요인에 대한 위험성평가 기법이 각 유해위험요인의 특성에 맞게 개발·보급될 필요가 있다.

또한 안전·보건관리자가 없는 등 안전보건관리시스템이 취약한 소규모기업, 서비스업·상업 등 상대적으로 위험성이 적은 업종 등에 위험성평가를 보급하기 위해서는 영국의 보건안전청(HSE)에서 발행한 「위험성평가 5단계」[257]와 같은 보다 간단한 방법으로 된 위험성평가 모델의 개발이 필요하다고 생각된다. 영국의 위험성평가 5단계는 유해위험요인이 적고 단순한 사업장에서 기업 스스로도 간단하게 할 수 있도록 고안한 방법으로서, 유해위험요인 발굴(제1단계) → 재해 발생 대상 및 유형 판단(제2단계) → 위험성 추정 및 안전보건조치의 필요성 판단(제3단계) → 기록(제4단계) → 검토 및 수정(제5단계)으로 구성되어 있다.

마. 개념 설명 추가

유해위험요인은 국제적으로 협의의 개념과 광의의 개념으로 구분하여 사용되고 있다.[258] 재해의 「잠재적 근원=유해위험요인의 근원」에 해당하는 것이 협의의 개념이고, 잠재적 근원 외에 「잠재적 결과(Potential consequence)」까지 포괄하는 것이 광의의 개념이다. 광의의 개념으로 사용하는 것이 초래될 수 있는 「위험사건(Hazardous event)」(필요 시 재

257) HSE, "Five Steps to Risk Assessment", 2012.

258) ISO, "ISO 12100 : Safety of Machinery - General principles for design - Risk assessment and risk reduction", Annex B, 2010.

해)까지를 제시할 수 있기 때문에 사업장에서 위험성평가를 이해하고 적용하는 데 보다 용이하고 효과적이라고 생각된다.

따라서 지침에 유해위험요인에 대한 광의의 개념과 위험사건 개념에 대한 설명이 추가적으로 이루어질 필요가 있다.

바. 지도 · 홍보 등의 활성화

우리나라에서 위험성평가가 실시 초기 단계인 점을 감안하여 사업장을 대상으로 위험성평가의 필요성과 그 기법을 적극적으로 지도하고 홍보할 필요가 있다. 기법의 경우, 업종·직종별 및 유해위험요인별 세부모델, 우수사례 등을 다양하게 개발하여 널리 보급할 필요가 있다. 이를 위해서는 우선적으로 공공기관의 지도감독요원들이 위험성평가에 대해 충분한 지식을 습득하도록 하여야 한다.

또한 사업장의 위험성평가를 촉진·지원할 수 있는 민간전문기관으로서 위험성평가 컨설팅기관, 교육기관을 적극적으로 육성하고 그 역할을 활성화할 필요가 있다. 이를 위한 방안으로는 민간전문기관의 분야별 기술지도 중심의 사업을 위험성평가 기법 지도 중심의 사업으로 전환하는 한편, 위험성평가 컨설팅기관, 교육기관 중 우수기관에 대한 등록 제도를 도입하는 것을 생각할 수 있을 것이다.

사. 인센티브와 불이익 정책의 활용

위험성평가의 저변을 확산시키기 위해서는 위험성평가를 실시하는 사업장에 대해 인센티브를 제공하는 한편, 미실시 사업장에 대해서는 불이익을 부과하는 정책을 추진할 필요가 있다.

인센티브 정책으로서는, 위험성평가를 적정하게 실시하는 것으로 인정된 사업장에 대해 산재보험요율을 인하하거나 재정지원 대상으로 우선적으로 선정하는 방안과 산업안전보건감독을 유예하는 방안이 있을 수 있다. 반면, 불이익 정책으로서는, 위험성평가가 세부적인 방법・절차에 있어서는 상당부분 기업의 자율성에 맡겨지는 자율적인 안전보건활동 기법이라 하더라도, 위험성평가 자체는 영국, 독일 등과 같이 반드시 실시하도록 강제화함으로써 이를 실시하지 않는 것으로 판단되는 사업장에 대해서는 정부의 감독 대상으로 우선적으로 선정하고, 미실시 사업장에 대해서는 벌칙 부과와 함께 위험성평가 실시 명령을 내리는 방안을 고려할 수 있다.

6. 결 론

정부가 최근 사업장 위험성평가 표준모델을 제시하고 지침을 개발한 것은 만시지탄의 감은 있지만, 위험성평가의 인프라를 본격적으로 확충하는 단초가 될 수 있을 것으로 생각된다. 그러나 위험성평가의 자율규제로서의 특징과 선진국의 경험으로 보건대, 위험성평가는 정부의 지침만으로 사업장에 전반적으로 정착시키는 데 적지 않은 한계가 있다. 사업장에서 위험성평가를 적용할 때 그 철학적 배경과 취지를 충분히 이해하여야만 위험성평가의 내실화를 담보할 수 있을 것이다.

위험성평가의 시작 단계에 있다고 할 수 있는 우리나라에서 앞으로 위험성평가 제도가 더욱 발전되고 사업장에서 위험성평가가 활성화되기 위해 필요한 과제로서 다음과 같은 사항을 도출하였다.

첫째, 위험성평가 제도의 탄생배경에 대한 정확한 이해를 토대로, 설계 · 제조 단계에서의 근원적 안전성 확보, 비정상작업 등의 중요성이 충분히 인식될 수 있도록 하고, 업무상 질병 등 간과하기 쉬운 부분이 누락되지 않도록 하여야 한다.

둘째, 위험성평가는 자율과 불분명함이라는 특징 때문에 사업장에서 자의적으로 실시될 개연성이 높다. 이의 보완방안으로, 위험성평가 실시방법을 보다 구체적으로 제시하는 한편, 위험성평가 표준모델을 알기 쉽게 이해하고 적용할 수 있도록 업종 · 직종, 규모 또는 유해위험요인별로 위험성평가에 대한 매뉴얼, 모델 및 우수사례 등을 널리 개발(발굴) · 보급하고 지도 · 홍보 등을 지속적으로 실시하여야 한다.

셋째, 위험성평가 제도의 실효성을 위해서는 명령 · 통제와 인센티브 정책이 적절하게 구사될 필요가 있다. 소규모 사업장에 대해서는 주로 인센티브 정책을, 중 · 대규모 이상의 사업장에 대해서는 주로 명령 · 통제 정책을 통해 위험성평가 실시를 적극 유도할 필요가 있다.

위험성평가는 국제적으로 표준화된 안전관리기법으로 자리 잡았다고 할 수 있는 단계에 와 있다. 따라서 우리나라에서도 이러한 국제적 흐름에 맞게 위험성평가가 사업장의 자율적 안전보건활동을 활성화하는 수단으로 확고히 뿌리내릴 수 있도록 다양한 정책적 노력이 필요하다고 판단된다.

참고문헌

국내 문헌

고용노동부/한국산업안전보건공단, 2023 새로운 위험성평가 안내서, 2023.

고용노동부, 2019년 위험성평가 이행·점검 매뉴얼, 2019.

고용노동부/한국산업안전보건공단, 위험성평가 이행·점검 매뉴얼, 2022.

정진우, 사업장 위험성평가에 관한 법제의 비교법적 고찰, 한국산업보건학회지 제31권 제4호, 한국산업보건학회, 2021.

정진우, 산업안전보건정책의 문제점과 개선방안 - 행정규칙과 행정지침을 중심으로 -, 한국산업보건학회지 제28권 제1호, 한국산업보건학회, 2018.

정진우, 우리나라의 사업장 위험성평가 제도 실시에 관한 연구, 한국안전학회지 제29권 제3호, 한국안전학회, 2014.

한국산업안전보건공단, 화학물질 위험성평가(CHARM), 2013.

한국산업안전보건공단, 화학물질 위험성평가매뉴얼, 2012.

일본 문헌

厚生労働省, 機械の包括的な安全基準に関する指針(基発 第0731001号), 2007.7.31.

厚生労働省,「機械の包括的な安全基準に関する指針」の解説等につい(基安安發 第0731004号), 2007.7.31.

厚生労働省, 危険性又は有害性の調査等に関する指針(公示 第1号), 2006.3.10.

厚生労働省, 危険性又は有害性の調査等に関する指針について(解釈通達 基発 第0310001号), 2006.3.10.

厚生労働省, 化学物質等による危険性又は有害性の調査等に関する指針(公示第3号), 2015.9.18.

厚生労働省, 化学物質等による危険性又は有害性の調査等に関する指針について(解釈通達 基発 0918第3号), 2015.9.18.

厚生労働省, リスク見積り及びそれに基づく優先度の設定方法の例(解釈通達 基発 第0310001号), 2006.3.10.

中村昌弘, 基礎からゎかる作業手順書, 中央労働災害防止協会, 2012.

中小企業のための職場のリスクアセスメント, 2002, 中央労働災害防止協会.

入門リスクアセスメント, 2008, 中央労働災害防止協会.

増本清・増本直樹, すぐに使えるリスクアセスメントの進め方[実践編], 2008, 労働調査会.

영미 문헌

ANSI B11.TR3-Risk Assessment and Risk Reduction, 2000.

DIN V 19250 : Fundamental safety aspects for measurement and control equipment, 1989.

European Commission, Guidance on risk assessment at work, 1996.

F. E. Bird, Jr., G. L. Germain and M. D. Clark, *Practical Loss Control Leadership*, 3rd ed., Det Norske Veritas, 2003.

H. Schütz, P. M. Widdemann, W. Hennings, J. Mertens and M. Clauberg, *Comparative Risk Assessment – Concepts, Problems and Applications*, WILEY-VCII, 2006.

HSE, A GUIDE TO RISK ASSESSMENT REQUIREMENTS, 2011.

HSE, Enforcement Statement Policy, 2015.

HSE, Five steps to risk assessment, 2012.

HSE, Health and safety offences and penalties in local authority enforced sectors 2007/2008, 2008.

HSE, HSE principles for Cost Benefit Analysis in support of ALARP, 2012.

HSE, Managing risks and risk assessment at work, 2023.

HSE, Risk assessment – A brief guide to controlling risks in the workplace, 2014.

ILO, Guidelines on occupational safety and health management systems (ILO–OSH 2001), 2001.

IEC 31010 : Risk management – Risk assessment techniques, 2009.

IEC 31010 : Risk management – Risk assessment techniques, 2nd ed., 2019.

IEC 61508 : Functional safety of electrical/electronic/programmable elec–tronic safety–related systems, 2nd ed., 2010.

ISO 12100 : Safety of machinery – General principles for design–Risk assessment and risk reduction, 2010.

ISO 12100–1 : Safety of machinery – Basic concepts, general principles for design – Part 1 : Basic terminology, methodology, 2003.

ISO 12100–2 : Safety of machinery – Basic concepts, general principles for design – Part 2 : Technical principles, 2003.

ISO 13849–1 : Safety of machinery – Safety–related parts of control systems – Part 1 : General principles for design, 3rd ed., 2015.

ISO 14121–1 : Safety of machinery – Risk assessment–Part 1 : Principles, 2007.

ISO 31000 : Risk management – Principles and guidelines, 2009.

ISO 31000 : Risk management – Guidelines, 2nd ed., 2018.

ISO 45001 : Occupational health and safety management systems – Requirement with guidance for use, 2018.

ISO 45002 : Occupational health and safety management systems – General guidelines for the implementation of ISO 45001 : 2018, 2023.

ISO Guide 73 : Risk management – Vocabulary, 2009.

ISO/IEC Guide 51 : Safety aspects – Guidelines for their inclusion in standards, 2014.

ISO/IEC : PDGUIDE, 2012.

ISO/TR 14121–2 : Safety of machinery – Risk assessment–Part 2 : Practical guidance and examples of methods, 2007.

ISO/TR 14121–2 : Safety of machinery – Risk assessment–Part 2 : Practical guidance and examples of methods, 2nd ed., 2012.

J. Reason, *Managing the Risks of Organizational Accidents*, Ashgate, 1997.

J. W. Cherrie, R. M. Howie and S. Semple, *Monitoring for Health Hazards at Work*, 4th Edition, WILEY–BLACKWELL, 2010.

M. Rausand, *Risk Assessment – Theory, Methods, and Applications*, WILEY, 2011.

OHSAS 18001 : Occupational health and safety management systems requirements, 2007.

OHSAS 18002 : Occupational health and safety management systems – Guidelines for the implementation of OHSAS 18001 : 2007, 2008.

P. Perry, *Risk Assessment Questions and answers : a practical approach*, Pat Perry and Thomas Telford Ltd, 2003.

R. Matthews and J. Ageros, *Health and Safety Enforcement*, 4th ed. Croydon, 2016.

R. Moore, *The Law of Health and Safety at Work 2015/16*, 24 ed., Croner, 2015.

RoSPA. The Five Step Guide to Risk Assessment, 2018.

S. Z. Mansdorf(ed.), *Handbook of Occupational Safety and Health*, 3rd ed., WILEY, 2019.

독일 문헌

Geschäftsstelle der Nationale Arbeitsschutzkonferenz c/o Bundesanstalt für Arbeitsschutz und Arbeitsmedizin Nöldnerstr, Leitlinie Gefährdungsbeurteilung und Dokumentation, 2017. 5.

G. Lehder and R. Skiba, *Taschenbuch Arbeitssicherheit*, Erich Schmidt Verlag, 2011, p. 91.

N. Kollmer, *Arbeitsschutzgesetz und – verordnungen*, 3. Aufl, 2008, Verlag C.H.Beck.

R. Pieper, *ArbSchR – Arbeitsschutzrecht*, 7. Aufl., Bund – Verlag, 2022, Bund–Verlag.

H. Gruber, D. Grünert and O. Pfeiffer, *Gefährdungsbeurteilung*, 5. Aufl., 2010, Verlag Technik & Information.

기 타

http://www.hse.gov.uk/risk/theory/alarpcba.htm.

http://www.risk–assessments.org/alarp.html.

색 인

ㄷ

ㅁ

ㅂ

ㅅ

ㅇ

ㅈ

ㅊ

정 진 우

학 력

- 서울대학교 자연과학대학 치의예과 수료, 치과대학(본과) 2년 수료(자퇴)
- 고려대학교 노동대학원 노동경제학과 졸업(경제학석사)
- 일본 교토대학 대학원 법학과 법정이론과정(사회법) 졸업(법학석사)
- 고려대학교 대학원 법학과 박사과정(사회법) 졸업(법학박사)

경 력

- 행정고시 합격
- 고용노동부 본부 산재예방정책과장, 제조산재예방과장, 근로자건강보호과장, 산업보건과장, 국제협력담당관, 성남고용노동지청장
- 인사혁신처 · 서울시 · 경기도 안전방재 직렬 5급 · 7급 채용시험 출제위원
- 공공기관 안전관리등급 심사단장
- 경제사회노동위원회 산업안전보건분과 위원, 고용노동부 행정개혁위원회 위원
- (現) 서울과학기술대학교 안전공학과 교수(연구분야 : 안전관계법, 안전관리, 안전심리, 안전문화)

주요저서

- 산업안전보건법론(개정판, 한국학술정보(주))
- 산업안전보건법 국제비교(개정판, 한국학술정보(주))
- 산업안전관리론 – 이론과 실제 – (개정5판, 중앙경제)
- 산업안전보건법(개정증보 제6판, 중앙경제)
- 안전심리(4판, 교문사) (세종도서 우수학술도서 선정)
- 안전관리론(4판, 교문사) (세종도서 우수학술도서 선정)
- 안전과 법(3판, 교문사)
- 안전문화 이론과 실천(4판, 교문사) (대한민국학술원 우수학술도서 선정)
- (ISO 45001 해설을 중심으로 한) 안전보건관리시스템(2판, 교문사)
- 중대재해처벌법(개정3판, 중앙경제)